吲哚二酮哌嗪生物碱的研究

贾　斌　马养民　著

西北工业大学出版社

西安

图书在版编目(CIP)数据

吲哚二酮哌嗪生物碱的研究 / 贾斌,马养民著. ——
西安 :西北工业大学出版社,2022.11
　ISBN 978 - 7 - 5612 - 8548 - 0

　Ⅰ.①吲… 　Ⅱ.①贾… ②马… 　Ⅲ.①吲哚-哌嗪二
酮-生物碱-研究 　Ⅳ.①O626.415 ②O629.3

中国版本图书馆 CIP 数据核字(2022)第 075397 号

YINDUO ERTONG PAIQIN SHENGWUJIAN DE YANJIU

吲 哚 二 酮 哌 嗪 生 物 碱 的 研 究

贾斌　马养民　著

责任编辑：朱晓娟		策划编辑：李　萌	
责任校对：张　友		装帧设计：董晓伟	
出版发行：西北工业大学出版社			
通信地址：西安市友谊西路 127 号		邮编:710072	
电　　话：(029)88491757，88493844			
网　　址：www.nwpup.com			
印　刷　者：西安五星印刷有限公司			
开　　本：787 mm×1 092 mm		1/16	
印　　张：11.625			
字　　数：305 千字			
版　　次：2022 年 11 月第 1 版		2022 年 11 月第 1 次印刷	
书　　号：ISBN 978 - 7 - 5612 - 8548 - 0			
定　　价：68.00 元			

如有印装问题请与出版社联系调换

前　言

　　吲哚二酮哌嗪生物碱(Indole Diketopiperazine alkaloids,Indole DKPs)是一种内生真菌次生代谢产物,多提取自曲霉属 *Aspergillus* 和青霉属 *Penicillium*,在植物、土壤、海洋生物和海底沉积物中都有发现。20 世纪 40 年代从毛壳属真菌 *Chaetomim cochliodes* 的次生代谢产物中首次发现该类生物碱,之后陆续发现该类生物碱。截至 2015 年,仅从内生真菌中分离得到的该类生物碱就达到了 166 种。因其具有多种生物活性,如抗肿瘤、抗癌、抑菌、免疫调节、抗氧化及杀虫活性等,所以得到了化学、微生物学、植物学、医学等领域学者的普遍关注。

　　天然吲哚二酮哌嗪生物碱大多来自微生物的发酵物中。然而,这种天然生物碱作为微生物的次生代谢产物,产率极低,且不易分离、纯化,给工业化生产带来巨大挑战,因此开发高活性的该类化合物全合成方法是非常必要的。由于该类化合物的结构较为复杂,根据其吲哚母核与二酮哌嗪母核的连接方式不同,该类化合物可以分为三种类型:开环吲哚二酮哌嗪、闭环吲哚二酮哌嗪和螺环吲哚二酮哌嗪。分子结构的不同导致其合成方法截然不同,因此,本书分类介绍了这三种不同构型的吲哚二酮哌嗪的合成进展以及具体的合成方法,还通过这些具体的合成方法获得了一系列相应结构的吲哚二酮哌嗪生物碱,利用化学和波谱分析等手段对目标化合物的结构进行了验证,并且解释了其形成机理。

　　对吲哚二酮哌嗪生物碱生物活性的研究主要集中在其抗肿瘤活性与抑菌活性上。本书第 6 章对这两种活性的研究进展进行了归纳总结,介绍了已发现且具有生物活性的天然产物吲哚二酮哌嗪化合物,并提供了其化学结构式与相关活性资料,为该类天然产物在有机合成方面的应用提供了理论基础,且以实验为基础进行了吲哚二酮哌嗪生物碱活性的研究;第 6 章对第 3~5 章合成得到的总共 24 个吲哚二酮哌嗪衍生物及 5 种吲哚衍生物进行了抑菌生物活性测试,实验选取常见细菌以及植物病原真菌进行了抑菌活性测试,测试了化合物的最小抑菌浓度,并对该类化合物进行了抑菌活性的构效关系分析和活性机理解释。同时,进一步对第 5 章合成实验得到的 5 种螺环吲哚二酮哌嗪衍生物进行了抗肿瘤活性初步研究,为吲哚二酮哌嗪化合物生物活性的研究提供了一定的研究基础。

　　全书共 7 章,陕西科技大学贾斌参与全书 7 章的撰写和第 5、6 章的实验工作,陕西科技大学马养民参与全书 7 章的修改及第 2~6 章的实验工作,张弘弛参与第 2 章的实验工作,刘斌参与第 3 章的实验工作,李延超参与第 4 章的实验工作,吴昊、范超参与第 5 章的实验工作,苗霞、孙朝阳参与参考文献的整理工作。本书的出版获得了国家自然科学基金、陕西省自然科学基础研究计划重点项目、陕西科技大学校级基金等经费的支持。

本书为从事生物碱及其相关研究的科研工作者和研究生提供了广泛而深入的研究基础,对化工类专业研究生学习有机化学能够起到促进与补充作用,同时也为学习生物化学、药物化学的研究生提供了参考。迄今为止,吲哚二酮哌嗪生物碱仍是化学提取与合成领域研究的热点,本书主要涉及笔者近年的研究成果,以期抛砖引玉,为广大科研工作者提供研究思路。

在写作本书的过程中,曾参阅了相关文献资料,在此,谨对其作者表示感谢。

由于笔者的水平有限,书中不妥之处在所难免,恳请广大读者批评指正。

著 者

2022 年 8 月

目　　录

第1章 绪 论

1.1 天然产物与生物碱

人类利用生物资源的历史源远流长,远古时代天然动植物可作为药物来预防和治疗疾病。如今,源于天然产物的药物已经被广泛用于治疗多种重大疾病,如心血管疾病、恶性肿瘤、免疫疾病和传染性疾病等。相较于化学合成的小分子药物,天然产物在结构新颖性、生物相容性和功能多样性等方面具有明显的优势,并且在长期的进化过程中得到自然筛选、优化。在新药研发和临床用药中,天然产物及其衍生物占有很大比例。据统计,1939—2016 年,美国食品及药物管理局批准的上市药物中,有相当数量(50％以上)的药物中含有天然产物的分子片段,有些甚至直接来源于天然产物。天然产物的研究与植物化学、天然药物化学、生物化学、合成化学等学科的关系紧密。随着资源、环境与可持续发展战略问题成为人类社会的全球性热点问题,更精细、高效地利用生物资源成为迫切要求,对天然产物资源的研究与开发利用也更加广泛,进入更深层次。

广义地讲,自然界的所有物质都应称为天然产物。天然产物狭义的定义是指在自然界的生物体内存在或代谢产生的内源性的有机化学成分,如生物碱、挥发油、黄酮和蒽醌等化学小分子。显然,化学家更倾向于后者的定义,在化学学科内,天然产物专指由动物、植物及海洋生物和微生物体内分离出来的生物二次代谢产物及生物体内源性生理活性化合物,这些物质也许只在一个或数个生物物种中存在,也可能分布极为广泛。因此,可以认为天然产物是生命体在特定条件下产生的化学小分子物质。这些小分子物质有别于广泛存在于所有生命体中的初级代谢产物,是在特定条件下产生的次级代谢小分子物质。尽管这些小分子物质对生命活动并不是至关重要的,但是许多次级代谢产物通常具有特定的生物活性,对人类和国民经济的发展有重大意义。例如,1806 年,第一个天然产物——吗啡从罂粟中分离得到。到目前为止已有超过 30 万个化合物被分离与鉴定。天然产物已成为药物先导化合物的重要来源。

在这其中有一类活性较显著的含氮有机化合物,因其大多具有碱性,被称为生物碱(alkaloids),其在自然界中广泛存在,是天然有机化合物中最大的一类化合物。生物碱多为氮杂环化合物,如含氮杂环的吡啶、吲哚、喹啉、嘌呤等,是天然产物中受到广泛关注的一类化合物。这类化合物的提取、分离与化学合成,一直是生物、医药、化学领域研究的热点。天然的生物碱不仅有高的生物活性,还有常规合成药物不具备的低毒副作用。我国作为中药历史悠长的大国,开发利用了许多天然产物生物碱,重要的天然产物生物碱如吗啡、可待因(镇痛、镇咳,含于阿片)、奎宁(抗疟,含于金鸡纳皮)、咖啡因(兴奋中枢,含于茶叶、咖啡)、阿托品(胃肠解痉,含于颠茄、白曼陀罗等)、山莨菪碱(抗胆碱,含于唐古特莨菪)、麻黄碱(平喘,含于麻黄)、可卡因(麻醉,含于古柯叶)、毛果芸香碱(收缩平滑肌、缩瞳,含于毛果芸香叶)、麦角新碱、小檗碱(抗菌,含于黄连、黄檗、三颗针等)、延胡索乙素(镇痛,含于元胡)、汉防己甲素(松肌,含于粉防己)、麦角碱(用于偏头痛,含于麦角菌)、利血平(降血压,含于萝芙木)、川芎嗪(用于缺血性脑血管病)、石杉碱甲(抗早老性痴呆,含于千层塔)、三尖杉酯碱(抗肿瘤,含于三尖杉、海南粗榧)等。

生物碱种类繁多,来源不同且结构复杂,其分类方法也各不相同。有的按植物来源分类,如从石蒜中提取的生物碱叫石蒜碱,从长春花中提取的生物碱叫长春花碱,从烟叶中提取的生物碱叫烟碱,以及麻黄中的麻黄碱、喜树中的喜树碱等。比较常用且比较合理的分类方法是根据生物碱的化学结构进行分类,这既能使生物碱结构明确、易于辨识,又能反映生物碱的化学本质及其相互关系,如利血平、长春新碱属于吲哚类,槟榔碱、半边莲碱属于吡啶类,咖啡因、茶碱属于嘌呤类等。

根据生物碱分子中的基本母核结构,可将生物碱分为数十种类型,其中含吲哚环且由色氨酸衍生而来的一类生物碱称为吲哚衍生物类生物碱,吲哚二酮哌嗪生物碱(天然产物)即为该类生物碱。自20世纪50年代分离提取了降压药物利血平和治疗白血病的高效药物长春花碱与长春新碱以来,吲哚类生物碱的研究成为天然产物化学研究的一个重要部分。

1.2　天然吲哚二酮哌嗪生物碱的来源

天然产物的提取与分离来源众多,如植物的根、茎、叶、花、果、皮等,动物的角、皮、脏器、骨、甲壳和昆虫、贝壳等,海洋生物也提供了非常丰富的天然产物来源。而我们肉眼看不见的微生物,包括属于原核类的细菌、放线菌、支原体、立克次氏体、衣原体和蓝细菌,属于真核类的真菌(酵母菌和霉菌)、原生动物和显微藻类,以及属于非细胞类的病毒、类病毒和朊病毒等,也都为天然产物的提取提供了更为广阔的生物来源。

吲哚二酮哌嗪生物碱(Indole Diketopiperazine alkaloids,Indole DKPs)是一种内生真菌次生代谢产物,多提取自曲霉属 Aspergillus 和青霉属 Penicillium,在植物、土壤、海洋生物和海底沉积物中都有发现。20世纪40年代从毛壳属真菌 Chaetomim cochliodes 的次生代谢产物中首次发现该类生物碱,之后陆续发现该类生物碱。截至2015年,仅从内生真菌中分离得到的该类生物碱就达到了166种。因其具有多种生物活性(抗肿瘤、抗癌、抑菌、免疫调节、抗氧化及杀虫活性等),所以得到了化学、微生物学、植物学、医学等领域学者的普遍关注。从内生真菌中分离得到吲哚二酮哌嗪生物碱,并且合成具有该类化合物骨架的类似物,可为该类化合物的生物活性、作用机制及构效关系的深入研究提供物质基础,对该类化合物抗癌、抑菌等作用的药物研发也具有重大意义。目前,通过天然产物的提取(参见本书6.1节)和化学合成(参见本书3.1节、4.1节、5.2节)得到了数量巨大的这类化合物,对吲哚二酮哌嗪类生物碱的合成研究以及生物活性筛选已经成为化学合成与新药研究领域的热点。

1.3　吲哚二酮哌嗪生物碱的分类

吲哚二酮哌嗪生物碱广泛的生物活性和其特殊的化学结构密切相关。其中,二酮哌嗪因其稳定的六元环骨架结构使它在药物化学中成为一个重要的药效团,表现出多种显著的生物活性和药理活性。吲哚是苯和吡咯共用两个碳原子稠合而成的,在 3 000 多种天然吲哚衍生物中,有 40 多种是治疗型药物。目前,吲哚化学的研究是杂环化学中最活跃的领域之一,特别是 3 -取代吲哚衍生物是许多天然产物和具有生物活性化合物的重要骨架。

天然产物吲哚二酮哌嗪生物碱多是 3 -取代吲哚衍生物与二酮哌嗪衍生物通过各种方式连接而成的结构特殊而复杂的化合物,通过吲哚母核和二酮哌嗪母核的不同连接方式,衍生出种类和数量巨大的该类化合物。图 1 - 1 列举了一些来自天然产物的吲哚二酮哌嗪生物碱的化学结构式。

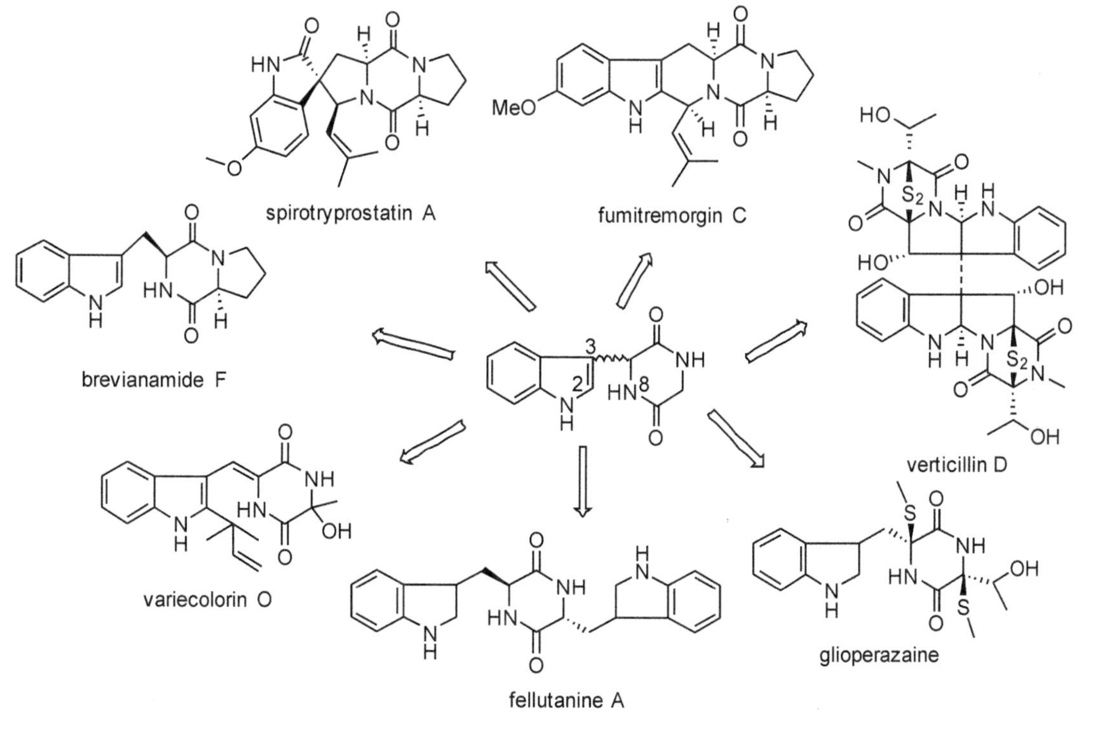

图 1 - 1　吲哚二酮哌嗪母核及部分衍生物

可以对这类化合物进行两种分类:

(1)将其看作两种氨基酸结合而成的含有吲哚结构单元的环二肽,因此可根据构成吲哚单元和环二肽单元的氨基酸种类进行分类。通常分为以下几种:①L -色氨酸和 L -脯氨酸吲哚二酮哌嗪衍生物(如 brevianamide F);②L -色氨酸和 L -丙氨酸吲哚二酮哌嗪衍生物(如 variecolorin O);③两分子 L -色氨酸吲哚二酮哌嗪衍生物(如 fellutanine A);④L -色氨酸和其他氨基酸吲哚二酮哌嗪衍生物(如 glioperazaine);⑤双吲哚二酮哌嗪衍生物(如 verticillin D)。

(2)将其看作是由吲哚和二酮哌嗪两个母核结构单元构成的(见图1-2),根据两个母核的连接方式(图中吲哚环上C2位置与哌嗪环上N8位置的连接关系)进行分类,可分为以下三种:开环吲哚二酮哌嗪、闭环吲哚二酮哌嗪和螺环吲哚二酮哌嗪化合物。

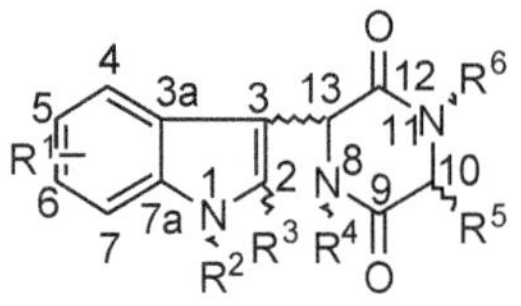

图1-2 吲哚二酮哌嗪类化合物的基本结构

利用母核的化学结构对吲哚二酮哌嗪生物碱进行分类,更有利于对其进行化学全合成的研究。因此,本书对该类化合物采用第二种分类方式,并在后续章节中根据这种分类分别介绍。

1.3.1 开环吲哚二酮哌嗪

化合物的吲哚环上C2位置与哌嗪环上N8位置无连接,形成开环状态,为开环吲哚二酮哌嗪(见图1-3)。例如,tryprostatin A(**1**)与tryprostatin B(**2**),为开环吲哚二酮哌嗪化合物,这两个化合物在结构上的主要区别是吲哚母核的C6位是否有甲氧基取代基。另外,根据其二酮哌嗪母核六元环上的两个C—H键的空间取向,产生了一系列异构体(**3~8**)。

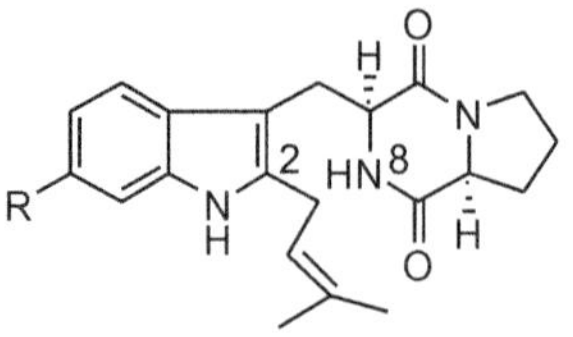

1 R＝OMe,tryprostatin A

2 R＝H,tryprostatin B

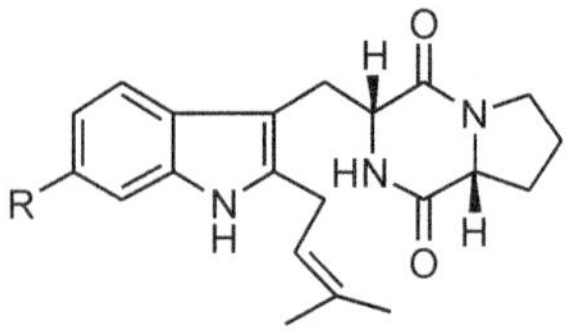

3 R＝OMe,enantiomer of tryprostatin A

4 R＝H,enantiomer of tryprostatin B

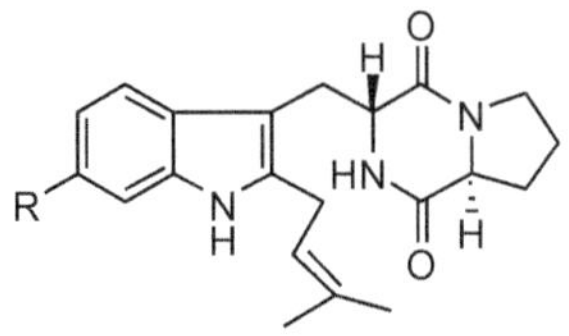

5 R＝OMe,diastereomer 1 of tryprostatin A

6 R＝H,diastereomer 1 of tryprostatin B

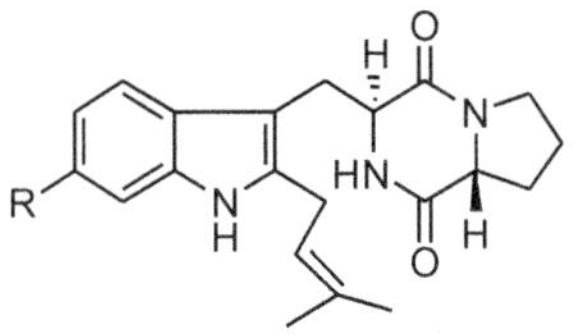

7 R＝OMe,diastereomer 2 of tryprostatin A

8 R＝H,diastereomer 2 of tryprostatin B

图1-3 开环吲哚二酮哌嗪化合物

1.3.2 闭环吲哚二酮哌嗪

化合物的吲哚环上C2位置与哌嗪环上N8位置直接或间接连接,形成闭环状态,即形成一个 β-卡波林结构单元。例如,fumitremorgin类化合物(**9~11**)与verruculogen类化合物(**12**),为闭环吲哚二酮哌嗪化合物(见图1-4)。这两类化合物在吲哚C6位也都具有甲氧基取代,其中,在化合物 fumitremorgin A 与 verruculogen 的结构中都形成了 6 个环的复杂结构。

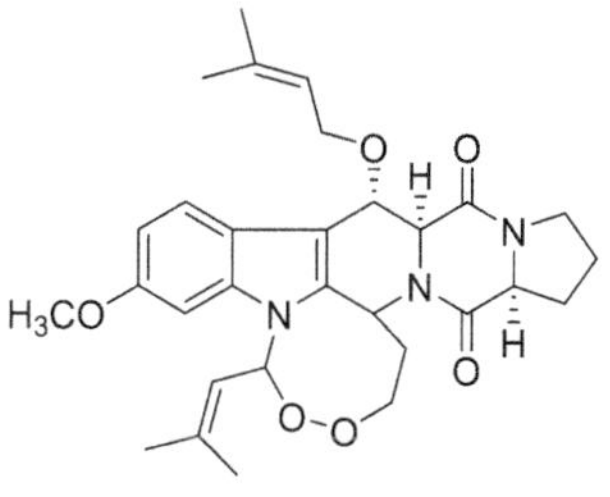

9 fumitremorgin A 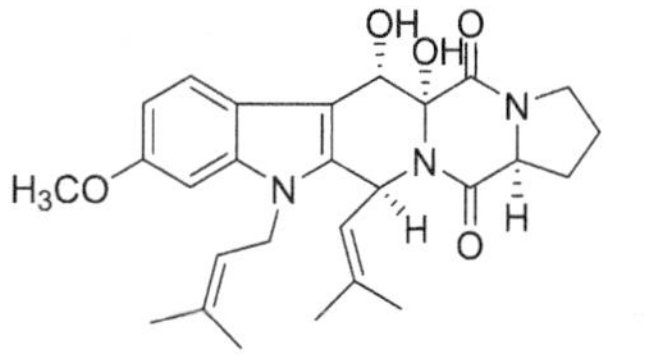　　　　　　　**10** fumitremorgin B

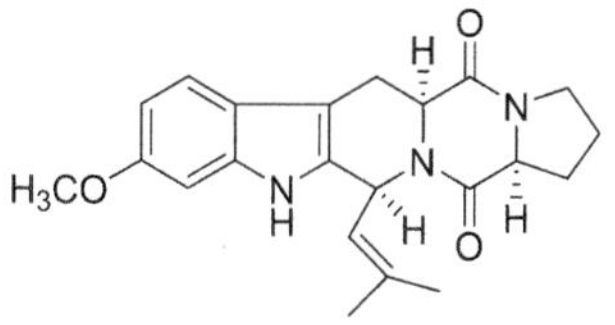

11 fumitremorgin C 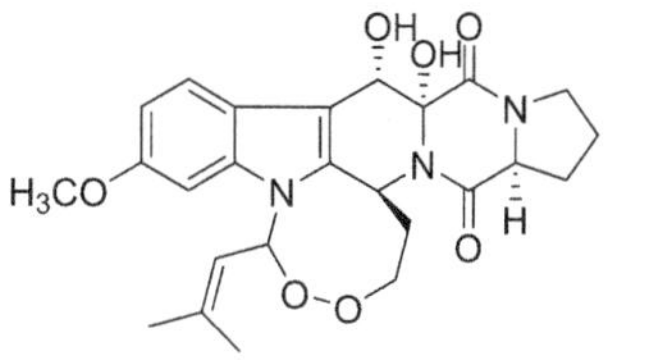　　　　　　　**12** verruculogen

图 1-4　闭环吲哚二酮哌嗪化合物

1.3.3　螺环吲哚二酮哌嗪

spirotryprostatin 类化合物中吲哚部分和二酮哌嗪部分以螺环形式连接,即为螺环吲哚二酮哌嗪。例如,spirotryprostatin A(**13**)与 spirotryprostatin B(**14**)为螺环吲哚二酮哌嗪化合物(见图 1-5)。这类化合物最显著的特点是具有位于吲哚环 C 3 位的螺原子,由于该螺原子具有手性的特点,受到空间位阻效应的影响,吲哚母核与二酮哌嗪母核具有了一定夹角,因此增加了其结构的立体复杂性,在化学合成时往往会得到不同手性结构的螺原子,从而增加了合成这类化合物的难度。

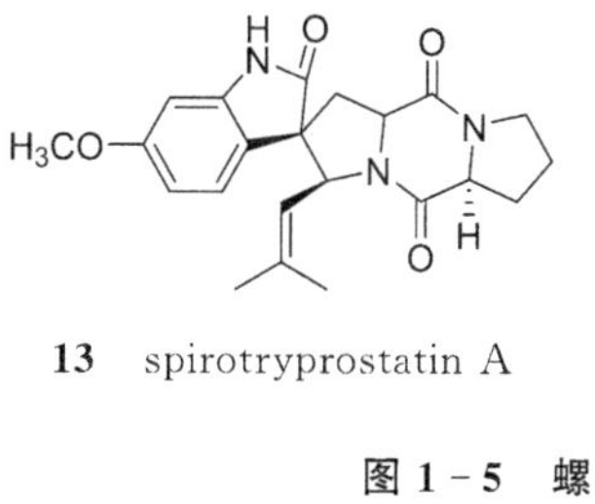

13　spirotryprostatin A 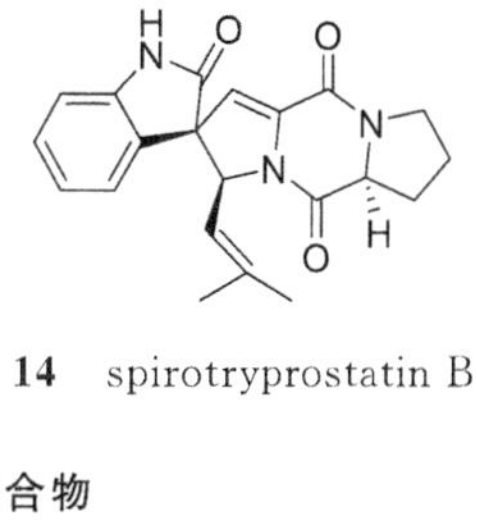　　　　　　　**14**　spirotryprostatin B

图 1-5　螺环吲哚二酮哌嗪化合物

1.4　研究吲哚二酮哌嗪生物碱的意义

从目前的生物活性研究结果来看,天然产物吲哚二酮哌嗪生物碱具有广泛而良好的生物活性,可成为一种潜在的药物先导化合物骨架。然而,这种来自内生真菌次生代谢产物的生物碱,由于天然含量较少,如 spirotryprostatin B 的产量仅约为 27.5 μg/(L 发酵液),而且种类具有明显局限性,因此,在研究该类化合物的提取方法的同时,还需要开发新的、高效的合成方法,以便为该类化合物的生物活性研究提供物质基础。如今,计算机辅助化学合成已成为一种常规手段,经过计算筛选可以对天然产物结构进行优化和设计,从而指导有机合成的方向,合成出潜在的具有更良好生物活性的化合物。因此,对吲哚二酮哌嗪生物碱进行优化、设计、合成也是非常有必要的。

吲哚二酮哌嗪化合物新颖而复杂的化学结构,早已吸引了众多化学科研工作者,特别是有机合成领域的科学家,他们对其进行了全合成研究,开发出多种合成方法。有些方法展示了优异的非对映选择性,有些方法采用了高效的催化剂,有些方法可以得到不同取代基的目标产物。总之,对吲哚二酮哌嗪生物的合成研究不仅开发了新的合成方法,也丰富了吲哚二酮哌嗪化合物的数量,是一举多得的事情。

人类与疫疾的抗争,千百年来从未停止。2019 年,一场突发的新型冠状病毒性肺炎疫情暴发,多家企业和科研院所投入这场与病毒的战役。新型病毒的出现,为创新药物的研发带来了新的挑战。吲哚二酮哌嗪生物碱作为一种潜在药用价值的化合物,不仅为有机合成带来了新的机遇,也为生物活性研究带来了新的希望。不论从结构新颖性还是生物活性,该类化合物都将日益被化学合成领域、生物活性研究领域、生物合成等领域科学工作者的重视和研究。该类化合物的分离和全合成研究,必将带动抗肿瘤、抗人类免疫缺陷病毒(HIV)及抗病原虫新药的研究与开发。相信在不久的将来,这类化合物能够成为广泛用于临床研究和应用的"明星药物",为人类医学和健康做出巨大贡献。因此,对吲哚二酮哌嗪生物碱进行内生真菌发酵提取、化学合成和生物活性测试及活性机理的研究是非常有必要且具有重要意义的。

第2章　吲哚二酮哌嗪生物碱的提取

提取吲哚二酮哌嗪生物碱的来源是微生物的发酵液,在一些内生真菌的次生代谢产物中可提取到该类生物碱。内生真菌(endophytic fungus)是指那些在其生活史中某一段时期生活在活的植物组织内、不引起植物组织产生明显病害症状的真菌。其涵盖面很广,包括菌根真菌及某些植物病原真菌。早在 1866 年 de Bary 首次提出了内生真菌的概念,但由于内生真菌生活于植物组织内,长期以来与宿主形成了密切的关系,且不引起明显的病害症状,所以在很长时间内并未受到人们重视。Strobel 等从短叶紫杉(*Taxus brevifolia*)的树皮中分离得到一株能够产生紫杉醇的内生真菌 *Taxomyces andreanae*,从而使内生真菌作为一种药用真菌资源成为可能。与此同时,从药用植物中寻找能产生生物活性物质的内生真菌也成了微生物和天然药物化学的一个研究新热点。迄今为止,发现新菌株、寻找新化合物使得内生真菌研究的领域越来越广、越来越深入,各国科学研究者不断从药用植物中分离到能产生具有各种生物活性物质的内生真菌。

本书第 6 章的 6.1 节,关于吲哚二酮哌嗪生物活性分类的介绍中,将详细介绍提取自不同生物内生真菌次生代谢产物的该类生物碱。

2.1　内生真菌次生代谢产物 FR02

无花果(*Ficus carica*)系桑科无花果属的多年生木本植物,是中国传统医学中一种重要的药用植物,全株均可入药,具有一定的抗高血压作用,最引人瞩目的是无花果含有多种抗癌活性成分。国内外研究表明,无花果的果实有提高人体的免疫力、抑制 4 种癌细胞发生发展的神奇功效,具有抗癌作用,故有人称其为"抗癌斗士"和"21 世纪人类健康的守护神"。通过对无花果植物内生真菌的分离与鉴定及其活性筛选的系统研究,发现了具有较高生物活性的菌株。然而,植物中寄生的内生真菌种类、数量庞大,并非所有的内生真菌都能产生活性物质。首先需要对植物内生真菌的拮抗病原微生物(细菌、真菌)的活性进行初筛;其次对初筛有活性的菌株利用二级发酵并提取代谢物粗品,进一步测试其对多种植物病原真菌的抑制作用,同时测定其代谢产物的成分[化学成分系统预试、薄层色谱法(TLC)、高效液相色谱(HPLC)];最后通过二级复筛的分级组合筛选模式确定活性菌株。这种新的组合筛选模式有效避免了植物内生真菌产生的复杂的、结构新颖的代谢产物的损失,保证了能更好地利用植物内生真菌的资源。

本章介绍来自无花果根部的无花果内生真菌 *Aspergillus tamarii* 次生代谢产物 FR02

(F 表示无花果,R 表示根部,02 表示菌株序号)菌株中提取和分离得到吲哚二酮哌嗪生物碱的方法和研究结果。

2.1.1　FR02 的来源与保藏

无花果(*Ficus carica*)的全株植物(根、茎、叶)于 2009 年 9 月采自陕西省周至县秦岭山区南麓,植物样品为两年生植株,生长良好,无明显病虫害。从其根、茎、叶中分离得到 57 株内生真菌,通过对 11 种指示菌的抑菌活性初筛发现,编号为 FR02 的内生真菌对 11 种指示菌有很强的抑制活性(抑菌圈直径 ≥ 19 mm)。FR02,经形态学和分子生物学鉴定为 *Aspergillus tamarii*,菌株采用悬液保存法,现保存在陕西科技大学天然产物化学研究室。

2.1.2　FR02 的发酵培养

保藏菌株经复壮后,斜面菌种接种到培养基平板上,从斜面转接到装有 100 mL 种子培养基的三角瓶(500 mL)中,28℃、转速为 165 r/min 的摇床上培养 4 d,种子液按照 10% 接种量装接至含 400 mL 发酵培养基的三角瓶(1 L)中,温度为 28℃,转速为 120 r/min,发酵培养 15 d。

种子培养基和发酵培养基为葡萄糖(10 g)、甘露醇(10 g)、麦芽糖(10 g)、酵母粉(3 g)、谷氨酸钠(10 g)、K_2HPO_4(0.5 g)、$MgSO_4 \cdot 7H_2O$(0.3 g)、NH_4NO_3(1.5 g)、蒸馏水(1 000 mL),pH=7.2。

2.2　内生真菌次生代谢产物 FR02 的提取与分离

发酵结束后,收集到发酵培养液约 80 L,经纱布过滤后,得到菌丝体和发酵液。发酵液减压浓缩到原体积的 1/4 左右,用等量的氯仿萃取 3 次,合并萃取液减压浓缩后得到发酵液的萃取物。

菌丝体冰冻破碎,用氯仿提取 3 次后,合并提取液,减压浓缩得到菌丝体的萃取物。合并发酵液与菌丝体的萃取物,共得浸膏 66.7 g,以氯仿-甲醇为洗脱系统进行硅胶柱层析梯度洗脱,共得到 7 个组分[见图 2-1(a)]。各组分再经反复硅胶柱层析、反相硅胶柱层析、Sephadex LH-20 柱层析、制备薄层层析(pTLC)、重结晶等分离手段,分离纯化得到单体化合物。其中在第 2 组分[见 Fr.2,图 2-1(a)]中分离得到 4 个吲哚二酮哌嗪生物碱,在第 3 组分[见 Fr.3,图 2-1(b)]中分离得到 5 个吲哚二酮哌嗪生物碱,在第 4 组分[见 Fr.4,图 2-1(c)]中分离得到 4 个吲哚二酮哌嗪生物碱,因此,总共分离得到了 13 个吲哚二酮哌嗪生物碱。这些化合物均采用波谱技术[电喷雾质谱法(ESI-MS)、高分辨率质谱(HR-ESI-MS)、氢核磁共振(^1H-NMR)、核磁共振碳谱(^{13}C-NMR)、碳谱核磁共振 DEPT-135 谱(DEPT-135)、^1H-^1H 相关二维核磁波谱(^1H-^1H COSY)、异核单量子相干谱(HSQC)、1H 异核多碳相关谱(HMBC)]以及与文献对照鉴定了其结构。

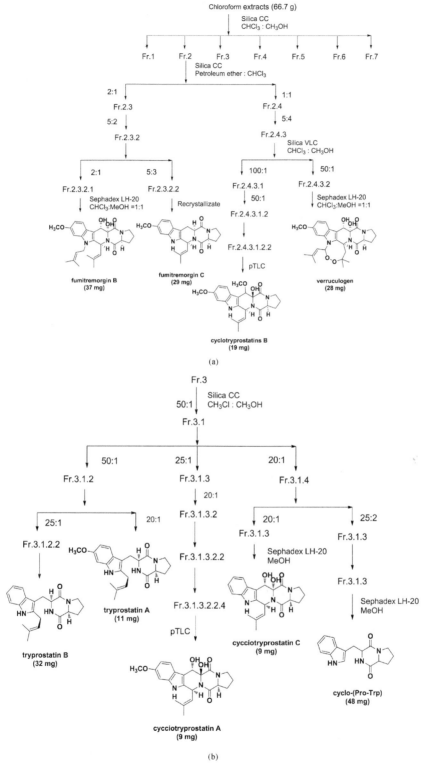

图 2-1　FR02 内生真菌发酵培养液的提取流程

（a）FR02 次生代谢产物 Fr.2 的提取流程 I；（b）FR02 次生代谢产物 Fr.3 的提取流程 II

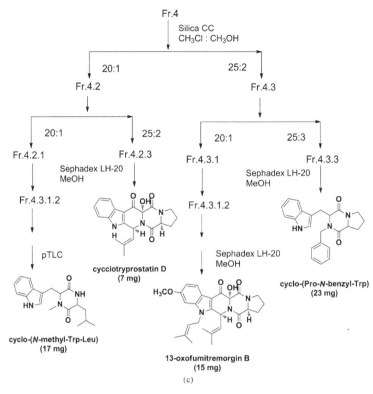

续图 2-1　FR02 内生真菌发酵培养液的提取流程

（c）FR02 次生代谢产物 Fr.4 的提取流程 Ⅲ

2.3　次生代谢产物单体的化学结构鉴定

从 FR02 发酵粗产物的氯仿提取物中分离得到多个化合物,利用波谱技术并结合理化性质对这些单体化合物进行了结构鉴定,发现其次级代谢产物主要是吲哚二酮哌嗪类化合物,包含 13 个吲哚二酮哌嗪类化合物。

以下是这 13 个化合物的核磁数据,其中以化合物 1 为例进行了核磁数据的分析。

2.3.1　吲哚二酮哌嗪化合物的核磁数据解析

化合物 **1**(见图 2-2):cyclo-(N-methyl-Trp-Leu)的核磁数据分析如下。

图 2-2　化合物 1 的结构

化合物 **1** 是白色粉末状。其正离子 HRESI‐MS 分析为 m/z，$[M+H]^+ = 314.187\ 1$，和 $C_{18}H_{23}N_3O_2 + H$ 的计算值（314.186 9）相符合，所以其分子式为 $C_{18}H_{23}N_3O_2$，不饱和度为 9。综合分析 ^{1}H NMR，^{13}C NMR，DEPT‐135 以及 HSQC 得出其含有 2 个酰胺羰基、8 个次甲基（其中 5 个次甲基是 sp^2 杂化的次甲基，3 个次甲基是 sp^3 杂化的次甲基）、3 个 sp^2 杂化的季碳、2 个亚甲基和 3 个甲基。

分析其 NMR 出现了典型的二酮哌嗪的信号：^{1}H NMR（DMSO‐d_6）在低场区出现 1 个连氮活泼氢的信号 δ：10.87（1H，s），对应 ^{13}C NMR（DMSO‐d_6）在低场区显示 2 个酰胺羰基信号 δ：168.0（C‐10），166.9（C‐13），推测化合物可能是一个环二肽。由 ^{1}H NMR 中 1 个邻位取代苯环质子的信号 δ：7.60（1H，d，$J=7.9$ Hz），6.96（1H，t，$J=7.4$ Hz），7.04（1H，t，$J=7.4$ Hz），7.31（1H，d，$J=8.0$ Hz）以及 1 个烯氢的信号 δ：7.11（s，1H）以及 1 个活泼的连氮氢信号 δ：8.0（1H，s），结合 ^{13}C NMR（DMSO‐d_6）中出现 8 个烯碳的信号 δ：125.0（C‐2），109.0（C‐3），128.1（C‐3a），119.4（C‐4），118.7（C‐5），121.3（C‐6），111.6（C‐7），136.3（C‐7a），推测化合物结构中存在 1 个吲哚环。

^{1}H NMR 结合 DEPT‐135 以及 HSQC 分析，^{1}H NMR 还有 2 个亚甲基氢的信号 δ：3.27（1H，dd，$J=14.6,4.0$ Hz），3.12（1H，dd，$J=14.6,4.3$ Hz，），1.58（2H，m）；3 个 sp^3 杂化的次甲基氢的信号 δ：4.28（1H，s，），3.45（1H，t，$J=5.6$ Hz，），1.60（1H，m，）；2 个甲基氢的信号 δ：0.85（3H，t，$J=5.8$ Hz），0.87（3H，t，$J=5.8$ Hz）以及 1 个连氮甲基氢的信号 δ：2.69（3H，s）。对应 ^{13}C NMR 结合 DEPT‐135 以及 HSQC 分析，同样显示出 2 个亚甲基碳的信号 δ：28.1（C‐8），39.8（C‐15）；3 个 sp^3 杂化的次甲基碳的信号 δ：54.4（C‐9），60.5（C‐12），24.4（C‐16）；2 个甲基碳的信号 δ：22.6（C‐17），23.5（C‐18）以及 1 个连氮甲基碳的信号 δ：32.5（C‐19）。

根据以上分析，发现其结构与 cyclo‐（Trp‐Leu）结构类似，比较其 ^{1}H NMR 和 ^{13}C NMR 发现化合物 **1** 比 cyclo‐（Trp‐Leu）多了连氮甲基的信号 δ_H：2.69（3H，s）和 δ_C：32.5（C‐19）。

从 HMBC 谱中可观察到连氮甲基的氢‐19 和 C‐9，C‐13 远程相关，进而可确定甲基 C‐19 是连接在 N‐14 上，其他相关内容见图 2‐3 和表 2‐1。

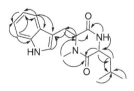

图 2‐3　化合物 1 的 HMBC 的主要相关结构

综合以上信息，化合物 **1** 鉴定为 cyclo‐（N‐methyl‐Trp‐Leu）。该化合物的化学结构如图 2‐3 所示，通过 HSQC 和 HMBC 对其核磁数据进行了归属，见表 2‐1。

表 2-1 化合物 1 的 ^{1}H 和 ^{13}C NMR 的核磁数据和归属

位 置	δ_C	DEPT-135	$\delta_H(J/Hz)$	HSQC	HMBC
1			8.0 (s,1H)		
2	125.0	CH	7.11 (s,1H)	2	3
3	109.0	C			
3a	128.1	C			
4	119.4	CH	7.60 (d,J=7.9,1H)	4	5,3a,3,6
5	118.7	CH	6.96 (t,J=7.4,1H)	5	4,6,7
6	121.3	CH	7.04 (t,J=7.4,1H)	6	4,5,7a
7	111.6	CH	7.31 (d,J=8.0,1H)	7	7a,6,5
7a	136.3	C			
8	28.1	CH$_2$	3.27 (dd,J=14.6,4.0,1H), 3.12 (dd,J=14.6,4.3,1H)	8	3,9,10
9	54.4	CH	4.28 (s,1H)	9	10
10	168.0	C			
11			10.87 (s,1H)		10
12	60.5	CH	3.45 (t,J=5.6,1H)	12	13,15
13	166.9	C			
14					
15	39.8	CH$_2$	1.58 (m,2H)	15	12,13,16
16	24.4	CH	1.60 (m,1H)	16	12,15,17,18
17	22.6	CH$_3$	0.85 (t,J=5.8,3H)	17	15,16
18	23.5	CH$_3$	0.87 (t,J=5.8,3H)	18	15,16
19	32.5	CH$_3$	2.69 (s,3H)	19	9,13

2.3.2 吲哚二酮哌嗪生物碱的核磁数据

(1)化合物 **2**(见图 2-4):fumitremorgin B 的核磁数据分析如下。

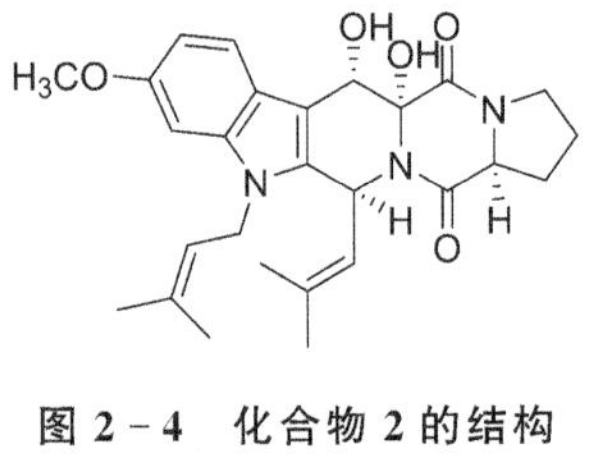

图 2-4 化合物 2 的结构

化合物 **2** 为白色针状结晶。其熔点为 210～212℃,正离子 HRESI-MS 分析:m/z,[M

＋Na]$^+$＝502.230 2,提示该化合物的相对分子质量为 479,并结合^{1}H NMR,^{13}C NMR 和 DEPT－135 的综合分析推出分子式为 $C_{27}H_{33}N_3O_5$,不饱和度为 13。综合分析^{1}H NMR,^{13}C NMR 以及 DEPT－135 得出其含有 2 个酰胺羰基,8 个次甲基(其中 5 个次甲基是 sp^2 杂化的次甲基,3 个次甲基是 sp^3 杂化的次甲基)、8 个季碳(其中 7 个季碳是 sp^2 杂化的季碳,1 个季碳是 sp^2 杂化的季碳)、4 个亚甲基和 5 个甲基。同时,由谱图显示的 2 个酰胺羰基,推测该化合物具有二酮哌嗪骨架结构。

^{1}H NMR(CDCl$_3$)在低场区出现典型的三取代苯环质子的信号 δ:7.85(1H,d,J＝8.6 Hz),6.79(1H,d,J＝8.6 Hz),6.69(1H,d,J＝2.0 Hz),在高场区出现 1 个甲氧基氢的信号 δ:3.84(3H,s)和 4 个甲基氢的信号 δ:1.99(3H,s),1.65(3H,s)。^{13}C NMR(CDCl$_3$)显示有 27 个碳原子,在低场区显示 2 个酰胺羰基信号 δ:170.5(C－11),166.3(C－17),还出现 12 个烯碳的信号 δ:131.1(C－2),104.4(C－3),120.5(C－3a),121.3(C－4),109.3(C－5),156.2(C－6),93.8(C－7),137.9(C－7a),122.9(C－19),135.2(C－20),120.3(C－24),134.6(C－25)。在高场区出现 1 个连氧碳的信号 δ:55.7(6－OCH$_3$)以及 4 个甲基的信号 δ:18.4(C－21),25.7(C－22),18.2(C－26),25.6(C－27)。

化合物 **2** 鉴定为 fumitremorgin B,该化合物的化学结构见图 2－4,核磁数据的归属见表 2－2。

表 2－2　化合物 2 的^{1}H 和^{13}C NMR 的核磁数据和归属

位　置	δ_C	$\delta_H(J/Hz)$	位　置	δ_C	$\delta_H(J/Hz)$
1			15	45.3	3.63(2H,d,J＝8.2)
2	131.1		16		
3	104.4		17	166.3	
3a	120.5		18	49.0	5.98(1H,d,J＝10.0)
4	121.3	7.85(1H,d,J＝8.6)	19	122.9	4.71(1H,d,J＝10.1)
5	109.3	6.79(1H,d,J＝8.6)	20	135.2	
6	156.2		21	18.4	1.99(3H,s)
7	93.8	6.69(1H,d,J＝2.0)	22	25.7	1.63(3H,s)
7a	137.9		23	41.8	4.53(2H,d,J＝5.8)
8	69.0	5.77(1H,s,H－8)	24	120.3	5.03(1H,t,J＝6.0)
9	83.0		25	134.6	
10			26	18.2	1.85(3H,s)
11	170.5		27	25.6	1.70(3H,s)
12	58.8	4.45(1H,t,J＝8.1)	6－OCH$_3$	55.7	3.84(3H,s)
13	28.9	2.47(1H,m),2.08(1H,m,)	8－OH		4.74(1H,s)
14	22.6	2.10(1H,m),1.93(1H,m,)	9－OH		4.17(1H,s)

(2)化合物 **3**(见图 2－5):fumitremorgin C 的核磁数据分析如下。

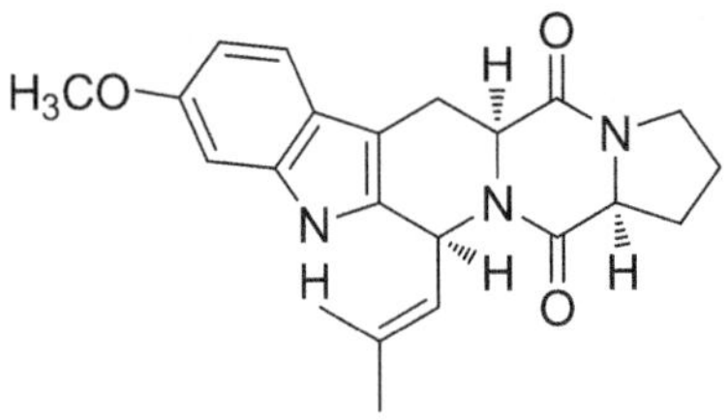

图 2-5 化合物 3 的结构

化合物 **3** 为白色针状结晶。其熔点为 166~168℃,正离子 HRESI-MS 分析:m/z,$[M+Na]^+ = 402.179\ 1$,提示该化合物的相对分子质量为 379,并结合 ^{1}H NMR,^{13}C NMR 和 DEPT-135 的综合分析推出分子式为 $C_{22}H_{25}N_3O_3$,不饱和度为 12。综合分析 ^{1}H NMR,^{13}C NMR 以及 DEPT-135 得出其含有 2 个酰胺羰基、7 个次甲基(其中 4 个次甲基是 sp^2 杂化的次甲基,3 个次甲基是 sp^3 杂化的次甲基)、6 个 sp^2 杂化的季碳、4 个亚甲基和 3 个甲基。同时,其含有谱图显示的 2 个酰胺羰基和 2 个 sp^3 杂化的次甲基的化学位移及氢的偶合常数,得出该化合物具有二酮哌嗪骨架结构。

^{1}H NMR(CDCl$_3$)在低场区出现连氮活泼氢的信号 δ:7.89(1H,s),典型的三取代苯环质子的信号 δ:7.43(1H,d,$J=8.6$ Hz),6.82(1H,dd,$J=8.6$,2.2 Hz),6.86(1H,d,$J=2.1$ Hz),在高场区出现 1 个甲氧基氢的信号 δ:3.83(3H,s)和 2 个甲基氢的信号 δ:1.99(3H,s),1.65(3H,s)。^{13}C NMR(CDCl$_3$)显示有 22 个碳原子,在低场区显示 2 个酰胺羰基信号 δ:169.5(C-11),165.8(C-17),还出现 10 个烯碳的信号 δ:132.2(C-2),106.1(C-3),120.7(C-3a),118.8(C-4),109.4(C-5),156.4(C-6),95.3(C-7),137.0(C-7a),124.1(C-19),134.0(C-20)。在高场区出现 1 个连氧碳的信号 δ:55.8(6-OCH$_3$)以及 2 个甲基的信号 δ:18.1(C-21)和 25.7(C-22)。

化合物 **3** 鉴定为 fumitremorgin C。该化合物的化学结构如图 2-5 所示,核磁数据的归属见表 2-3。

表 2-3　化合物 3 的 ^{1}H 和 ^{13}C NMR 的核磁数据和归属

位　置	δ_C	δ_H(J/Hz)	位　置	δ_C	δ_H(J/Hz)
1		7.89(1H,s)	8	21.9	3.52(1H,dd,$J=15.9$,4.9),3.11(1H,dd,$J=15.8$,11.6)
2	132.2		9	56.8	4.18(1H,dd,$J=11.6$,4.8)
3	106.1		10		
3a	120.7		11	169.5	
4	118.8	7.43(1H,d,$J=8.6$)	12	59.2	4.11(1H,t,$J=8.1$)
5	109.4	6.82(1H,dd,$J=8.6$,2.2)	13	28.6	2.41(1H,m),2.24(1H,m)
6	156.4		14	23.0	2.07(1H,m),1.95(1H,m)
7	95.3	6.86(1H,d,$J=2.1$)	15	45.4	3.65(1H,d,$J=4.8$),3.63(1H,d,$J=5.4$)
7a	137.0		16		

续　表

位　置	δ_H	$\delta_H(J/Hz)$	位　置	δ_C	$\delta_H(J/Hz)$
17	165.8		21	18.1	1.99(3H,s)
18	51.0	5.99(1H,d,$J=9.5$)	22	25.7	1.65(3H,s)
19	124.1	4.91(1H,d,$J=9.5$)	6-OCH$_3$	55.8	3.83(3H,s)
20	134.0				

(3)化合物 **4**(见图 2-6):cyclotryprostatins B 的核磁数据分析如下。

化合物 **4** 为白色针状结晶。其熔点为 156~158℃,正离子 HRESI-MS 分析为 m/z,[M+H]$^+$ = 426.203 3 和 [M+Na]$^+$ = 448.185 1,提示该化合物的相对分子质量为 425,并结合 ^{1}H NMR,^{13}C NMR 和 DEPT-135 的综合分析推出分子式为 C$_{23}$H$_{27}$N$_3$O$_5$,不饱和度为 12。综合分析 ^{1}H NMR,^{13}C NMR 以及 DEPT-135 得出其含有 2 个酰胺羰基,7 个次甲基(其中 4 个次甲基是 sp^2 杂化的次甲基,3 个次甲基是 sp^3 杂化的次甲基)、7 个季碳(6 个季碳是 sp^2 杂化的季碳,1 个季碳是 sp^3 杂化的季碳)、3 个亚甲基和 4 个甲基。

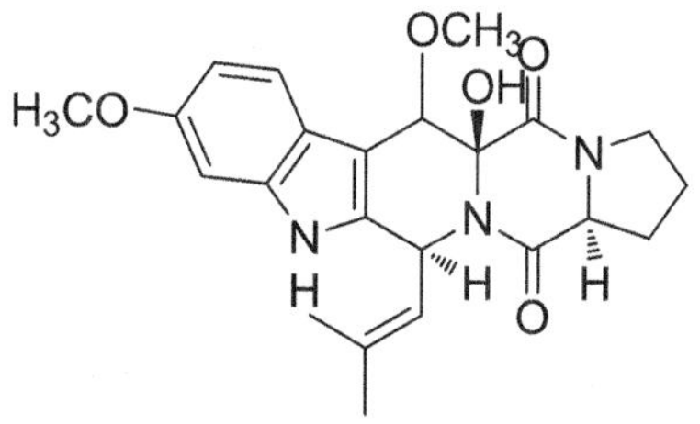

图 2-6　化合物 4 的结构

^{1}H NMR(CDCl$_3$)在低场区出现连氮活泼氢的信号 δ:8.10(1H,s),一个羟基氢的信号 δ:4.32(1H,s)和典型的三取代苯环质子的信号 δ:7.43(1H,d,$J=8.2$ Hz),6.81(1H,d,$J=8.4$ Hz),6.85(1H,d,$J=2.1$ Hz),在高场区出现 2 个甲氧基氢的信号 δ:3.82(3H,s)和 3.34(3H,s)和 2 个甲基氢的信号 δ:2.24(3H,s),1.79(3H,s)。^{13}C NMR(CDCl$_3$)显示有 23 个碳原子,在低场区显示 2 个酰胺羰基信号 δ:167.0(C-11),165.7(C-17),还出现 10 个烯碳的信号 δ:133.8(C-2),105.2(C-3),122.6(C-3a),118.7(C-4),110.0(C-5),156.5(C-6),95.2(C-7),136.7(C-7a),123.5(C-19),137.9(C-20)。在高场区出现 2 个连氧碳的信号 δ:55.8(6-OCH$_3$)和 56.6(8-OCH$_3$)以及 2 个甲基的信号 δ:18.1(C-21)和 26.0(C-22)。

化合物 **4** 鉴定为 cyclotryprostatins B。该化合物的化学结构如图 2-6 所示,核磁数据的归属见表 2-4。

表 2 - 4 化合物 4 的 ^1H 和 ^{13}C NMR 的核磁数据和归属

位 置	δ_C	$\delta_H(J/Hz)$	位 置	δ_C	$\delta_H(J/Hz)$
1		8.10 (1H,s)	13	29.7	2.51 (1H,m),2.05(1H,m)
2	133.8		14	22.1	2.19 (1H,m),1.96 (1H,m)
3	105.2		15	45.8	3.75 (1H,m),3.73 (1H,m)
3a	122.6		16		
4	118.7	7.43 (1H,d,$J=8.2$)	17	165.7	
5	110.0	6.81 (1H,d,$J=8.4$)	18	49.1	6.66 (1H,d,$J=9.5$)
6	156.5		19	123.5	5.62 (1H,d,$J=9.5$)
7	95.2	6.85 (1H,d,$J=2.1$)	20	137.9	
7a	136.7		21	18.1	2.24 (3H,s)
8	76.8	4.70 (1H,s)	22	26.0	1.79 (3H,s)
9	84.8		6 - OCH$_3$	55.8	3.82 (3H,s)
10			8 - OCH$_3$	56.6	3.34 (3H,s)
11	167.0		9 - OH		4.32(1H,s)
12	59.9	4.42 (1H,dd,$J=15.9,5.0$)			

(4)化合物 **5**(见图 2 - 7):verruculogen 的核磁数据分析如下。

化合物 **5** 为白色针状结晶。其熔点为 $232\sim234℃$,正离子 HRESI - MS 分析为 m/z,[M +H]$^+$ = 512.339 2 和[M+Na]$^+$ = 534.221 1,提示该化合物的相对分子质量为 511,并结合 ^1H NMR,^{13}C NMR 和 DEPT - 135 的综合分析推出分子式为 $C_{27}H_{33}N_3O_7$,不饱和度为 13。综合分析 ^1H NMR,^{13}C NMR 以及 DEPT - 135 得出其含有 2 个酰胺羰基,8 个次甲基(其中 4 个次甲基是 sp^2 杂化的次甲基,4 个次甲基是 sp^3 杂化的次甲基),8 个季碳(其中 7 个季碳是 sp^2 杂化的季碳,1 个季碳是 sp^2 杂化的季碳),4 个亚甲基和 5 个甲基。同时其含有谱图显示的 2 个酰胺羰基,推测该化合物具有二酮哌嗪骨架结构。

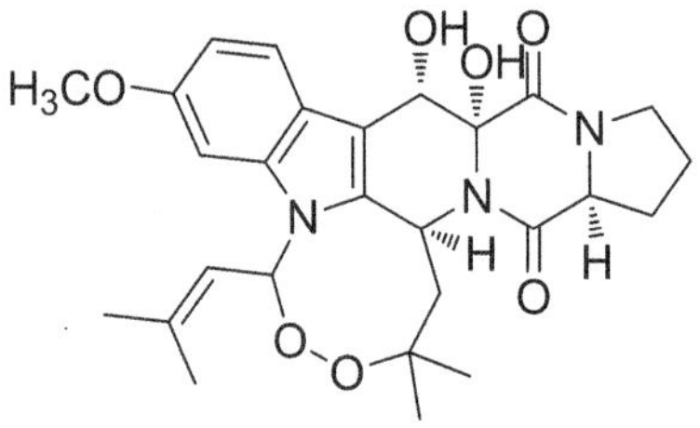

图 2 - 7 化合物 5 的结构

^1H NMR (CDCl$_3$) 在低场区出现典型的三取代苯环质子的信号 δ:7.95 (1H,d,$J=8.6$ Hz),6.88 (1H,d,$J=8.6$ Hz),6.58 (1H,m),在高场区出现 1 个甲氧基氢的信号 δ:3.84 (3H,s) 和 4 个甲基氢的信号 δ:1.99 (3H,s),1.03 (3H,s),1.77 (3H,d,$J=8.6$ Hz),1.70

$(3H,d,J=8.6\ Hz)$。^{13}C NMR $(CDCl_3)$ 显示有 27 个碳原子,在低场区显示 2 个酰胺羰基信号 δ:170.7(C-11),166.1(C-17),还出现 10 个烯碳的信号 δ:131.1(C-2),105.5(C-3),120.9(C-3a),121.7(C-4),109.3(C-5),156.4(C-6),93.8(C-7),136.2(C-7a),118.4(C-24),143.1(C-25)。在高场区出现 1 个连氧碳的信号 δ:55.7(6-OCH_3)以及 4 个甲基的信号 δ:24.1(C-21),27.0(C-22),18.9(C-26),25.7(C-27)。

化合物 **5** 鉴定为 verruculogen。该化合物的化学结构如图 2-7 所示,核磁数据的归属见表 2-5。

表 2-5　化合物 5 的 ^1H 和 ^{13}C NMR 的核磁数据和归属

位　置	δ_C	$\delta_H(J/Hz)$	位　置	δ_C	$\delta_H(J/Hz)$
1			15	51.1	3.63(2H,m)
2	131.1		16		
3	105.5		17	166.1	
3a	120.9		18	49.0	6.11(1H,d,J=10.0)
4	121.7	7.95(1H,d,J=8.6)	19	45.3	2.00(1H,m),1.63(1H,d,J=10.0)
5	109.3	6.88(1H,d,J=8.6)	20	82.1	
6	156.4		21	24.1	1.99(3H,s)
7	93.8	6.58(1H,m)	22	27.0	1.03(3H,s)
7a	136.2		23	85.8	6.73(1H,s)
8	67.0	5.66(1H,s)	24	118.4	5.03(1H,s)
9	82.6		25	143.1	
10			26	18.9	1.77(3H,d,J=8.6)
11	170.7		27	25.7	1.70(3H,d,J=8.6)
12	58.8	4.45(1H,t,J=8.1)	6-OCH_3	55.7	3.84(3H,s)
13	28.9	2.45(1H,m),2.10(1H,m)	8-OH		4.74(1H,s)
14	22.6	2.08(1H,m),1.94(1H,m)	9-OH		4.04(1H,s)

(5)化合物 **6**(见图 2-8):tryprostatin B 的核磁数据分析如下。

化合物 **6** 为白色针状结晶。其正离子 HRESI-MS 分析为 m/z,$[M+H]^+=352.202\ 7$,提示该化合物的相对分子质量为 351,并结合 ^1H NMR,^{13}C NMR 和 DEPT-135 的综合分析推出分子式为 $C_{21}H_{25}N_3O_2$,不饱和度为 11。综合分析 ^1H NMR,^{13}C NMR 以及 DEPT-135 得出其含有 2 个酰胺羰基,7 个次甲基(其中 5 个次甲基是 sp^2 杂化的次甲基,2 个次甲基是 sp^3 杂化的次甲基)、5 个 sp^2 杂化的季碳、5 个亚甲基和 2 个甲基。同时其含有谱图显示的 2 个酰胺羰基和 2 个 sp^3 杂化的次甲基的化学位移及氢的偶合常数,得出该化合物具有二酮哌嗪骨架结构。

^1H NMR $(CDCl_3)$ 在低场区出现连氮活泼氢的信号 δ:8.07(1H,s),和邻位取代苯环质子的信号 δ:7.46(1H,d,J=7.8 Hz),7.01(1H,m),7.09(1H,m),7.35(1H,d,J=8.0 Hz),在高场区出现 2 个甲基氢的信号 δ:1.81(3H,s),1.77(3H,s)。^{13}C NMR $(CDCl_3)$ 显示有 21 个碳原子,在低场区显示 2 个酰胺羰基信号 δ:169.4(C-11),165.6(C-17),还出现 10

个烯碳的信号 δ：134.1（C-2），104.7（C-3），126.9（C-3a），117.9（C-4），118.8（C-5），121.6（C-6），109.6（C-7），136.5（C-7a），119.7（C-19），135.3（C-20）。在高场区出现 2 个甲基的信号 δ：18.0（C-21）和 25.5（C-22）。

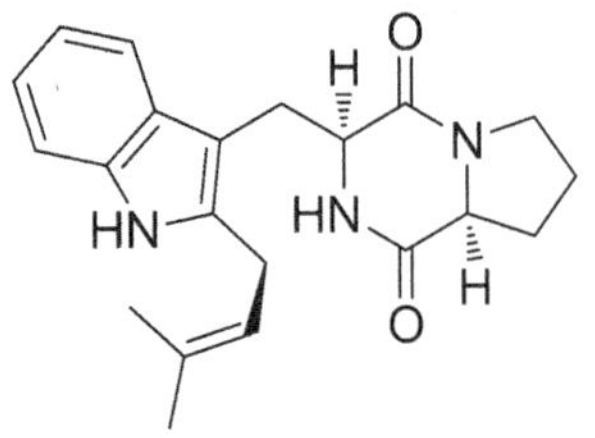

图 2-8　化合物 6 的结构

化合物 **6** 鉴定为 tryprostatin B。该化合物的化学结构见图 2-8，核磁数据的归属见表 2-6。

表 2-6　化合物 6 的 ${}^1H$ 和 ${}^{13}C$ NMR 的核磁数据和归属

位　置	δ_H	$\delta_H(J/Hz)$	位　置	δ_C	$\delta_H(J/Hz)$
1		8.07（1H,s）	11	169.4	
2	134.1		12	59.1	4.06（1H,dd,$J=8.0,7.8$）
3	104.7		13	28.3	2.37（1H,m），2.04（1H,m）
3a	126.9		14	22.7	2.02（1H,m），1.91（1H,m）
4	117.9	7.46（1H,d,$J=7.8$）	15	45.2	3.61（1H,m），3.64（1H,m）
5	118.8	7.01（1H,m）	16		
6	121.6	7.09（1H,m）	17	165.6	
7	109.6	7.35（1H,d,$J=8.0$）	18	24.9	3.40（2H,m）
7a	136.5		19	119.7	5.32（1H,m）
8	24.9	3.64（1H,dd,$J=15.0,4.0$），3.00（1H,dd,$J=15.0,12.0$）	20	135.3	
9	55.2	4.08（1H,dd,$J=12.0,4.2$）	21	18.0	1.81（3H,s）
10		5.64（1H,s）	22	25.5	1.77（3H,s）

（6）化合物 **7**（见图 2-9）：tryprostatin A 的核磁数据分析如下。

化合物 **7** 为白色结晶。其正离子 HRESI-MS 分析为 m/z，$[M+H]^+ = 382.2135$，提示该化合物的相对分子质量为 381，并结合 ${}^1H$ NMR，${}^{13}C$ NMR 和 DEPT-135 的综合分析推出分子式为 $C_{22}H_{27}N_3O_3$，不饱和度为 11。综合分析 ${}^1H$ NMR，${}^{13}C$ NMR 以及 DEPT-135 得出其含有 2 个酰胺羰基，6 个次甲基（其中 4 个次甲基是 sp^2 杂化的次甲基，2 个次甲基是 sp^3 杂化的次甲基），6 个 sp^2 杂化的季碳，5 个亚甲基和 2 个甲基。同时其含有谱图显示的 2 个酰胺羰基和 2 个 sp^3 杂化的次甲基的化学位移及氢的偶合常数，得出该化合物具有二酮哌嗪骨架结构。

比较发现该化合物的 ${}^1H$ NMR，${}^{13}C$ NMR 的数据与 tryprostatin B（57）几乎完全相同，不同之处在于 ${}^1H$ NMR 多了 1 个连接稀碳的甲氧基氢信号 δ_H：3.81（3H,s），H-6 的烯氢信号消失了，${}^{13}C$ NMR 中多了 1 个连氧甲基碳信号 δ_C 55.81 和 1 个 sp^2 杂化季碳 δ_C156.3（C-6），

消失了 1 个 sp^2 杂化的次甲基信号,并且 C-5 和 C-7 的化学位移向高场偏移,这些信息提示该化合物是 tryprostatin B 在 C-6 位连了 1 个甲氧基,结合这两个相对分子质量的差值可推测该化合物 **7** 为化合物 **6** 在 6 位取代 1 个甲氧基后的产物。

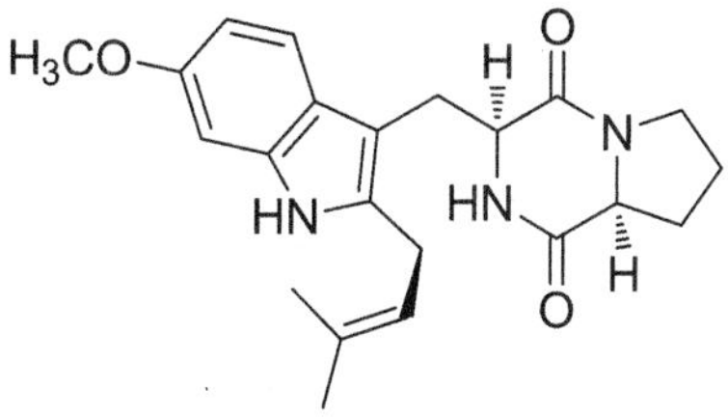

图 2-9　化合物 7 的结构

化合物 **7** 鉴定为 tryprostatin A。该化合物的化学结构如图 2-9 所示,核磁数据的归属见表 2-7。

表 2-7　化合物 7 的 ^{1}H 和 ^{13}C NMR 的核磁数据和归属

位　　置	δ_C	$\delta_H(J/Hz)$	位　　置	δ_C	$\delta_H(J/Hz)$
1		7.99 (1H,s)	12	59.1	4.05(1H,dd,$J=8.2,7.8$)
2	134.9		13	28.3	2.31 (1H,m),1.99 (1H,m)
3	104.4		14	22.9	2.01 (1H,m),1.87 (1H,m)
3a	122.8		15	45.3	3.60 (1H,m),3.65 (1H,m)
4	118.1	7.38 (1H,d,$J=8.2$)	16		
5	109.5	6.75 (1H,m)	17	165.6	
6	156.3		18	25.3	3.42 (2H,m)
7	94.9	6.84 (1H,d,$J=2.0$)	19	119.7	5.28(1H,dd,$J=8.0,7.6$)
7a	136.8		20	135.3	
8	24.9	3.61 (1H,dd,$J=15.0,4.0$), 2.90 (1H,dd,$J=15.0,12.0$)	21	17.9	1.78 (3H,s)
9	55.0	4.32 (1H,dd,$J=12.0,3.8$)	22	25.5	1.74 (3H,s)
10			6-OCH$_3$	55.8	3.81 (3H,s)
11	169.4				

(7)化合物 **8**(见图 2-10):cyclotryprostatins A 的核磁数据分析如下。

化合物 **8** 为白色针状结晶。其熔点为 178~180℃,正离子 HRESI-MS 分析为 m/z,[M+H]$^+$ = 412.187 4,提示该化合物的相对分子质量为 411,并结合 ^{1}H NMR,^{13}C NMR 和 DEPT-135 的综合分析推出分子式为 C$_{22}$H$_{25}$N$_3$O$_5$,不饱和度为 12。综合分析 ^{1}H NMR,^{13}C NMR 以及 DEPT-135 得出其含有 2 个酰胺羰基、7 个次甲基(其中 4 个次甲基是 sp^2 杂化的次甲基,3 个次甲基是 sp^3 杂化的次甲基)、7 个季碳(6 个季碳是 sp^2 杂化的季碳,1 个季碳是 sp^3 杂化的季碳)、3 个亚甲基和 3 个甲基。

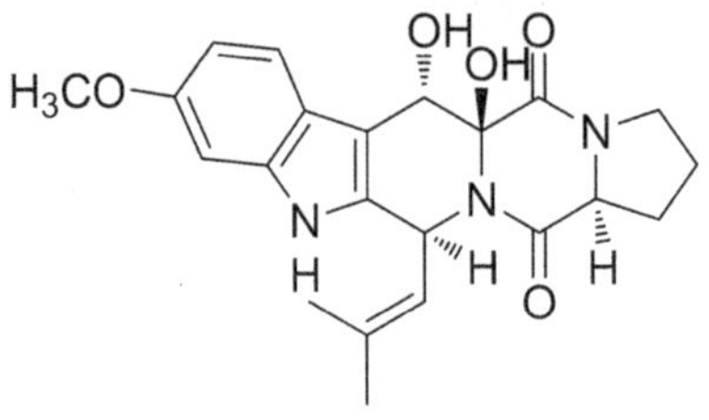

图 2 - 10　化合物 8 的结构

该化合物的[1]H NMR 与 cyclotryprostatins B 比较,发现非常相似,区别在一个甲氧基氢信号的消失,显示了 2 个羟基的氢信号 δ:4.51 (1H,s) 和 2.46 (1H,s),而[1]H NMR 仍显示出了三取代苯环质子的信号 δ:7.40 (1H,d,J = 8.0 Hz),6.75 (1H,d,J = 8.0 Hz),6.81 (1H,d, J = 2.0 Hz);^{13}C NMR 的数据的比较发现,化合物 **8** 比化合物 **4** 少了一个甲氧基的碳信号,并且 C - 8 的化学位移向高场偏移。结合这两个相对分子质量的差值可推测化合物 **8** 为 cyclotryprostatins B 的 8 位甲氧基被羟基取代的产物。

化合物 8 鉴定为 cyclotryprostatins A。该化合物的化学结构如图 2 - 10 所示,核磁数据的归属见表 2 - 8。

表 2 - 8　化合物 **8** 的[1]H 和[13]C NMR 的核磁数据和归属

位　置	δ_C	$\delta_H (J/Hz)$	位　置	δ_C	$\delta_H (J/Hz)$
1		7.93 (1H,s)	13	29.7	2.41 (1H,m),2.04(1H,m)
2	133.5		14	21.7	1.95 (1H,m),1.87 (1H,m)
3	107.5		15	45.7	3.55 (1H,m),3.68 (1H,m)
3a	120.8		16		
4	118.4	7.40 (1H,d,J = 8.0)	17	167.0	
5	109.7	6.75 (1H,d,J = 8.0)	18	48.1	6.75 (1H,d,J = 10.0)
6	156.7		19	123.4	5.51 (1H,d,J = 10.0)
7	95.4	6.81 (1H,d,J = 2.0)	20	137.9	
7a	136.8		21	18.2	2.09 (3H,s)
8	69.9	5.01 (1H,s)	22	25.9	1.78 (3H,s)
9	85.0		6 - OCH₃	55.7	3.80 (3H,s)
10			8 - OH		4.51 (1H,s)
11	165.6		9 - OH		2.46 (1H,s)
12	59.6	4.30 (1H,dd,J = 11.0,7.0)			

(8)化合物 **9**(见图 2 - 11):cyclotryprostatins C 的核磁数据分析如下。

化合物 **9** 为白色针状结晶。其正离子 HRESI - MS 分析为 m/z,[M + H]$^+$ = 382.176 9,提示该化合物的相对分子质量为 381,并结合[1]H NMR,^{13}C NMR 和 DEPT - 135 的综合分析推出分子式为 $C_{21}H_{23}N_3O_4$,不饱和度为 13。综合分析[1]H NMR,^{13}C NMR 以及 DEPT - 135 得出其含有 2 个酰胺羰基、8 个次甲基(其中 5 个次甲基是 sp² 杂化的次甲基,3 个次甲基是 sp³

杂化的次甲基)、6 个季碳(5 个季碳是 sp^2 杂化的季碳,1 个季碳是 sp^3 杂化的季碳)、3 个亚甲基和 2 个甲基。

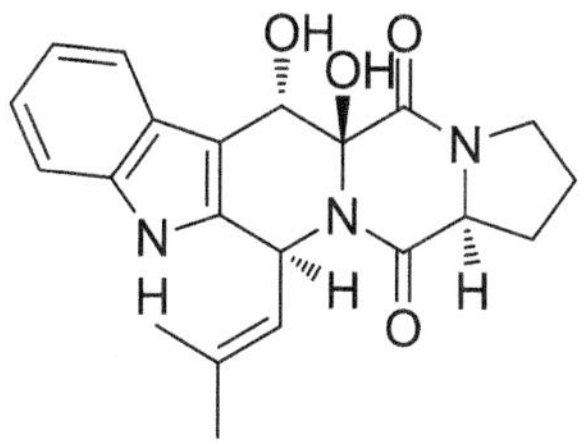

图 2 - 11　化合物 9 的结构

该化合物的 ^{1}H NMR 与 cyclotryprostatins A 比较,差别是一个甲氧基氢信号的消失,同时多了一个烯氢的信号 δ,而 ^{1}H NMR 显示的是领位取代苯环质子的信号 δ:7.88 (1H,d, $J=7.8$ Hz),7.05 (1H,d, $J=7.7$ Hz),7.11 (1H,d, $J=7.7$ Hz),7.29 (1H,d, $J=7.8$ Hz);同时还发现 1 个羟基氢的化学位移强烈偏向低场,证明 8 - OH 的周围化学环境变化,最后对照文献表明是 9 - OH 的构象由 α 变成 β;^{13}C NMR 的数据的比较发现,化合物 9 比化合物 8 少了一个甲氧基的碳信号,并且 C - 6 的化学位移强烈向高场偏移,同时 C - 5 和 C - 7 的化学位移向低场偏移。结合这两个相对分子质量的差值可推测化合物 9 为化合物 8 去掉 6 位甲氧基后的产物。

化合物 9 鉴定为 cyclotryprostatins C。该化合物的化学结构如图 2 - 11 所示,核磁数据的归属见表 2 - 9。

表 2 - 9　化合物 9 的 ^{1}H 和 ^{13}C NMR 的核磁数据和归属

位 置	δ_C	$\delta_H(J/Hz)$	位 置	δ_C	$\delta_H(J/Hz)$
1		7.91 (1H,s)	12	58.6	4.38 (1H,dd, $J=10.4,7.0$)
2	132.8		13	29.1	2.45 (1H,m),2.07(1H,m)
3	106.4		14	22.3	1.92 (1H,m),2.05 (1H,m)
3a	124.7		15	45.3	3.63 (2H,m)
4	119.3	7.88 (1H,d, $J=7.8$)	16		
5	119.6	7.05 (1H,d, $J=7.7$)	17	166.5	
6	122.1	7.11 (1H,d, $J=7.7$)	18	49.9	6.01 (1H,d, $J=10.2$)
7	111.1	7.29 (1H,d, $J=7.8$)	19	123.6	4.84 (1H,d, $J=10.2$)
7a	136.7		20	135.2	
8	69.1	5.73 (1H,d, $J=2.0$)	21	18.3	2.03 (3H,s)
9	83.4		22	25.4	1.68 (3H,s)
10			8 - OH		4.63 (1H,s)
11 - 5	170.4		9 - OH		4.19 (1H,s)

(9)化合物 10(见图 2 - 12):cyclo -(Trp - Pro)的核磁数据分析如下。

化合物 10 为淡黄色结晶。其正离子 HRESI - MS 分析为 m/z,[M＋H]$^+$ = 284.140 3,提示该化合物的相对分子质量为 283,并结合 ^{1}H NMR,^{13}C NMR 和 DEPT - 135 的综合分析

推出分子式为 $C_{16}H_{17}N_3O_2$，不饱和度为 10。综合分析 ^1H NMR，^{13}C NMR 以及 DEPT - 135 得出其含有 2 个酰胺羰基、7 个次甲基(其中 5 个次甲基是 sp^2 杂化的次甲基，2 个次甲基是 sp^3 杂化的次甲基)、3 个 sp^2 杂化的季碳、4 个亚甲基。

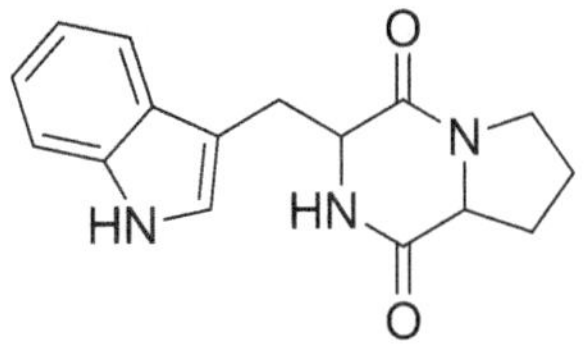

图 2 - 12　化合物 10 的结构

^1H NMR (DMSO - d_6) 在低场区出现 2 个连氮活泼氢的信号 δ：8.59 (1H,s) 和 7.04 (1H,s)，和邻位取代苯环质子的信号 δ：7.56 (1H,d,J＝8.0 Hz)，7.11 (1H,d,J＝7.8 Hz)，7.19 (1H,d,J＝7.8 Hz)，7.35 (1H,d,J＝8.2 Hz)。^{13}C NMR (DMSO - d_6) 显示有 16 个碳原子，在低场区显示 2 个酰胺羰基信号 δ：169.3 (C - 11)，165.5 (C - 17)，还出现 8 个烯碳的信号 δ：123.1 (C - 2)，108.9 (C - 3)，126.5 (C - 3a)，118.1 (C - 4)，120.0 (C - 5)，122.4 (C - 6)，110.9 (C - 7)，136.8 (C - 7a)，推测可能是一个吲哚环。

化合物 **10** 鉴定为 cyclo -(Trp - Pro)。该化合物的化学结构如图 2 - 12 所示，核磁数据的归属见表 2 - 10。

表 2 - 10　化合物 10 的 ^1H 和 ^{13}C NMR 的核磁数据和归属

位　置	δ_C	δ_H(J/Hz)	位　置	δ_C	δ_H(J/Hz)
1		8.59 (1H,s)	9	59.4	4.34 (1H,dd,J＝10.0,4.0)
2	123.1	7.04 (1H,s)	10		5.84 (1H,s)
3	108.9		11	169.3	
3a	126.5		12	54.5	4.05 (1H,t,J＝8.0)
4	118.1	7.56 (1H,d,J＝8.0)	13	28.4	2.32 (1H,m),2.01 (1H,m)
5	120.0	7.11 (1H,d,J＝7.8)	14	22.0	1.95 (1H,m),1.89 (1H,m)
6	122.4	7.19 (1H,d,J＝7.8)	15	45.3	3.62 (1H,m),3.54 (1H,m)
7	110.9	7.35 (1H,d,J＝8.2)	16		
7a	136.8		17	165.5	
8	26.5	3.70 (1H,dd,J＝15.0,3.8), 2.99 (1H,dd,J＝15.0,10.0)			

(10)化合物 **11**(见图 2 - 13)：cyclotryprostatin D 的核磁数据分析如下。

化合物 **11** 为白色针状结晶。其正离子 HRESI - MS 分析为 m/z，[M ＋ H]$^+$ ＝ 380.160 6，提示该化合物的相对分子质量为 379，并结合 ^1H NMR，^{13}C NMR 和 DEPT - 135 的综合分析推出分子式为 $C_{21}H_{21}N_3O_4$，不饱和度为 13。综合分析 ^1H NMR，^{13}C NMR 以及 DEPT - 135 得出其含有 2 个酰胺羰基和 1 个环内酮羰基、7 个次甲基(其中 5 个次甲基是 sp^2 杂化的次甲基，2 个次甲基是 sp^3 杂化的次甲基)、6 个季碳(5 个季碳是 sp^2 杂化的季碳，1 个季

碳是 sp^3 杂化的季碳)、3 个亚甲基和 2 个甲基。

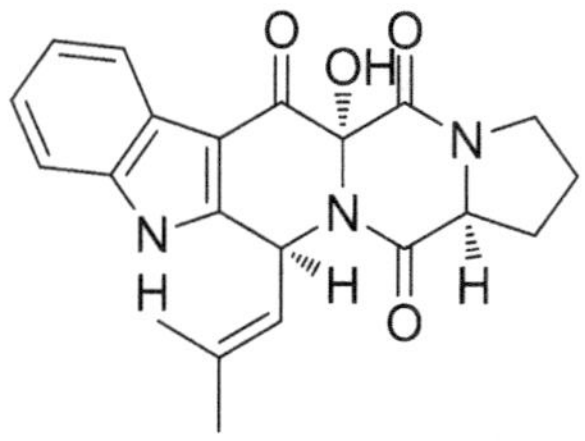

图 2-13　化合物 11 的结构

比较该化合物与化合物 cyclotryprostatins C 的 ^{13}C NMR 数据,显示 cyclotryprostatins C 的 1 个羟基相连的次甲基信号消失,而多了一个 1 个不饱和羰基信号 δ:181.6,同时对应的 ^{1}H NMR 中 1 个羟基相连的次甲基氢的信号也消失了,结合这两个相对分子质量的差值可推测推断化合物 **11** 是化合物 **9** 的 8-OH 氧化后的产物。

化合物 **11** 鉴定为 cyclotryprostatins D。该化合物的化学结构如图 2-13 所示,核磁数据的归属见表 2-11。

表 2-11　化合物 11 的 ^{1}H 和 ^{13}C NMR 的核磁数据和归属

位　置	δ_C	$\delta_H(J/Hz)$	位　置	δ_C	$\delta_H(J/Hz)$
1		8.84 (1H,s)	12	59.7	4.68 (1H,dd,J=8.0,7.8)
2	148.1		13	29.1	2.41 (1H,m),2.00(1H,m)
3	107.6		14	22.9	1.90 (1H,m),2.06 (1H,m)
3a	124.1		15	45.4	3.58 (2H,m)
4	121.5	8.14 (1H,d,J=8.0)	16		
5	124.6	7.21 (1H,d,J=7.8)	17	165.0	
6	122.9	7.18 (1H,d,J=7.8)	18	49.3	6.93 (1H,d,J=8.8)
7	111.4	7.29 (1H,d,J=7.6)	19	122.6	4.89 (1H,d,J=8.8)
7a	136.7		20	137.7	
8	181.6		21	18.6	1.95 (3H,s)
9	82.6		22	25.7	1.71 (3H,s)
10			9-OH		
11	172.3				

(11)化合物 **12**(见图 2-14):13-oxofumitremorgin B 的核磁数据分析如下。

化合物 **12** 为无色针状结晶。其熔点为 210～212℃,正离子 HRESI-MS 分析为 m/z,$[M+Na]^+$＝500.216 2,提示该化合物的相对分子质量为 477,并结合 ^{1}H NMR, ^{13}C NMR 和 DEPT-135 的综合分析推出分子式为 $C_{27}H_{31}N_3O_5$,不饱和度为 14。综合分析 ^{1}H NMR, ^{13}C NMR 以及 DEPT-135 得出其含有 2 个酰胺羰基和 1 个环内酮羰基,7 个次甲基(其中 5 个次甲基是 sp^2 杂化的次甲基,2 个次甲基是 sp^3 杂化的次甲基)、8 个季碳(其中 7 个季碳是 sp^2 杂化的季碳,1 个季碳是 sp^2 杂化的季碳)、4 个亚甲基和 5 个甲基。

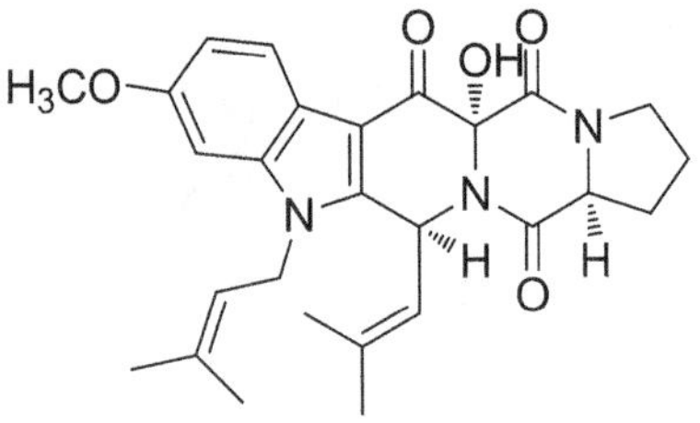

图 2 - 14 化合物 12 的结构

比较该化合物与化合物 fumitremorgin B 的[13]C NMR 数据,显示 fumitremorgin B 的 1 个羟基相连的次甲基信号消失,而多了一个 1 个不饱和羰基信号 δ:180.6,同时对应的[1]H NMR 中 1 个羟基相连的次甲基氢的信号也消失了,这些信号推断化合物 **12** 是化合物 **2** 的 8 - OH 氧化后的产物。

化合物 **12** 鉴定为 13 - oxofumitremorgin B。该化合物的化学结构如图 2 - 14 所示,核磁数据的归属见表 2 - 12。

表 2 - 12 化合物 12 的[1]H 和[13]C NMR 的核磁数据和归属

位 置	δ_C	$\delta_H (J/Hz)$	位 置	δ_C	$\delta_H (J/Hz)$
1			15	45.4	3.61 (2H,m)
2	135.9		16		
3	107.6		17	165.7	
3a	119.0		18	48.9	6.07 (1H,d,$J=10.0$)
4	121.9	8.11 (1H,d,$J=8.4$)	19	122.9	4.72 (1H,d,$J=10.0$)
5	111.2	6.92 (1H,d,$J=8.4$)	20	137.9	
6	156.8		21	18.6	1.96 (3H,s)
7	94.2	6.64 (1H,d,$J=2.2$)	22	25.5	1.64 (3H,s)
7a	147.5		23	42.6	4.51 (2H,d,$J=6.8$)
8	180.6		24	119.7	4.98 (1H,d,$J=6.6$)
9	81.4		25	136.4	
10			26	18.3	1.83 (3H,s)
11	173.2		27	25.5	1.71 (3H,s)
12	60.4	4.82 (1H,t,$J=8.0$)	6 - OCH$_3$	55.7	3.82 (3H,s)
13	28.6	2.36 (1H,m),1.98 (1H,m)	9 - OH		5.45 (1H,s)
14	23.1	2.09 (1H,m),1.93 (1H,m)			

(12)化合物 **13**(见图 2 - 15):cyclo -(Pro - N - benzyl - Trp)的核磁数据分析如下。

化合物 **13** 为白色粉末状固体。其熔点为 248~250℃,5% 的硫酸乙醇显色为黄色,茚三酮反应阴性。^{13}C - NMR 和[1]H - NMR 显示出二酮哌嗪的特征峰:2 个酰胺羰基 δ_C:166.4,164.4,2 个连氮亚甲基碳原子 δ_C:59.4 和 59.3。

^{1}H - NMR (CDCl$_3$)在低场区出现 1 个连氮活泼氢的信号 δ:8.45(1H,s)出现氮氢吸收峰以及 δ:6.98~7.65(1H,m)一组峰提示该化合物有吲哚环。^{13}C - NMR(CDCl$_3$)显示了 21 个碳原子信号,低场区 δ:135.70~108.46 有 11 个芳香碳信号和 2 个酰胺羰基信号 δ:164.4, 164.4;高场区显示了 2 个次甲基碳信号 δ:59.4 和 59.3,5 个亚甲基碳信号 δ:45.9,44.6,28.3, 26.7 和 20.7。

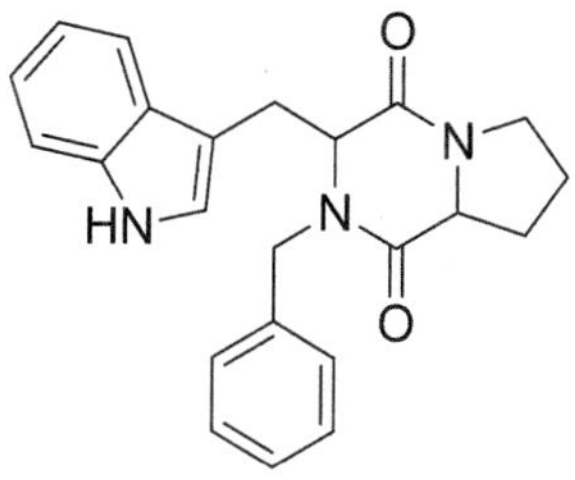

图 2 - 15　化合物 13 的结构

确定该化合物为 cyclo -(Pro - N - benzyl - Trp),核磁数据归属见表 2 - 13,结构如图 2 - 15 所示,该化合物为首次从天然界分离到的。

表 2 - 13　化合物 13 的 ^{1}H 和 ^{13}C NMR 的核磁数据和归属

位　置	δ_C	$\delta_H (J/\text{Hz})$	位　置	δ_C	$\delta_H (J/\text{Hz})$
1		8.45	17a	28.3	1.78,1H,m
2	111.0	7.64 (1H,d,J=8.0)	17b		-0.12,1H,m
3	108.5		18a	26.7	3.67,1H,dd,J=14.8,1.6
4	127.4		18b		3.47,1H,m
5	119.7	6.98 (1H,d,J=1.2)	19a	20.7	1.37,1H,m
6	123.9	7.20 (1H,t,J=8.0)	19b		0.78,1H,m
7	122.4	7.12 (1H,t,J=8.0)	20a	44.6	3.45,1H,m
8	119.0	7.34 (1H,m)	20b		2.97,1H,m
9	135.3		21	135.7	
10a	45.9	5.75 (1H,d,J=16)	22	128.2	
10b		4.03 (1H,d,J=16)	23	128.6	
11	59.4	4.22 (1H,s)	24	129.0	7.41~7.36,5H,m
13	164.4		25	128.6	
14	59.3	3.78(1H,dd,J=11.6,5.6)	26	128.2	
16	166.4				

从内生真菌代谢产物中提取吲哚二酮哌嗪是获得天然产物吲哚二酮哌嗪的最佳途径,通过优化发酵与提取方法,可以大大提高获得天然产物吲哚二酮哌嗪生物碱的产率和纯度,甚至达到工业化、规模化生产的要求。最近,由浙江工业大学应优敏等公开的一种吲哚二酮哌嗪生物碱的制备方法,通过花斑曲霉(*Aspergillu sversicolor*)CCTCC NO. M2022064 的发酵培养和发酵产物的提取分离,获得高产率、高纯度吲哚二酮哌嗪生物碱 Brevianamide K,使得

Brevianamide K 产率达到 2.7 g/(kg 大米)，纯度达到 98.61%。该制备方法具有发酵条件简单、菌种易培养、工艺步骤少、生产周期短等优势，具有工业化、规模化生产的潜力。该方法对于解决高纯度 Brevianamide K 的制备难题，保障后续以 Brevianamide K 为先导的创新药物研制具有重要意义。

但是，通过这种方式得到的吲哚二酮哌嗪的种类和数量有限，不能满足在研制创新药物过程中对活性化合物的种类需要大量筛选的要求，因此，人们需要获得更多数量的该类化合物，还需要通过生物合成或者化学合成的途径来实现。其中，利用化学合成的方法来得到结构多样的吲哚二酮哌嗪生物碱是目前采用较多的手段。通过化学合成的手段还可以对天然产物吲哚二酮哌嗪生物碱进行结构优化，合成出具有更好生物活性的该类化合物，为其成为候选药物提供了丰富的物质基础。在第 3～5 章中，将着重介绍三类吲哚二酮哌嗪化合物的化学合成方法。

第3章　开环吲哚二酮哌嗪的合成

吲哚类生物碱存在于多种天然产物中,而这些天然产物中的生物活性成分在越来越多的临床中表现出非常好的抗肿瘤、抗癌等药理活性,其治疗机制及药理作用研究成为引导人们寻找更优选药物的动力,能够为找到新的疾病治疗靶点打开新的领域。与此同时,如何通过多种途径和方法合成吲哚生物碱衍生物,如何通过进一步的分子结构修饰和改造,比如引入具有生理活性的杂环、芳环,或者通过生物电子等排体替换等方法,使得其活性提高的同时毒性下降。对先导化合物及前体药物分子的优化和筛选,找到结构新颖、抗肿瘤抗癌活性高的药物应用于临床是当前吲哚类药物发展和研究的重要方向。

迄今为止,人们已经从自然界分离得到了 100 多种吲哚二酮哌嗪类化合物。不论从结构新颖性还是生物活性,再到生物合成、化学合成的方法学领域,该类化合物都日益被人们重视。然而,这类化合物大多来自于微生物的发酵液中,作为其次生代谢产物而形成,且产率低,不易分离纯化,给工业化生产带来巨大挑战,因此开发高效的该类化合物的全合成方法是非常必要的。但是由于该类化合物的结构较为复杂,根据吲哚二酮哌嗪吲哚母核与二酮哌嗪母核的连接方式不同,合成方法往往截然不同。因此,本书分类介绍 3 种不同构型的吲哚二酮哌嗪的合成,本章介绍开环吲哚二酮哌嗪的合成方法。

3.1　开环吲哚二酮哌嗪的合成方法

开环吲哚二酮哌嗪生物碱(见图 3 - 1)中最典型的化合物为 tryprostatin A(**1**)与 tryprostatin B(**2**),最早作为海洋真菌 BM939 的次生代谢产物被分离出来,这类化合物对小鼠 tsFT210 细胞有周期抑制活性,干扰 G_2/M 期细胞分裂,最终浓度分别为 50 $\mu g/mL$ 和 12.5 $\mu g/mL$。这类生物碱具有明显的生物活性,研究价值较高,因此引起了许多有机合成工作者的兴趣。tryprostatin A,B 以及其对映异构体(**3**,**4**)与非对映异构体(**5**~**8**)已经被合成出来,并进行了生物活性及其机理的研究。

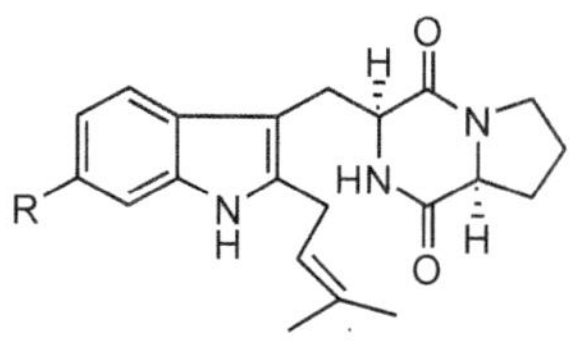

1 R=OMe,tryprostatin A
2 R=H,tryprostatin B

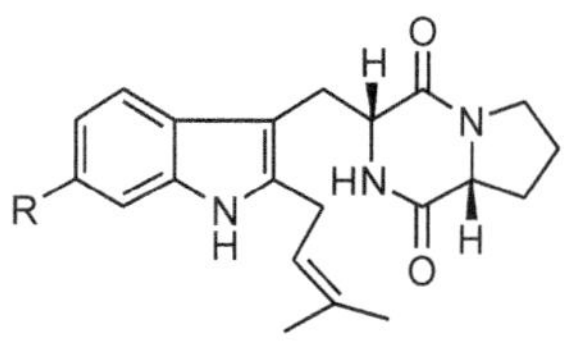

3 R=OMe,tryprostatin A 的对映异构体
4 R=H,tryprostatin B 的对映异构体

图 3 - 1　开环吲哚二酮哌嗪生物碱

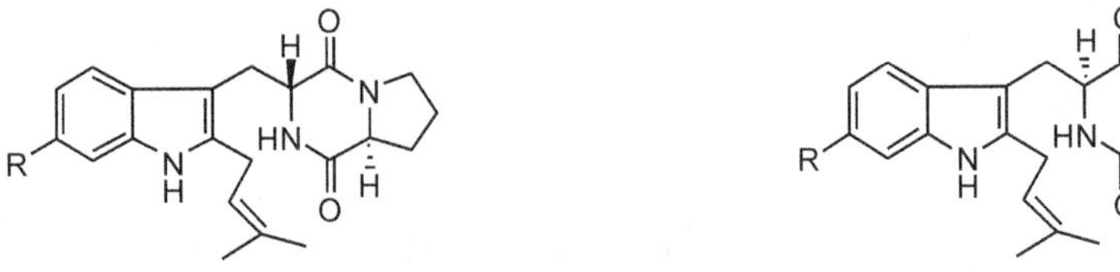

5 R＝OMe，tryprostatin A 的非对映异构体 1
6 R＝H，tryprostatin B 的非对映异构体 1

7 R＝OMe，tryprostatinA 的非对映异构体 2
8 R＝H，tryprostatin B 的非对映异构体 2

续图 3－1　开环吲哚二酮哌嗪生物碱

除了对这几种源自于天然产物的开环吲哚二酮哌嗪生物碱的合成，化学家也合成了众多该类化合物的衍生物，以下是这些化合物的合成方法。

3.1.1　对映选择性合成

Gan 等最早报道通过对映选择性（enantiospecific）全合成了 tryprostatin A，这种方法也用于合成了 tryprostatin A，B 的对映异构体 **3，4** 以及非对映异构体 **5 ～ 8**。首先对映选择性合成 6－甲氧基－L－色氨酸的衍生物和 6－甲氧基－D－色氨酸的衍生物，通过区域选择性（regiospecific）溴化这一关键步骤，再经过一系列过程合成 tryprostatin A，B 及其衍生物［见式（3－2）～式（3－5）］。

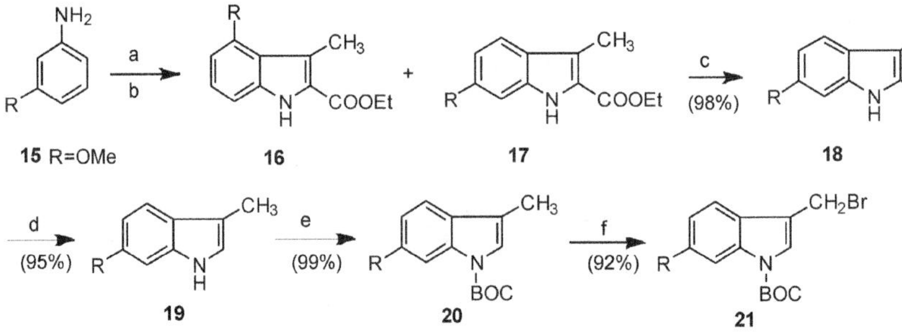

$$(3-1)$$

反应试剂及条件：(a) NaNO₂，aq. HCl，0℃，α-乙酰乙酸乙酯；(b) EtOH，HCl，△；(c) NaOH，EtOH，△；(d) Cu/喹啉，△；(e) (BOC)₂O，4-二甲氨基吡啶，CH₃CN；(f) n-溴代丁二酰亚胺（NBS），偶氮二异丁腈，CCl₄，△。

对映选择性合成 C 6 位上有取代基的色氨酸衍生物，是通过选择性溴化合成 tryprostatin A 和 tryprostatin B 的关键。这一合成步骤首先是费希尔吲哚环化，它最早是被 Abramovitch 等报道的，合成 3-甲基吲哚衍生物 **20** 首先是从间-甲氧基苯胺 **15** 开始的，在催化剂作用下经过一系列反应生成 **17** 及其异构体 **16** 的混合物，它们的比例为 10∶1，有用产物 **17** 经过简单的结晶化就可以分离出来，**19 ～ 20** 是在吲哚环的 N 上加了一个 BOC 保护基，实现了 99% 的产率，**20 ～ 21** 完成了选择性溴代［见式（3－1）］。

3-溴甲基吲哚衍生物 **21a，21b** 同时经过 式（3－2）和 式（3－4）两个平行过程，分别得到目标产物 **1，2** 和 **3，4**。化合物 **27** 和 **34** 也同时经过式（3－3）和式（3－5）两个平行过程，分别得到目标产物 **7，8** 和 **5，6**，实现了 tryprostatin A 和 tryprostatin B 及其对映异构体 **3，4** 和非

对映异构体 **5、6、7、8** 的全合成。Hamaker 与 Liu 等分别以 D - valine（缬氨酸）为起始原料通过三步合成路线得到了重要的反应中间原料 Schöllkopf 手性助剂 **22a**，用同样的方法可以合成出其异构体 **22b**。

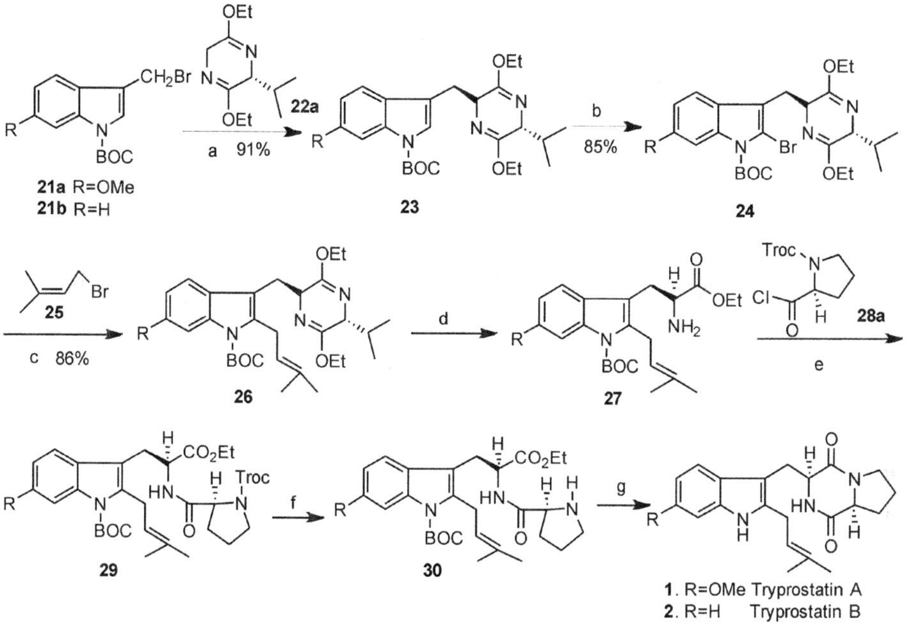

反应试剂及条件：（a）THF，n - BuLi，－78℃；（b）NBS，CH₂Cl₂；（c）n - BuLi，THF，－78～0℃；（d）2 mol · L-1 aq. HCl，THF；（e）Et₃N，CH₂Cl₂；（f）Zn，MeOH，△；（g）△。

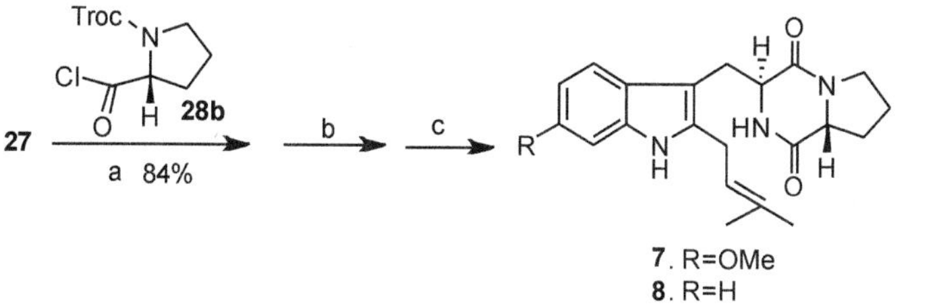

反应试剂及条件：（a）Et₃N，CH₂Cl₂；（b）Zn，MeOH，△；（c）△。

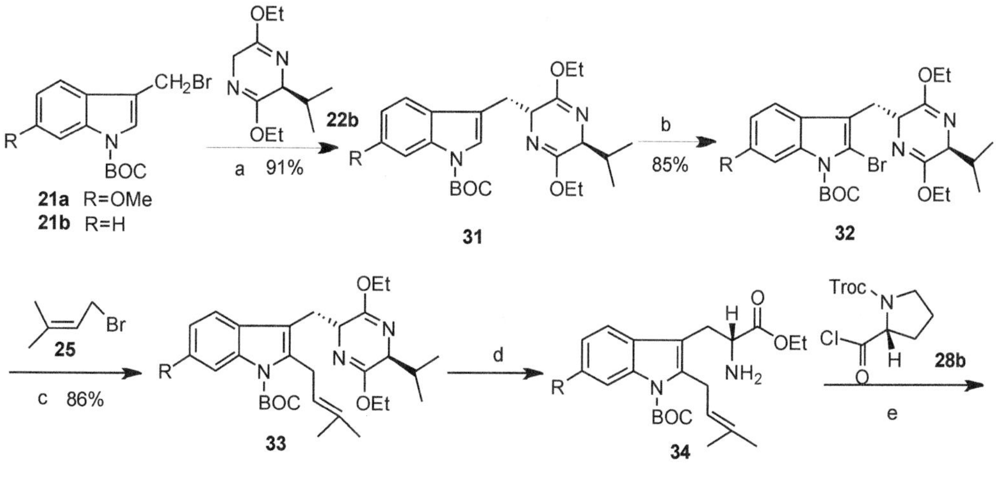

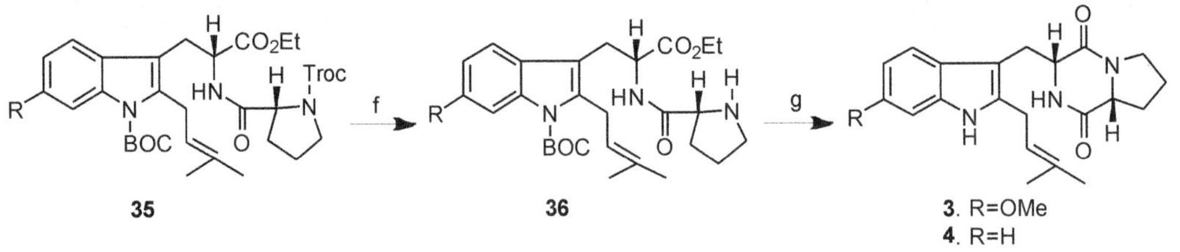

$$(3-4)$$

反应式剂及条件：（a）THF，n‑BuLi，−78℃；（b）NBS，CH₂Cl₂；（c）n‑BuLi，THF，−78 ～ 0℃；（d）2N aq. HCl，THF；（e）Et₃N，CH₂Cl₂；（f）Zn，MeOH，△；（g）△。

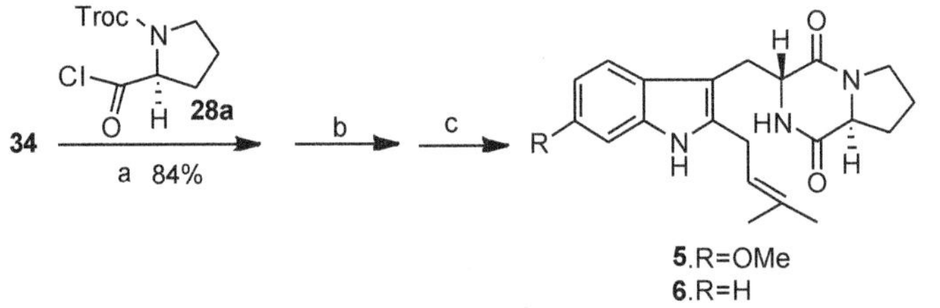

$$(3-5)$$

反应式剂及条件：（a）Et₃N，CH₂Cl₂；（b）Zn，MeOH，△；（c）△。

3.1.2　区域选择性合成

最近，Jain 等报道对 tryprostatin A 及其衍生物进行合成以及对其构效关系进行了研究（见图 3‑2），分别对 region A‑C6，region B‑N1，region C‑C2，region D‑amino acid 等 4 个变化部分进行选择性合成[见式（3‑6）～式（3‑9）]。

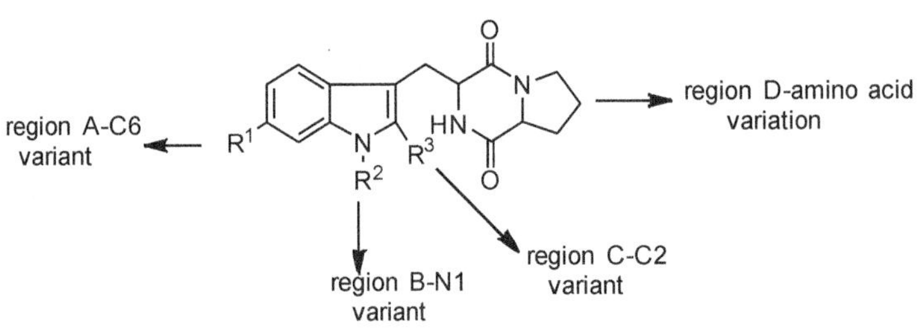

图 3‑2　tryprostatin A 衍生物的 4 个变化部分

tryprostatin A 的衍生物 48 ～ 51，其结构为烃基取代基连接在吲哚环 N1 位置。化合物 ortho‑iodoaniline 37 和含有炔基的化合物 38 在对应的催化剂条件下接触反应生成含有吲哚环的中间产物 39，其产率为 77%，再经过了三步反应得到了最终产物 51 ～ 54[见式（3‑6）]。

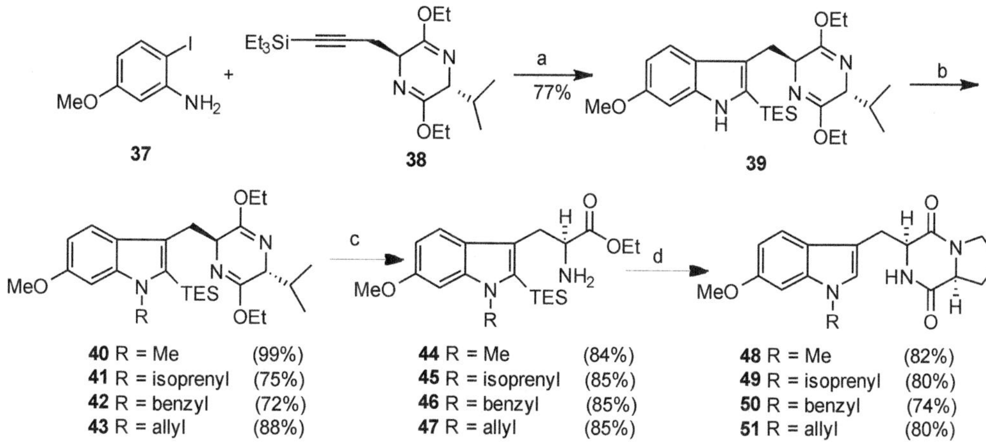

(3-6)

反应式剂及条件：(a) Pb(OAc)$_2$，LiCl，Na$_2$CO$_3$，DMF，100℃，77％；(b) NaH，DMF，RX；(c) 2 mol·L^{-1} HCl 溶液，EtOH，THF，−78℃～室温；(d) N−(9−芴甲氧羰基)−L−脯氨酸(Fmoc−L−proline)，三乙胺，CHCl$_3$；二乙醇胺，CH$_3$CN，室温；二甲苯，回流。

为了得到吲哚环上 C 2 位置有不同取代基的 tryprostatin A 类似物 **59，60，61**，以 **52** 作为共用中间体分别进行各种取代，再脱去保护基 BOC 并关环即可得到。而 **52** 是由 **42** 依次经过和 NBS 和 BOC 酸酐作用得到[见式（3-7）]。

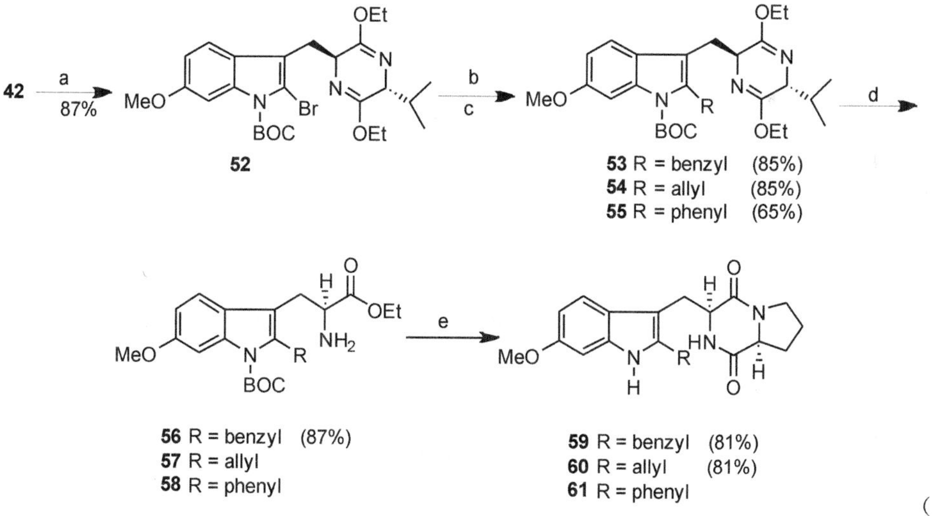

(3-7)

反应式剂及条件：(a) NBS，CH$_3$CN；(BOC)$_2$O，DMAP，CH$_3$CN，室温，87％；(b) n−BuLi，THF，−78℃，RX；(c) n−BuLi，THF，−78℃；ZnCl$_2$；Pd(OAc)$_2$，PhI，三(2−呋喃基)膦，室温，65％；(d) 2 mol·L^{-1} HCl 溶液，EtOH，THF，−78℃～室温；(e) N−(9−芴甲氧羰基)，TEA，CHCl$_3$；DEA，CH$_3$CN，室温，二甲苯，回流。

含有游离氨基的化合物 **27** 分别和两种氨基酸形成的酰氯进行缩合反应得到两种吲哚二酮哌嗪化合物 **62，63**，得到了较高的产率，实现了 D−region 取代[见式（3-8）]。

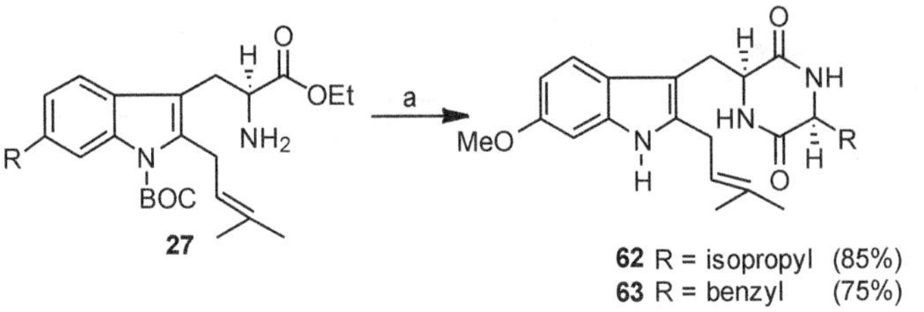
27
a
62 R = isopropyl (85%)
63 R = benzyl (75%)

(3－8)

反应式剂及条件：(a) N－(9－芴甲氧羰基)－L－脯氨酰氯，TEA，$CHCl_3$；DEA，CH_3CN，室温；二甲苯，回流。

制备吲哚环上 C 6 位置取代的衍生物 **65** ～ **67**，该反应中 tryprostatin B (**2**)到 **64** 是关键的一步，**2** 和 $NaNO_2$、TFA 作用得到 **64**。然后使 C 6 位置硝基发生还原得到目标产物[见式(3－9)]。

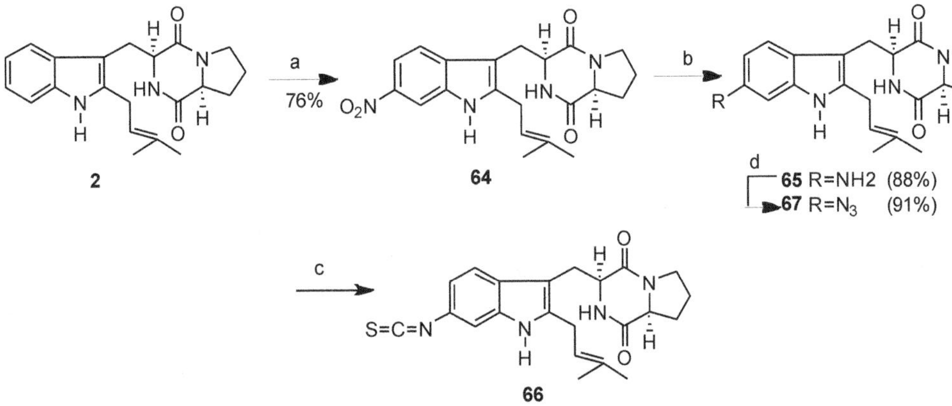
2
a
76%
64
b
d
65 R=NH2 (88%)
67 R=N_3 (91%)
c
66

(3－9)

反应式剂及条件：(a) $NaNO_2$，TFA，－78～20℃，75%；(b) NH_2NH_2，$FeCl_3 \cdot 6H_2O$，活性炭，MeOH，回流，91%；(c) $CHCl_3$，ClC(S)Cl，93%；(d) TfN_3，$CuSO_4$溶液，Et_3N，CH_2Cl_2/ MeOH，89%。

3.1.3 氨基酸缩合法合成

1999 年，Santamaria 等设计了一种合成吲哚二酮哌嗪结构的环二肽的方法，该合成的起始原料 **69**(*S*－69 和 *R*－69) 可以由 L－或 D－色氨酸甲酯(*S*－**68** 或 *R*－**68**)来制备。把 *S*－68 或 *S*－69 与 BOC－Gly 缩合，使用 1－Ethyl－3－(3－dimethyllaminopropyl) carbodiimide (EDC)作为偶合试剂，得到相应的二肽 **70** 和 **71**，然后加热环化得到典型的吲哚二酮哌嗪结构的环二肽 **72** 和 **73**，实现了较高的产率[见式(3－10)]。

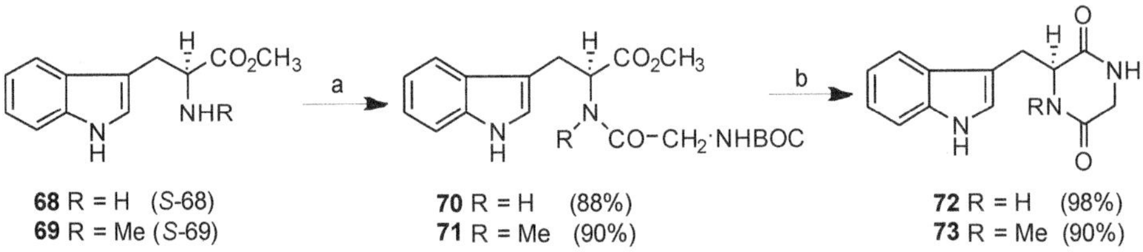
a
b
68 R = H (S-68)
69 R = Me (S-69)
70 R = H (88%)
71 R = Me (90%)
72 R = H (98%)
73 R = Me (90%)

(3－10)

反应试剂及条件：(a) BOC－Gly，EDC；(b) 200℃，1 h。

Sammes 等曾经报道过关于吲哚环上 N 1 位置取代吲哚二酮哌嗪化合物 **79** 的合成,该合成以 N－CBz－L－tryptophan 为起始原料通过五步合成到目标产物。2000 年,Sanz－Cervera 等对这一合成步骤进行了改进,以 N－BOC－L－trptophan 为原料,在氢化钠和 DMF 作用下和 **25** 反应得到吲哚环上 N 取代物 **75**,产率为 68%,加入 L－Pro－OMe－HCl 得到二肽 **76**,产率为 69%。然后在二氯甲烷作为溶剂的条件下加入三氟乙酸使 t－BOC 基团断裂得到 **77**,再与 2－羟基吡啶 **78** 在热的甲苯作用下得到目标产物 **79**,这一步产率为 59% [见式(3－11)]。

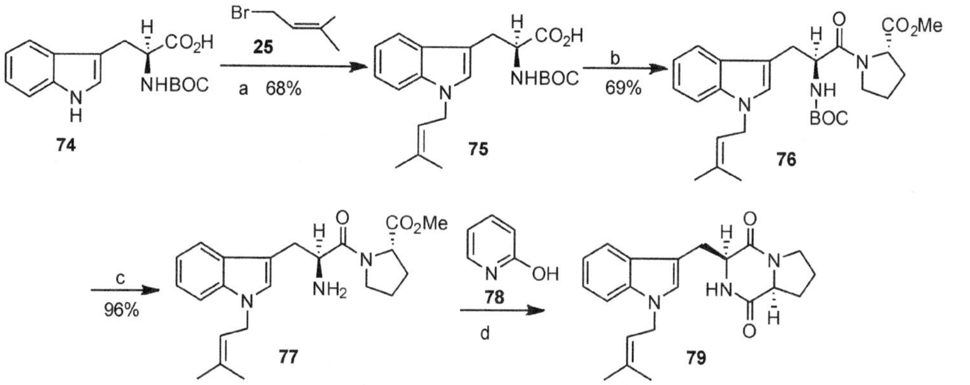

$$(3-11)$$

反应试剂及条件:(a) NaH,DMF;(b) L－Pro－OMe－HCl,BOP,Et$_3$N;(c) TFA,CH$_2$Cl$_2$;(d) 甲苯,△。

2000 年,Wang 等以色氨酸甲酯为起始原料通过四步合成出 tryprostatin B,首先由色氨酸甲酯 **68** 和醛反应生成 **80**,然后经过还原过程到 **81**,再加入 Fmoc 保护的 L-脯氨酸酰氯,在两相条件下形成带有保护基的二肽 **82**,**82** 到 **83** 伴随着 Fmoc 保护基的脱除实现了吲哚二酮哌嗪 **83** 的缩合环化全合成[见式(3－12)]。

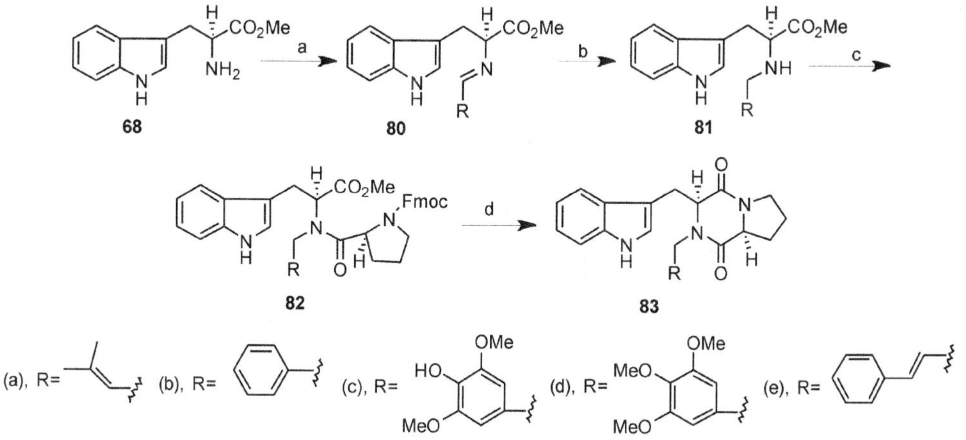

$$(3-12)$$

反应试剂及条件:(a) R－CHO,HC(OMe)$_3$;(b) NaBH(OAc)$_3$;(c) Fmoc－L－ProCl,aq. Na$_2$CO$_3$/CH$_2$Cl$_2$;(d) 20% 吡啶,CH$_2$Cl$_2$。

1997 年,Varoglu 课题组报道了从一株内生真菌中分离得到了吲哚二酮哌嗪类化合物 asperazine(**88**),直到 2007 年,Govek 等首次实现 asperazine 的全合成,该合成以廉价易得的色氨酸为起始原料,经过 22 步反应完成,化合物 **86** 与一分子苯丙氨酸发生缩合形成二肽,然后,从化合物 **87** 到目标化合物可以两步完成,也可以通过在氩气保护下加热,一步完成,且产率高达到 34％[见式(3-13)]。

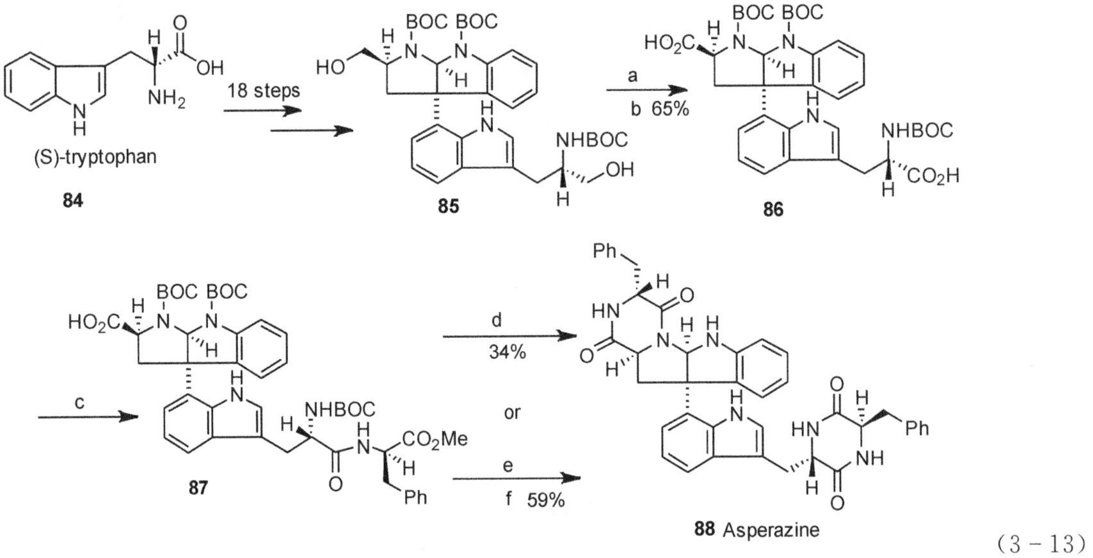

$$\tag{3-13}$$

反应条件及试剂:(a) DMSO,三氧化硫吡啶,Et₃N;(b) NaClO₂,NaH₂PO₄,t-BuOH,2-甲基-2-丁烯,THF,H₂O;(c)(R)-Phe-OMe-HCl,HATU,Et₃N,CH₂Cl₂;(d) 200℃,4h;(e) HCO₂H;(f) AcOH,n-BuOH,120℃。

3.1.4 其他方法合成

Wagger 等以外消旋体烯胺酮 **89** 为起始物,分别和 C 2 位置含有不同取代基的吲哚反应,一步反应得到不同的吲哚二酮哌嗪结构的外消旋 Pro-Trp 环二肽衍生物 **91a ～ 91c**[见式(3-14)],虽然产率不高,但是大大缩短了反应步骤,整体产率得到了较大的提高。

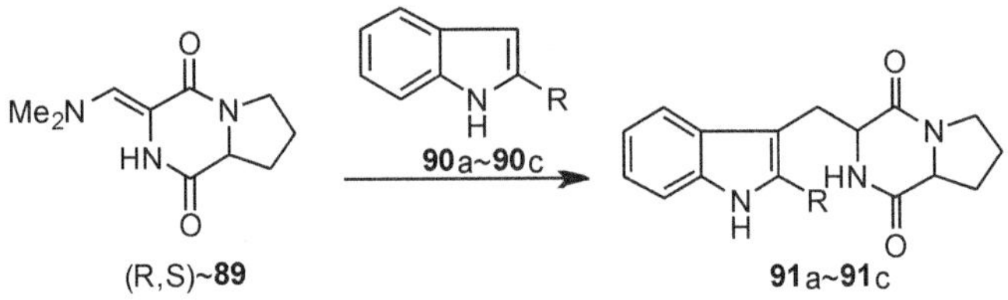

$$\tag{3-14}$$

产物	R	反应条件及试剂	产率
91a	Me	AcOH,reflux,3 h	38％
91b	H	AcOH,MW,45 min	42％
91c	Ph	i-Pr,reflux,3.5 h	34％

有关吲哚二酮哌嗪化合物 **94** 的合成方法报道中最经典的方法就是使亲核物质 **93a** 和芦竹碱 **92a** 在三丁基膦作催化剂的乙腈中回流反应,这种方法得到了广泛的应用,曾被用于合成 Paraherquamides A,B,尽管这种方法通常产率都能达到 40％～70％,但催化剂三丁基膦

有剧毒,研究人员又对反应条件进行了新的改进,为了提高反应的效率和产率,Dubey 等选取廉价的奎宁作为路易斯碱进行催化,结果显示产率得到了大大的提高,**94a** 产率达到 92% [见式(3-15)],后来又选取了两种不同取代基的二酮哌嗪(**93b**,**93c**)进行测试,产率均较高[见式(3-16)]。

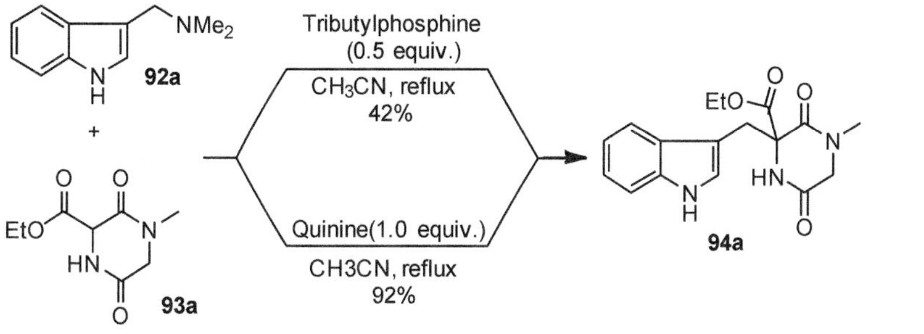

$$(3-15)$$

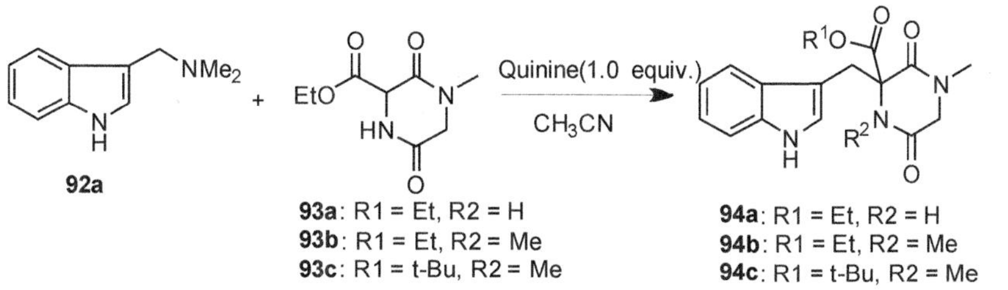

93a: R1 = Et, R2 = H
93b: R1 = Et, R2 = Me
93c: R1 = t-Bu, R2 = Me

94a: R1 = Et, R2 = H
94b: R1 = Et, R2 = Me
94c: R1 = t-Bu, R2 = Me

$$(3-16)$$

3.2　开环吲哚二酮哌嗪的合成方法实例

在 N-取代 L-色氨酸甲酯(仲胺)的合成过程中,先对合成工艺进行改进,将原文献中"脱盐酸、缩合、还原"三步反应通过"一锅煮"的方法一步完成,能够大大缩短反应时间,并且使产率明显提高,在脱盐酸步骤中,将碳酸钠溶液换成三乙胺,避免了下一步的萃取过程,提高了产率。亚胺还原为仲胺的步骤中,将三乙酰氧基硼氢化钠还原换为冰浴条件下分批加入硼氢化钠进行还原,提高了产率,并且降低了反应的成本,缩短了反应时间。

原文献反应路线见式(3-17)。

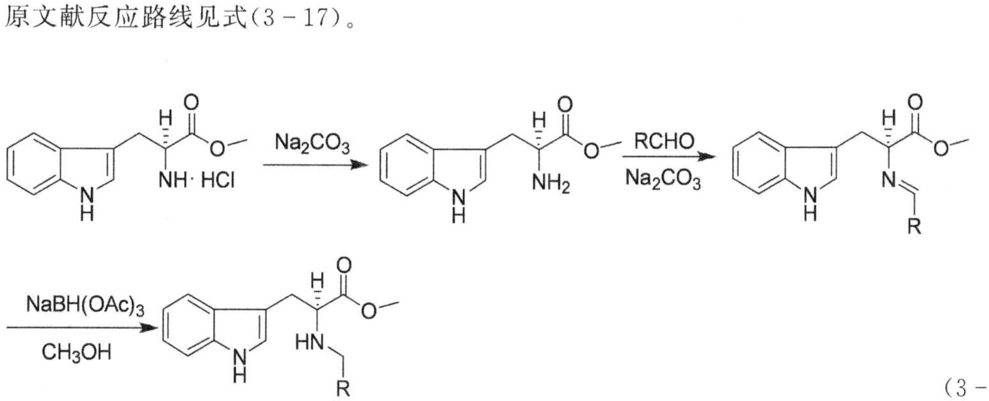

$$(3-17)$$

改进后的反应路线见式(3-18)。

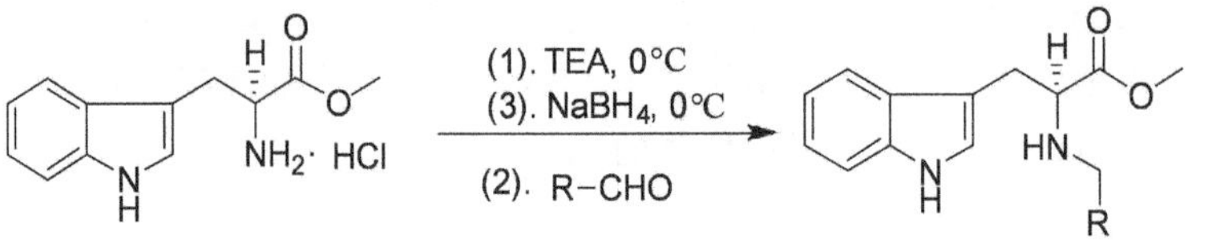

$$(3-18)$$

改进后的总合成路线如下：

以 L-色氨酸 **2** 为起始原料，通过在二氯亚砜与甲醇的混合溶液中回流得到 L-色氨酸甲酯盐酸盐 **3**，然后在三乙胺的乙醇溶液中脱盐酸、二氯甲烷萃取后蒸干得到 L-色氨酸甲酯 **4**，再与醛发生缩合反应得到希夫碱 **5**，希夫碱在三乙酰氧基硼氢化钠（硼氢化钠）的作用下还原为 N-取代 L-色氨酸甲酯 **6**。

Fmoc-L-脯氨酸 **7** 溶于二氯甲烷中，滴加二氯亚砜回流得到 Fmoc-L-脯氨酰氯 **8**，再与 N-取代 L-色氨酸甲酯 **6** 发生取代反应得到 N,N-二取代 L-色氨酸甲酯 **9**，最后在吗啡啉的作用下脱去 Fmoc 保护基、发生环化得到目标产物 **1**，如图 3-3 所示。

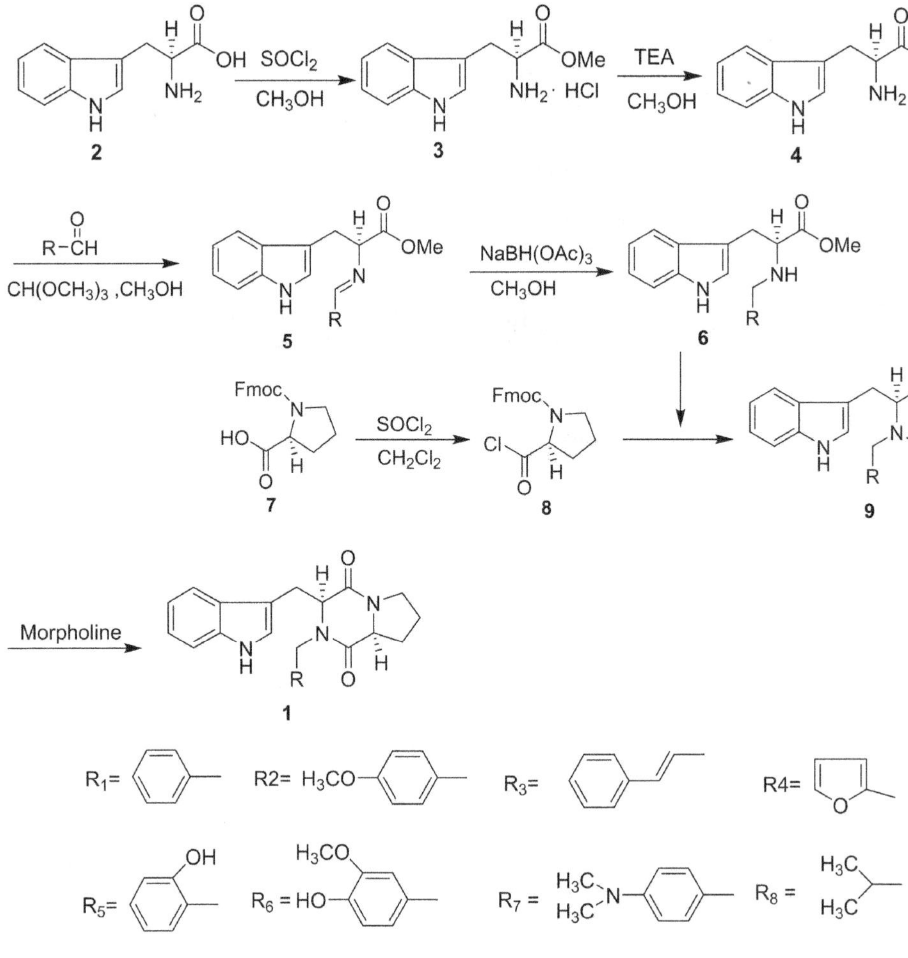

图 3-3　目标化合物的合成路线

值得注意的是，在合成螺环吲哚二酮哌嗪生物碱的实验中，偶然得到了另外一种开环吲哚二酮哌嗪生物碱，所不同的是，其取代基的位置不在哌嗪环上的 N 8 位，而在吲哚环上 C 2，具体的合成方法请参阅本书 5.3.1.5 节内容。另外,由于取代基位置的不同,这两种类型的开环吲哚二酮哌嗪生物碱在生物活性上也表现出了不同,具体的生物活性请参阅本书 6.2 节内容。

3.2.1　L-色氨酸甲酯化反应

1. 反应条件

以氨基酸为起始原料合成肽类或者其他中间体,需要先将氨基酸的羧基进行保护,然后进行反应。羧基被保护以后,可以起到两个作用:一方面,在肽合成反应中,可防止用某些方法活化反应羧基时,不需要反应的羧基也被活化而带来副反应;另一方面,防止氨基酸自身氨基组分同羧基形成内盐。最常用的保护羧基的方法就是酯化。因此,选择合适的酯化方法来实现氨基酸上羧基的保护非常重要。

上述采用的 L-色氨酸甲酯盐酸盐的合成方法,是先将羧基转变成活性较高的酰氯,然后与醇发生亲和取代反应,生成相应的酯,由于体系中有氯化氢产生,与氨基酸上的游离氨基结合成为盐酸盐,得到的是氨基酸酯的盐酸盐,稳定性较好,易于氨基酸酯的保存。

L-色氨酸甲酯盐酸盐制备过程中,二氯亚砜的甲醇溶液制备应控制温度在 0℃ 以下,另外回流时间对于 L-色氨酸甲酯盐酸盐的产率有较大的影响。

由表 3-1 和表 3-2 中数据可知,温度为 0℃ 时 L-色氨酸甲酯盐酸盐的产率明显提高,再降低温度产率变化不大,且 0℃ 温度很容易达到。因此,将制备二氯亚砜的甲醇溶液时温度控制在 0℃ 以下,甲醇回流时间为 5 h,为最佳反应条件。

表 3-1　温度对 L-色氨酸甲酯盐酸盐产率的影响

反应温度/℃	5	2	0	-2	-5
产量/g	6.52	6.88	7.09	7.13	7.11
收率/(%)	85	90.1	92.8	93.3	93.1

回流时间为 5 h。

表 3-2　甲醇回流时间对 L-色氨酸甲酯盐酸盐产率的影响

回流时间/h	3	4	5	6	7
产量/g	6.68	6.92	7.09	7.03	7.05
收率/(%)	87.4	90.5	92.8	92.0	92.3

二氯亚砜-甲醇溶液制备温度 0℃。

2. L-色氨酸甲酯盐酸盐的合成

合成路线见式(3-19)。

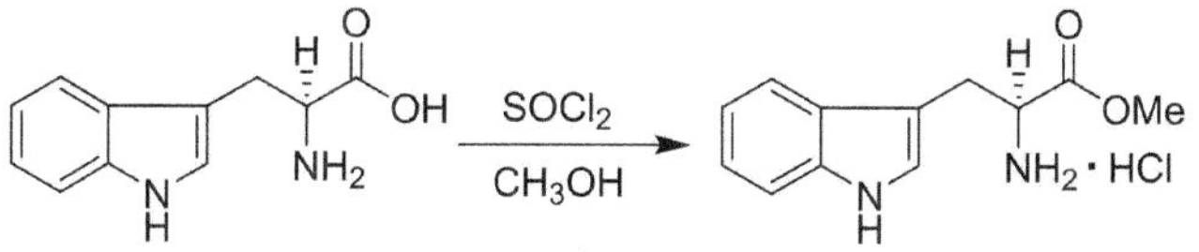

$$(3-19)$$

在 100 mL 的三口烧瓶中加入无水甲醇 50 mL,冰盐浴中保持温度在 0℃ 以下,开启搅拌器,待甲醇完全冷却后,用滴液漏斗缓慢滴加新蒸的二氯亚砜 3.27 mL(45 mmol),保持流速约为 15 滴/min,滴完后继续反应 30 min,慢慢升至室温,继续搅拌 2 h,取(6.12 g,30 mmol)L-色氨酸加入三口烧瓶的溶液中,升温回流,L-色氨酸溶解完全后持续回流 5 h。减压蒸馏除去溶剂以及残余二氯亚砜,得到白色固体,在甲醇与乙醚的混合溶液(甲醇:乙醚=5:1)中进行重结晶,得到白色固体(7.09 g,92.8%),其熔点为 217～219℃,核磁表征结果即为 L-色氨酸甲酯盐酸盐。

3.2.2　氨基酸酯盐酸盐脱盐酸

文献报道的氨基酸酯盐酸盐脱盐酸方法主要有通氨气法、浓氢氧化钠中和法、三乙胺中和法和饱和碳酸钠中和法等。通氨气法为非均相反应,不容易带入杂质,但需要氨气发生装置,过程较为烦琐,浓氢氧化钠中和法操作简单,但这种方法会发生部分皂化。三乙胺中和法是在氨基酸酯盐酸盐的有机溶液中加入三乙胺,产生沉淀。此方法的缺点在于副产物三乙胺盐酸盐会部分溶于有机相,同时过量的三乙胺也不易蒸除完全。而选用饱和碳酸钠法除盐酸:一方面饱和碳酸钠溶液碱性适中,不容易发生皂化;另一方面,脱盐酸后有机相与水相直接分液就能得到分离,但有时候会出现乳化现象,从而影响萃取效率。

本合成最初采用的 L-色氨酸甲酯盐酸盐的脱盐酸方法是饱和碳酸钠中和法,在实验过程中经常会出现乳化现象,需要较长的时间静置分液,同时有机相的萃取操作要少量多次,最终的萃取效率也只有 80%～90%。后来通过对实验过程进行分析,发现使用三乙胺法更适合该实验过程,因为使用三乙胺法的两个缺点对本实验的影响甚微:一方面,三乙胺盐酸盐的少量存在对该反应没有影响;另一方面,过量的三乙胺不影响反应并且会在下一步反应后通过重结晶而除去。同时,三乙胺法还避免了碳酸钠法的耗时较长、萃取效率不高的缺点。

3.2.3　氨基酸与醛酮缩合反应

氨基酸结构上的氨基可以与醛酮发生缩合反应,生成希夫碱(Schiff base),其中氨基酸上的伯氨作为亲核试剂,与醛酮的羰基发生亲核加成反应,然后脱去一分子水生成缩合产物。

反应历程见式(3-20)。

$$
\underset{R_2}{\overset{R_1}{>}}C=O \ + \ R''\ddot{N}H-H \ \rightleftharpoons \ \left[\underset{R_2}{\overset{R_1}{>}}\underset{\overline{OH}}{\overset{C-NR'}{|}}H\right] \ \xrightarrow[\triangle]{-H_2O} \ \underset{R_2}{\overset{R_1}{>}}C=NR' \tag{3-20}
$$

脂肪族醛、酮生成的希夫碱中含的 C=N 双键在反应条件下不是很稳定的,它易于发生进一步的聚合反应。芳香族的醛、酮与伯胺反应生成的希夫碱则比较稳定,因此本合成较多地选用了芳香族的醛进行反应研究。

3.2.4　希夫碱(亚胺)还原反应

希夫碱还原是将其中的碳氮双键变成单键,常用的还原试剂有硼氢化钠、氰基硼氢化钠和三乙酰氧基硼氢化钠。

氰基硼氢化钠是一种比较温和的还原剂,常用于将亚胺选择性还原为仲胺,但氰基硼氰化钠的缺点是遇强酸会立即生成氰化氢,与水接触也会逐渐分解生成氰化物,氰化氢是剧毒气体。三乙酰氧基硼氢化钠作为另外一种温和的还原剂,具有选择性好、还原效率高、无毒副作用等优点,然而价格较高。

硼氢化钠具有廉价易得,并且活性较高、反应时间短的特点,更适用于实际生产中,所以本合成采用硼氢化钠作为还原剂,在冰浴的条件下分批加入,以降低硼氢化钠的反应活性,反应结束后只需要加水搅拌让过量的硼氢化钠溶于水中,然后分液将有机相蒸干就得到了产物。

硼氢化钠还原希夫碱的机理见式(3-21)。

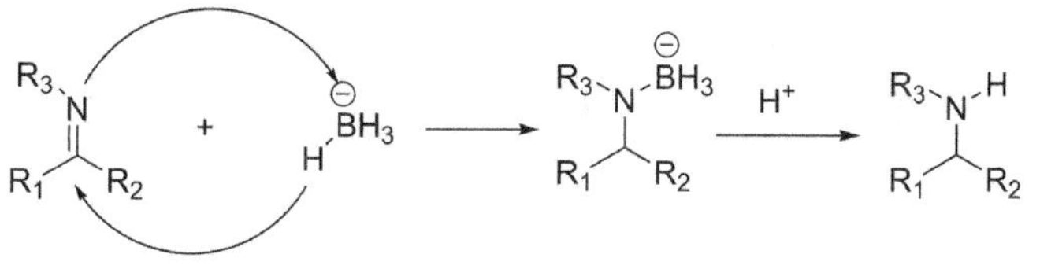

$$(3-21)$$

通过对比了 3 种还原剂的特点及价格,最终选取硼氢化钠作为选择性还原剂对亚胺进行还原,在冰浴条件下分批加入,使反应成本得到降低,对于工业化生产具有重要的现实意义。

3.2.5 Fmoc-L-脯氨酰氯的制备

Fmoc-L-脯氨酰氯的制备方法比较简单,直接将 Fmoc-L-脯氨酸加入二氯亚砜中回流,然后蒸干过量的二氯亚砜就得到了 Fmoc-L-脯氨酰氯,然而这种方法的缺点在于纯的二氯亚砜活性极高,将 Fmoc-L-脯氨酸加入其中后瞬间反应,并放出大量的热,容易使部分产物碳化,而且副产物较多,通过对这种方法的实验检验,发现得到的产物为黑色的胶团状固体。

因此,本合成采用一种较温和的方式,先将 Fmoc-L-脯氨酸溶与二氯甲烷中,然后在搅拌条件下缓慢滴加二氯亚砜,滴加完毕后升温回流,然后减压蒸出溶剂以及剩余的二氯亚砜,得到亮黄色的固体,即为 Fmoc-L-脯氨酰氯粗品。

3.2.6 Fmoc 保护氨基酸脱保护机理分析

Fmoc 保护氨基酸脱保护得到游离的氨基,此过程应该属于 β-消去反应,弱碱如吗啡啉或三乙胺等就可以脱除 Fmoc 保护,在碱性条件下,脱保护的机理为 E1cb,理论上应该形成二苯芴烯。Fmoc 基团的芴环系的吸电子作用使 9-H 具有酸性,容易被较弱的碱除去,反应条件很温和。

Fmoc 保护基的脱除机理见式(3-22)。

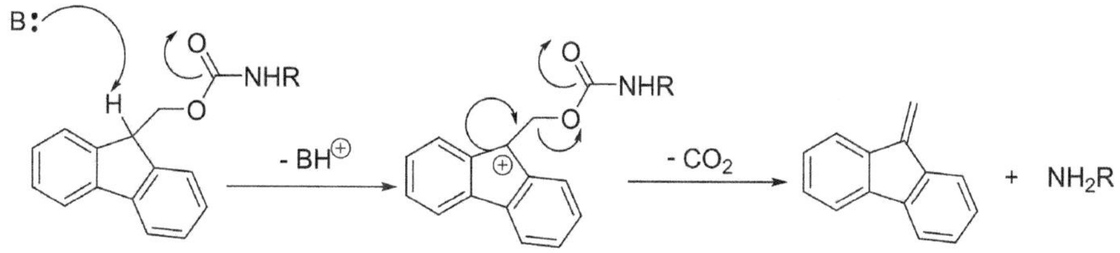

$$(3-22)$$

本合成采用吗啡啉作为 Fmoc－的脱除试剂,通过对几种目标化合物的粗产物的分离中都得到的一种相同的副产物进行分析,此化合物为白色粉末状固体,其熔点为 109～111℃。^{1}H NMR(400 MHz,CDCl$_3$)δ:7.80(d,J=8.0 Hz,2H),7.73(d,J=8.0 Hz,2H),7.41(d,J=8.0 Hz,2H),7.34(d,J=8.0 Hz,2H),4.08(t,J=8.0 Hz,1H),3.86(t,J=4.0 Hz,4H),2.68(d,6H,J=8.0 Hz);^{13}C NMR(100M,CDCl$_3$)δ:146.21,141.04,127.19,126.78,125.34,110.76,67.22,62.77,54.02,44.30。

通过分析,证明该化合物结构如下:

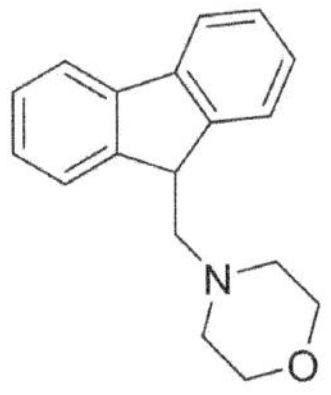

此结构是通过二苯芴烯与水反应得到芴甲醇,芴甲醇再与过量的吗啡啉反应得到的,这也完全证明了上面对机理的预测。

其反应过程见式(3－23)。

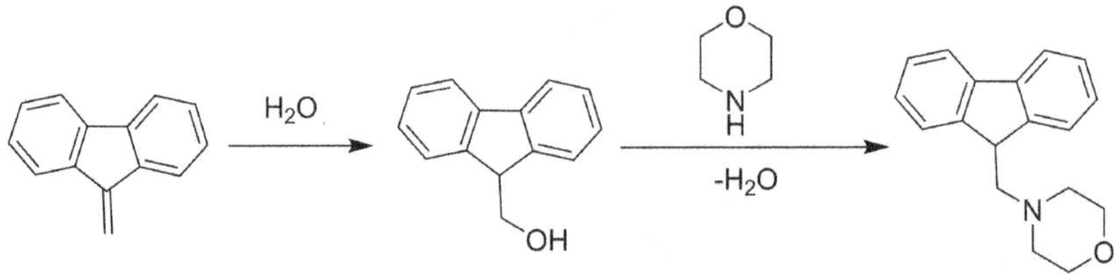

$$(3-23)$$

3.2.7 中间体及终产物的合成

(一)N－取代L－色氨酸甲酯的合成

1. 6a 的合成

取 2.03 g(8 mmol)的 L－色氨酸甲酯盐酸盐加入 100 mL 的三口烧瓶中,加入 20 mL 无水甲醇搅拌至溶解,冰盐浴条件下加入三乙胺 0.8g(8 mmol)后继续搅拌 1 h 得到无色溶液,然后 N$_2$ 保护下滴加苯甲醛 0.848 g(8 mmol)(溶于 10 mL 的无水甲醇中),0℃以下反应 3 h 后分批加入硼氢化钠 0.363 g(9.6 mmol),继续搅拌 1 h,然后加水分解过量的硼氢化钠,二氯甲烷萃取,有机相蒸干,残余物用适当比例的氯仿和甲醇混合溶剂重结晶,即得到目标化合物 **6a** [MQB AA (3－24)],它为无色针状晶体,产率为 73.2%,熔点为 106～108℃。

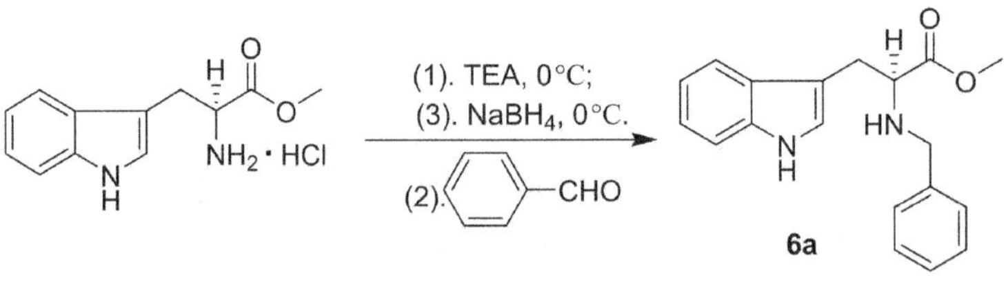

$$(3-24)$$

2. 6b 的合成

与上述制取 **6a** 的反应操作相似,取 2.03 g(8 mmol)的 L-色氨酸甲酯盐酸盐与茴香醛 1.09 g(8 mmol)反应,即得到目标化合物 **6b**[见式(3-25)],为无色针状晶体,产率为 71.9%,熔点为 108~110℃。

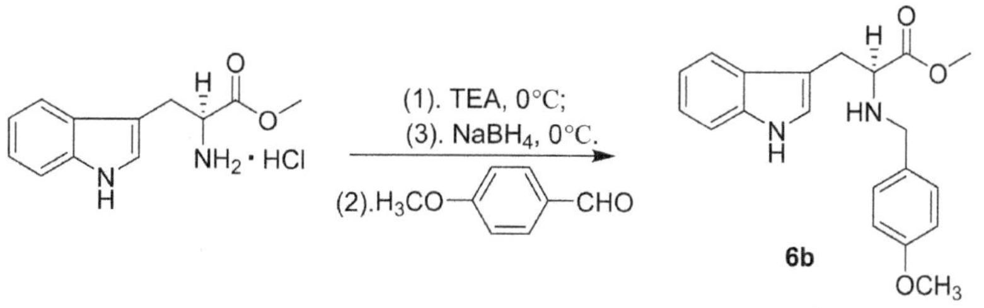

$$(3-25)$$

3. 6c 的合成

与上述制取 **6a** 的反应操作相似,取 2.03 g(8 mmol)的 L-色氨酸甲酯盐酸盐与肉桂醛 1.06 g(8 mmol)反应,即得到目标化合物 **6c**[见式(3-26)],为无色针状晶体,产率为 69.8%,熔点为 86~88℃。

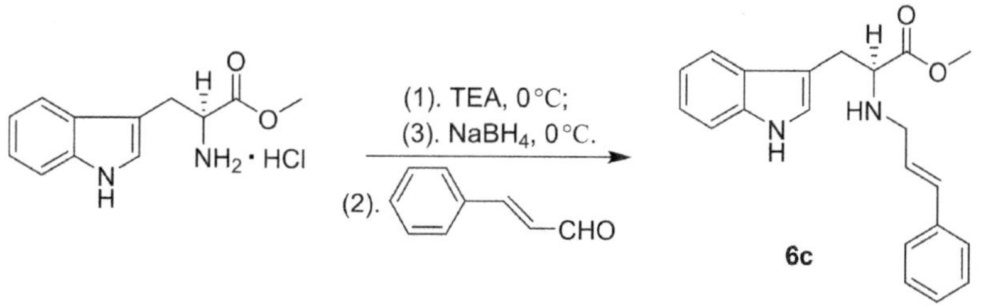

$$(3-26)$$

4. 6d 的合成

与上述制取 **6a** 的反应操作相似,取 2.03 g(8 mmol)的 L-色氨酸甲酯盐酸盐与糠醛 0.77 g(8 mmol)反应,即得到目标化合物 **6d**[见式(3-27)],为无色针状晶体,产率为 66.7%,熔点为 97~99℃。

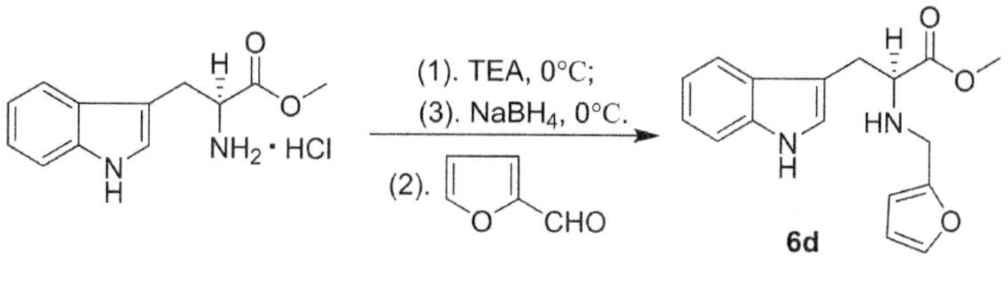

$$(3-27)$$

5. 6e 的合成

与上述制取 **6a** 的反应操作相似,取 2.03 g(8 mmol)的 L-色氨酸甲酯盐酸盐与对二甲氨基苯甲醛 1.19 g(8 mmol)反应,即得到目标化合物 **6e**[见式(3-28)],为无色针状晶体,产率为 77.5%,熔点为 127~128℃。

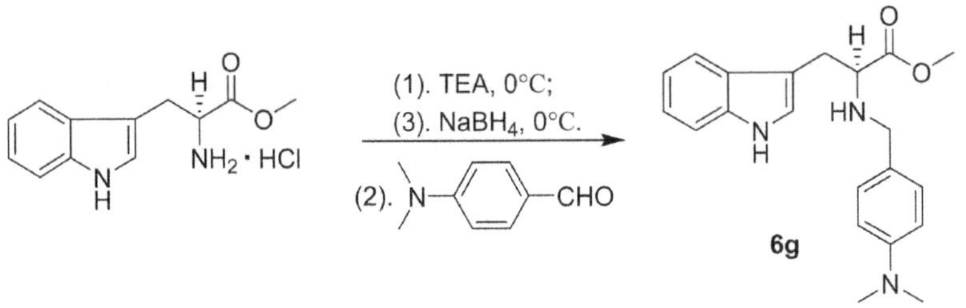

$$(3-28)$$

(二)吲哚二酮哌嗪终产物的合成

1. 1a 的合成

称取 3.08 g(10 mmol)上一步反应得到的苯甲醛仲胺 **6a** 溶于 20 mL CH₂Cl₂ 中,然后将此溶液逐滴缓慢加入上步所得的 $N-$ Fmoc $-$ L $-$ Pro $-$ Cl 中搅拌 5 min,再加 10 mL 的 Na₂CO₃ 水溶液(1 mol/L),继续搅拌 1 h 后分液,将有机相重新加入三口瓶中,然后加入 6 mL 吗啡啉溶液(50%),室温下搅拌 3 h 后蒸干溶剂及残留的吗啡啉,得到了灰白色粗品,将粗品进行硅胶柱层析分离,收集($V_{二氯甲烷}:V_{乙酸乙酯}=10:1$)梯度滤液,蒸干得到白色粉末状固体 **1a**[见式(3-29)],其产率为 55.7%,熔点为 251~253℃。

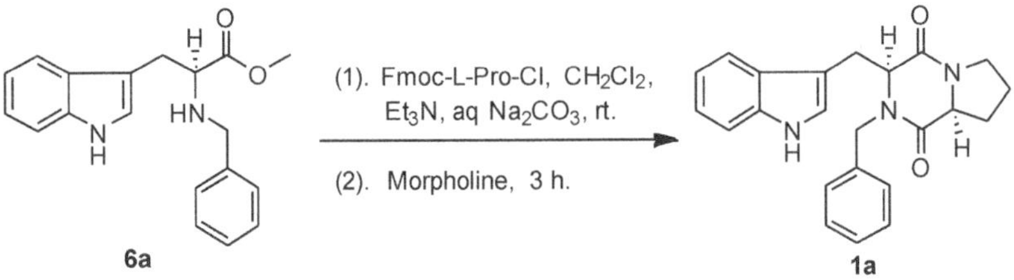

$$(3-29)$$

rt 代表室温。

2. 1b 的合成

与上述合成 **1a** 的操作相似,称取上一步反应得到的 3.39 g(10 mmol)茴香醛仲胺 **6b** 与 $N-$ Fmoc $-$ L $-$ Pro $-$ Cl 反应,将粗品进行硅胶柱层析分离,收集($V_{二氯甲烷}:V_{乙酸乙酯}=10:3$)梯度滤液,蒸干得到白色粉末状固体 **1b**[见式(3-30)],其产率为 66.3%,熔点为 157~159℃。

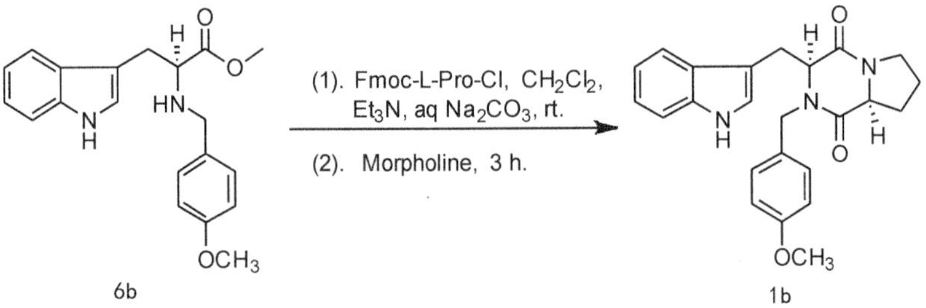

$$(3-30)$$

3. 1c 的合成

与上述合成 **1a** 的操作相似,称取上一步反应得到的 3.34 g(10 mmol)肉桂醛仲胺 **6c** 与 $N-$ Fmoc $-$ L $-$ Pro $-$ Cl 反应,将粗品进行硅胶柱层析分离,收集($V_{二氯甲烷}:V_{乙酸乙酯}=10:2$)梯度滤液,蒸干得到白色粉末状固体 **1c**[见式(3-31)],其产率为 49.4%,熔点为 181~183℃。

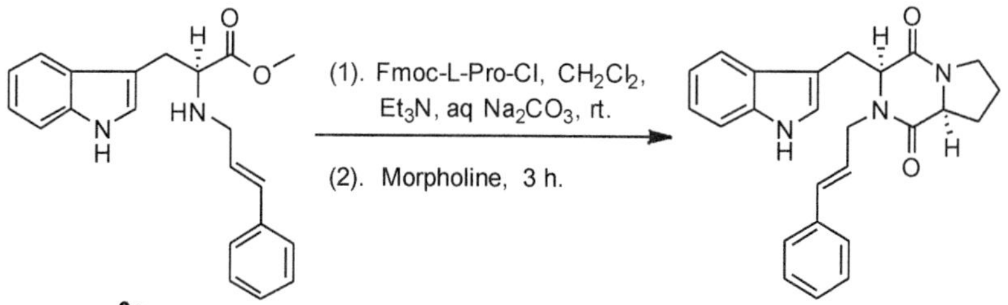

6c　　1c　　(3 - 31)

4. 1d 的合成

与上述合成 **1a** 的操作相似，称取上一步反应得到的 2.98 g(10 mmol)糠醛仲胺 **6d** 与 *N* - Fmoc - L - Pro - Cl 反应，将粗品进行硅胶柱层析分离，收集($V_{二氯甲烷}$ ∶ $V_{乙酸乙酯}$ = 10 ∶ 1)梯度滤液，蒸干得到白色粉末状固体 **1d**[见式(3 - 32)]，其产率为 41.5%，熔点为 169～171℃。

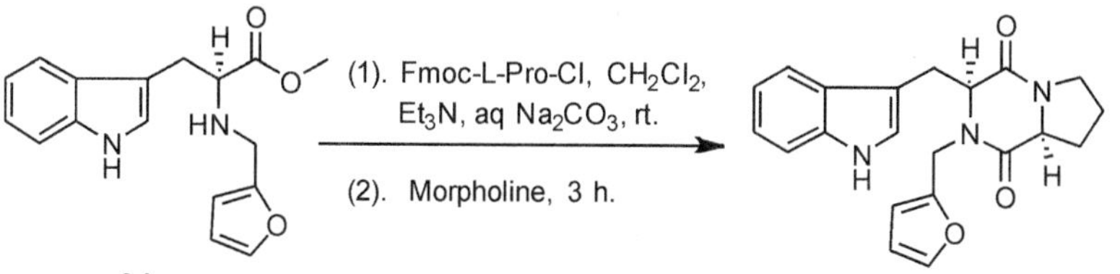

6d　　1d　　(3 - 32)

5. 1e 的合成

与上述合成 **1a** 的操作相似，称取上一步反应得到的 3.37 g(10 mmol)对二甲氨基苯甲醛仲胺 **6e** 与 *N* - Fmoc - L - Pro - Cl 反应，将粗品进行硅胶柱层析分离，收集($V_{二氯甲烷}$ ∶ $V_{乙酸乙酯}$ = 10 ∶ 3)梯度滤液，蒸干得到白色粉末状固体 **1e**[见式(3 - 33)]，其产率为 61.5%，熔点为 195～197℃。

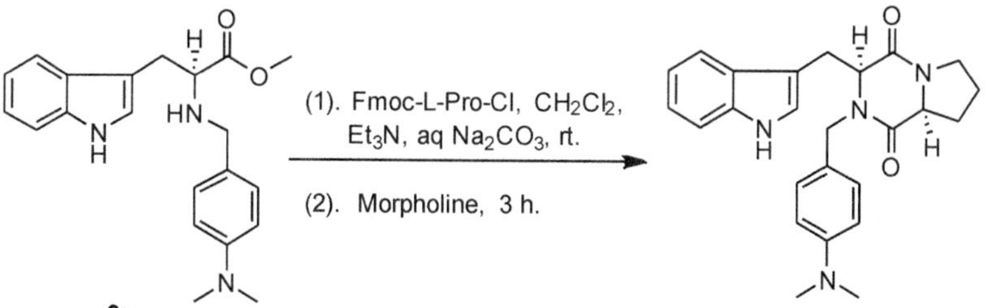

6e　　1e　　(3 - 33)

3.2.8　中间体及终产物结构表征分析

1. L -色氨酸甲酯盐酸盐

L -色氨酸甲酯盐酸盐(见图 3 - 4)：白色固体，熔点为 217～219℃。^{1}H NMR (400 MHz, DMSO - d_6) δ: 11.15 (br s, 1H, NH), 8.65～8.57 (br s, 3H, NH_3^+), 7.52 (d, *J* = 8.0 Hz, 1H, ArH), 7.39 (d, *J* = 8.0 Hz, 1H, ArH), 7.26 (s, 1H, ArH), 7.10 (t, *J* = 8.0 Hz, 1H, ArH), 7.01 (t, *J* = 8.0 Hz, 1H, ArH), 4.24 (m, 1H, NH_3^+ - CH), 3.65 (s, 3H, OCH_3), 3.30 (m, 2H, CH_2 - CHCOOMe); ^{13}C NMR (100 MHz, DMSO - d_6) δ: 170.2, 136.7, 127.3, 125.5,

121.6,119.2,118.5,112.0,106.8,53.2,51.3,26.5;IR(KBr)ν: 3 251,2 963,1 746,1 238 cm^{-1}。

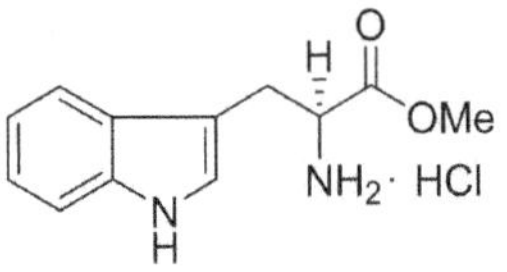

图 3-4　L-色氨酸甲酯盐酸盐

通过在^{1}H NMR 分析,在化学位移 11.15 处的一个宽峰应该是吲哚环上的 N—H 出峰,因为受到吲哚环强的共轭效应影响,N—H 出峰向低场移动,同时 N—H 为活泼氢,所以出峰形状为单一宽峰。在化学位移 8.65～8.57 处的一个宽峰应该是 —NH₂ 与一分子 HCl 结合成盐后的出峰,因为受到 Cl^{-} 吸电子诱导效应影响,N—H 出峰向低场移动。在化学位移 7.52～7.01 处的一系列峰为吲哚环上芳香氢。在化学位移 3.65 处的一个高的单峰为—OCH₃ 的特征峰。在 ^{13}C NMR 中,170.2 为酯羰基的特征峰,136.7～106.8 共 8 个碳出峰均为吲哚环上 C 的出峰。化学位移 26.5 是—OCH₃ 上碳的出峰。

通过 IR 分析,3 250 cm^{-1} 处的宽峰为 NH₂HCl 的吸收峰,1 745 cm^{-1} 处为酯羰基的特征吸收振动峰。元素分析结果与计算值相似,也进一步证明了结构的正确性。

2. N-取代 L-色氨酸甲酯

N-取代 L-色氨酸甲酯的结构如图 3-5 所示。

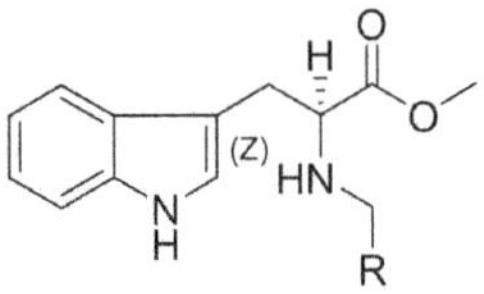

图 3-5　N-取代 L-色氨酸甲酯的结构

通过对 8 种 N-取代 L-色氨酸甲酯^{1}H NMR 分析(见表 3-3 和表 3-4),在化学位移 8.20 左右的一个单峰,应该为吲哚环上 N—H 的峰。8 种化合物吲哚环上的 H 出峰位置大致相同。发生取代的仲胺上的 N—H 的化学位移在 2.10～1.75 之间,其中化合物 6e 和 6f 没有仲胺上的 N—H 的出峰,推测原因有两种:一是分子内氢键的影响,例如化合物 6e 取代基上的 —OH 容易和仲胺上的 N—H 形成分子内氢键,从而影响到氢谱出峰;二是因为 N—H 为活泼氢,如果在产品干燥不充分或者氘代试剂含水的情况下有可能不出峰。^{13}C NMR 中 $\delta=174.0$ 左右为酯羰基峰,$\delta=29.0$ 附近为 Trp 的—CH₂—处亚甲基出峰。

表 3-3　化合物 6a～6g 的红外及核磁数据

化合物	R 基	IR(KBr)/cm^{-1}	^{1}H NMR（δ,ppm,CDCl₃）
6a	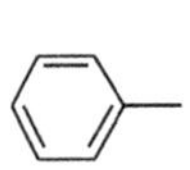	3 460,3 150,2 858,1 745,1 611,1 501,747,699	8.21(br,1H),7.63(d,$J=8.0$ Hz,1H),7.36(d,$J=8.0$ Hz,1H),7.33～7.24(m,5H),7.22(m,1H),7.16(m,1H),7.02(d,$J=4.0$ Hz),3.89(d,$J=12.0$ Hz,1H),3.74(t,$J=4.0$ Hz,2H),3.67(s,3H),3.28～3.16(m,2H),1.99(s,1H)

续　表

化合物	R 基	IR(KBr) /cm^{-1}	^{1}H NMR (δ,ppm,CDCl$_3$)
6b	H$_3$CO—⟨苯环⟩—	3 418,3 303,3 017,2 855,1 728,1 603,1 454,807	8.24(br,1H),7.61(d,$J=8.0$ Hz,1H),7.36(d,$J=8.0$ Hz,1H),7.23(m,1H),7.18(s,1H),7.16(s,1H),7.15(m,1H),7.01(dt,$J=4.0$ Hz,1H),6.84(t,$J=4.0$ Hz,1H),6.82(t,$J=4.0$ Hz),3.81(s,3H),3.78(s,1H),3.72(t,$J=4.0$ Hz,2H),3.67(s,3H),3.25~3.14(m,2H),1.94(s,1H)
6c	⟨苯乙烯基⟩	3 446,3 290,2 840,1 731,1 627,1 504,1 461,740,690	8.15(br,1H),7.66(d,$J=8.0$ Hz,1H),7.39(d,$J=8.0$ Hz,1H),7.30~7.25(m,5H),7.23(m,1H),7.17 (m,1H),7.10(d,$J=4.0$ Hz,1H),6.46(d,$J=16.0$ Hz,1H),6.23(m,1H),3.77(m,1H),3.66(s,3H),3.48(m,2H),3.28~3.15(m,2H),1.85(s,1H)
6d	⟨呋喃基⟩	3 460,3 291,2 847,1 747,1 635,1 504,1 471,1 012	8.29(br,1H),7.61(d,$J=8.0$ Hz,1H),7.36(d,$J=8.0$ Hz,1H),7.31(m,1H),7.23(m,1H),7.16(m,1H),7.01(d,$J=4.0$ Hz,1H),6.29(m,1H),6.13(m,1H),3.86(d,$J=16.0$ Hz,1H),3.76(m,2H),3.65(s,3H),3.26~3.15(m,2H),2.06(s,1H)
6e	H$_3$C、H$_3$C—N—⟨苯环⟩—	3 310,3 164,2 833,1 737,1 610,1 428,730	8.18(br,1H),7.61(d,$J=8.0$ Hz,1H),7.36(d,$J=8.0$ Hz,1H),7.22(m,1H),7.15(m,1H),7.13(m,2H),7.02(d,$J=4.0$ Hz,1H),6.69(m,2H),3.78(m,2H),3.66(s,3H),3.63(d,$J=16.0$ Hz,1H),3.24~3.14(m,2H),2.95(s,6H),1.90(s,1H)

表 3 - 4　化合物 6a~6h 的物理性质

化合物	分子式	熔点/℃	元素分析结果/(%),分析值(计算值)		
			C	H	N
6a	C$_{19}$H$_{20}$N$_2$O$_2$	106~108	73.93(73.99)	6.37(6.55)	9.17(9.09)
6b	C$_{20}$H$_{22}$N$_2$O$_3$	108~110	70.91(70.97)	6.61(6.57)	8.25(8.28)
6c	C$_{21}$H$_{22}$N$_2$O$_2$	86~88	75.33(75.41)	6.69(6.64)	8.31(8.38)
6d	C$_{17}$H$_{18}$N$_2$O$_3$	97~99	68.49(68.43)	6.02(6.09)	9.37(9.39)
6e	C$_{21}$H$_{25}$N$_3$O	127~128	71.77(71.76)	7.13(7.17)	12.01(11.96)

通过 IR 分析,3 400 cm^{-1}附近的出峰为发生取代的仲胺 N—H 的吸收峰,3 200 cm^{-1}附近的出峰为吲哚环上 N—H 出峰。1 730 cm^{-1}附近的出峰为酯羰基的特征峰。1 600 cm^{-1},

$1\ 500\ cm^{-1}$ 附近的两个峰为苯环的特征峰。元素分析结果与计算值相似,也进一步证明了结构的正确性。

3. 吲哚二酮哌嗪化合物

吲哚二酮哌嗪化合物的结构如图 3-6 所示。

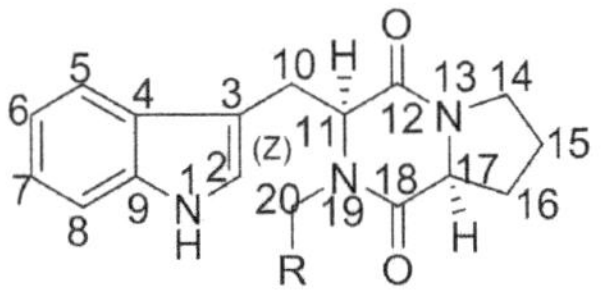

图 3-6 吲哚二酮哌嗪化合物的结构

通过对 5 种吲哚二酮哌嗪化合物 ^{1}H NMR 分析(见表 3-5),在化学位移 8.50 左右的一个单峰,应该为吲哚环上 N—H 的峰。5 种化合物吲哚环上的 H 出峰位置大致相同。对于化合物 **1a,1c,1d** 取代基 R 部位上的氢均为不饱和氢,所以 $5.70 \sim -0.15$ 为吲哚二酮哌嗪骨架结构上的饱和氢,总数为 12 个,完全相符。化合物 **1b** 在 3.83 处有一强峰积分为 3,可以判定为 —OCH$_3$ 的出峰。化合物 **1e** 在 2.98 处有一强峰积分为 6,可以判定为 —N(CH$_3$)$_2$ 的出峰。5 种化合物结构再通过 ^{13}C NMR,DEPT-135,QCBC 分析确定了结构的正确。元素分析结果(见表 3-6)与计算值相似,也进一步证明了结构的正确性。

表 3-5 化合物 1a~1e 的核磁数据

化合物	R	^{1}H NMR(δ,ppm,CDCl$_3$)	^{13}C NMR(δ,ppm,CDCl$_3$)
1a	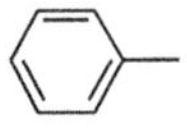	8.41(br,1H),7.64(d,$J=8.0$ Hz,1H),7.38~7.33(m,6H),7.20(t,$J=8.0$ Hz,1H,),7.12(t,$J=8.0$ Hz,1H),6.98(d,$J=4.0$ Hz,1H),5.77(d,$J=16.0$ Hz,1H),4.23(s,1H),4.05(d,$J=8.0$ Hz,1H),3.80(dd,$J=8.0,4.0$Hz,1H),3.65(dd,$J=12.0,4.0$Hz,1H),3.45(m,1H),3.36(dd,$J=12.0,4.0$Hz,1H),2.79(td,$J=8.0$ Hz,4.0Hz,1H),1.80(m,1H),1.37(m,1H),0.79(m,1H),-0.10(m,1H)	166.43,164.40,135.73,135.39,129.01,128.53,128.15,127.41,123.92,122.44,119.75,119.68,110.95,108.55,59.49,59.26,45.98,44.51,28.33,26.64,20.64
1b	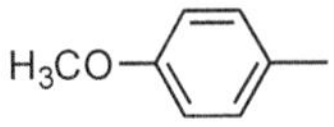 H$_3$CO—	7.61(d,$J=8.0$ Hz,1H),7.40(d,$J=8.0$ Hz,1H),7.28(d,$J=8.0$ Hz,2H),7.19(t,$J=8.0$ Hz,1H),7.09(t,$J=8.0$ Hz,1H),6.92(m,3H),5.65(d,$J=16.0$ Hz,1H),4.74(dd,$J=12.0,8.0$Hz,2H),4.19(s,1H),4.02(d,$J=8.0$ Hz,1H),3.83(s,3H),3.60(d,$J=12.0$ Hz,1H),3.48(m,1H),3.34(m,1H),2.97(m,1H),1.80(m,1H),1.38(m,1H),0.82(m,1H),-0.13(m,1H)	166.04,164.46,136.73,129.97,128.15,127.36,119.66,114.37,109.82,107.80,59.25,55.36,45.48,44.43,28.59,26.65,20.68

续　表

化合物	R	^{1}H NMR $(\delta,\mathrm{ppm},\mathrm{CDCl_3})$	^{13}C NMR$(\delta,\mathrm{ppm},\mathrm{CDCl_3})$
1c		8.64(br,1H),7.67(d,$J=8.0$ Hz,1H),7.42～7.28(m,6H),7.18(t,$J=8.0$ Hz,1H),7.11(t,$J=8.0$ Hz,1H),6.70(d,$J=16.0$ Hz,1H),6.22(m,1H),5.14(dd,$J=8.0$ Hz,1H),4.45(s,1H),3.81～3.68(m,3H),3.46(m,1H),3.34(dd,$J=12.0,4.0$Hz,1H),2.96(td,$J=8.0,4.0$Hz,1H),1.75(m,1H),1.35(m,1H),0.76(m,1H),−0.13(m,1H)	166.21,164.43,136.07,135.80,134.83,128.68,128.15,127.45,126.54,124.02,122.70,122.36,119.68,119.61,110.98,108.39,59.99,59.29,45.18,44.48,28.24,26.97,20.62
1d		8.55(br,1H),7.44(d,$J=4.0$ Hz,1H),7.33(d,$J=8.0$ Hz,1H),7.18(t,$J=8.0$ Hz,1H,),7.11(t,$J=8.0$ Hz,1H),6.83(d,$J=4.0$ Hz,1H),6.45(d,$J=4.0$ Hz,1H),6.40(t,$J=4.0$ Hz,1H),5.48(d,$J=12.0$ Hz,1H),4.28(m,2H),3.73(m,2H),3.41(m,2H),2.95(td,$J=8.0,4.0$Hz,1H),1.75(m,1H),1.35(m,1H),0.75(m,1H),−0.13(m,1H)	166.25,164.31,148.84,142.94,135.73,127.38,123.87,122.38,119.67,119.61,110.98,110.72,110.22,108.37,60.15,59.19,44.49,39.40,28.23,26.89,20.59
1e		8.66(br,1H),7.65(d,$J=4.0$ Hz,1H),7.34(d,$J=8.0$ Hz,1H),7.24(d,$J=12.0$ Hz,2H),7.18(t,$J=8.0$ Hz,1H),7.10(t,$J=8.0$ Hz,1H),6.97(d,$J=4.0$ Hz,1H),6.74(d,$J=8.0$ Hz,2H),5.68(d,$J=12.0$ Hz,1H),4.23(s,1H),3.96(d,$J=16.0$ Hz,1H),3.76(m,1H),3.64(dd,$J=12.0,4.0$Hz,1H),3.43(m,1H),3.37(m,1H),2.98(s,6H),2.92(m,1H),1.75(m,1H),1.33(m,1H),0.71(m,1H),−0.21(m,1H)	166.24,164.65,135.73,129.87,127.43,124.02,122.31,119.70,119.55,112.86,110.00,108.41,59.33,59.04,45.57,44.45,40.75,28.31,26.68,20.58

表 3 - 6　目标化合物 1a～1e 的物理性质

化合物	分子式	熔点/℃	元素分析结果/(%),分析值(计算值)		
			C	H	N
1a	$C_{23}H_{23}N_3O_2$	251～253	73.80(73.97)	6.22(6.21)	11.21(11.25)
1b	$C_{24}H_{25}N_3O_3$	157～159	71.47(71.44)	6.23(6.25)	11.47(10.42)
1c	$C_{25}H_{25}N_3O_2$	181～183	75.17(75.16)	6.28(6.31)	10.55(10.52)
1d	$C_{21}H_{21}N_3O_3$	169～171	69.42(69.40)	5.88(5.82)	11.55(11.57)
1e	$C_{19}H_{20}N_2O_3$	195～197	74.62(74.60)	7.05(7.01)	10.45(10.44)

通过上述合成方法成功得到了 5 种开环吲哚二酮哌嗪,该合成路线简单,副产物少,所需原料廉价易得,产率也较高。后续可以利用这种方法,将 L-色氨酸甲酯再与各种醛发生缩合反应得到新的希夫碱,从而继续合成出更多的该类化合物。另外,通过实验证明,上述 5 种化合物具有一定的抑制真菌的生物活性,请参阅 6.2.5 节。

第4章　闭环吲哚二酮哌嗪的合成

闭环吲哚二酮哌嗪化合物的吲哚环上 C 2 位置与哌嗪环上 N 8 位置直接或间接连接,形成闭环状态,即形成一个 β-卡波林结构单元,因此相对于开环吲哚二酮哌嗪化合物的合成路线,除了需要构建吲哚与二酮哌嗪单元结构,还需要考虑到构建该 β-卡波林的环化反应,而在众多环化方法中,Pictet - Spengler 法在该类化合物的合成中最为常用。

4.1　闭环吲哚二酮哌嗪的合成方法

4.1.1　Pictet - Spengler 法合成

Pictet - Spengler 法主要是用于异喹啉的合成,该法是由 β-芳乙基胺和羰基化合物缩合再环化生成四氢异喹啉。

早在 demethoxy - fumitremorgin C **1** 被作为天然产物分离出来之前,它已被作为致颤性毒枝菌素 fumitremorgin C 的模型合成出来。后来,Kodato 等也用这种方法合成出了 demethoxy - fumitremorgin C,得到了较高的产率[见式(4 - 1)]。

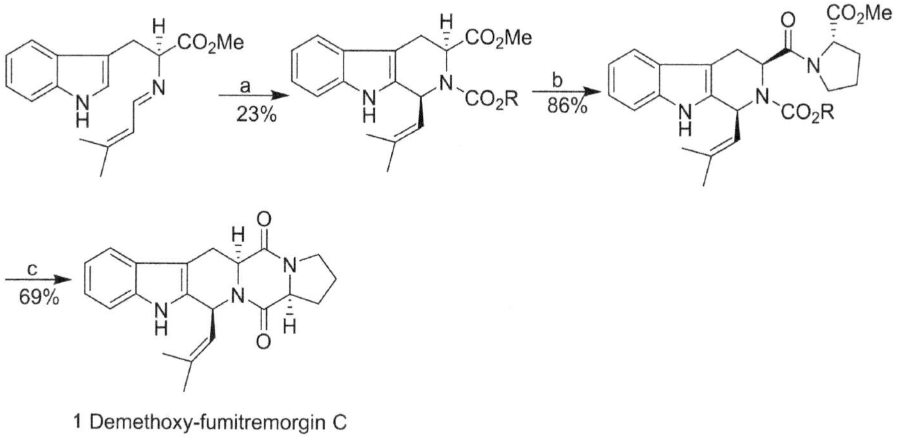

$$(4-1)$$

1 Demethoxy-fumitremorgin C

反应试剂及条件:(a) ROCOCl (R=C(Me)$_2$CCl$_3$);分离纯化;(b) OH$^-$,t - BuCOCl,Pro - OMe;(c) 三甲基噻吩,$\triangle$。

1997 年,Wang 等通过简洁的三步路线成功合成出了 demethoxy - fumitremorgin C **1**。该过程以色氨酸甲酯 **2** 和二甲基丙烯醛为原料,利用 Pictet - Spengler 反应,加入脯氨酰氯作用下,生成中间体 **3** 和 **4**,最后在哌啶下脱保护、关环得到目标产物[见式(4-2)]。

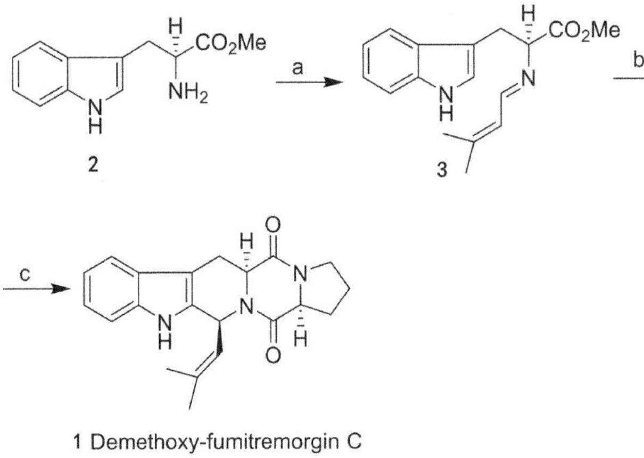

1 Demethoxy-fumitremorgin C

反应试剂及条件:(a) HC(OMe)$_3$,(CH$_3$)$_2$C=CH—CHO;(b) Fmoc-L-Pro-Cl(1.1 当量),pyridine (2 当量),CH$_2$Cl$_2$,0℃ 1 h,室温 6.5 h;(c) 含 20% 哌啶的 CH$_2$Cl$_2$,室温 30 min。

2000 年,该课题组再次通过该反应合成出了几类 fumitremorgin C 的类似物[见式(4-3)]。

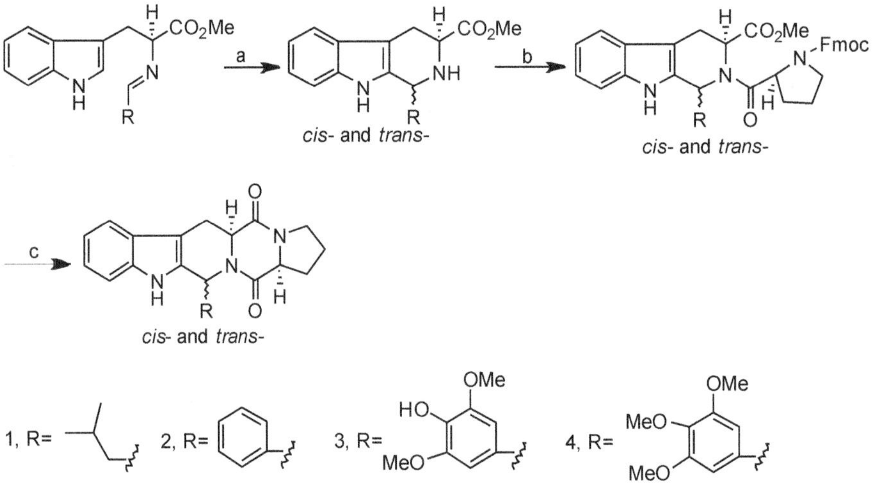

cis- and *trans-*

cis- and *trans-*

cis- and *trans-*

1, R= 　　2, R= 　　3, R= 　　4, R= 　　(4-3)

反应试剂及条件:(a) TFA/CH$_2$Cl$_2$,0℃ ~ 室温;(b) Fmoc-L-ProCl,Na$_2$CO$_3$/CH$_2$Cl$_2$ 溶液;(c) 20% 哌啶,CH$_2$Cl$_2$。

Bailey 等报道了一条简洁有效的合成 fumitremorgins 的方法。他们利用 Pictet-Spengler 反应,通过了三步立体选择性及对称合成的方法得到 fumitremorgin C **5**,产率为 38%,合成 demethoxy-fumitremorgin C **6**,产率达到 21%,这套合成方法可以简单有效地合成 fumitremorgin 类似物,有利于该类物质的活性筛选[见式(4-4)]。

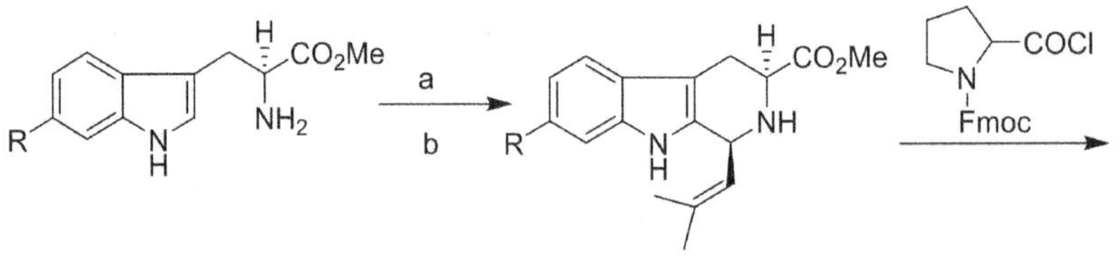

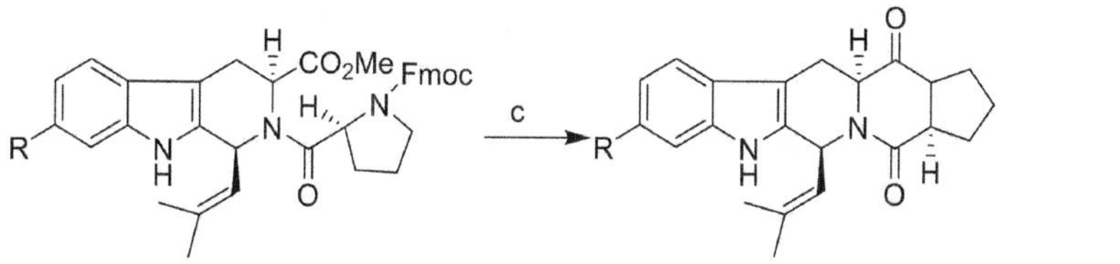

5　R=OMe　Fumitremorgin C
6　R=H　　Demethoxy-fumitremorgin C

反应试剂及条件：(a) Me₂C＝CHCHO,CH₂Cl₂,3 Å 分子筛,室温；(b) CHCl₃,TFA（过量）,－40℃；(c)哌啶,DMF,40℃。

Harrison 等曾报道关于二酮哌嗪类天然产物的合成研究工作,该合成的起始物为容易制备的色氨酸-脯氨酸缩二氨酸 **7**,第一步得到 Pictet-Spengler 环化产物 **8**,非对映异构体产率为 85∶15。再经过酸催化环合得到高纯度最终产物 **9**,**8** 到 **9** 这一步产率为 40%。这一较容易的制备该类天然产物的合成路线为 fumitremorgin 类似物的合成提供了有重要意义的组合化学方法[见式(4-5)]。

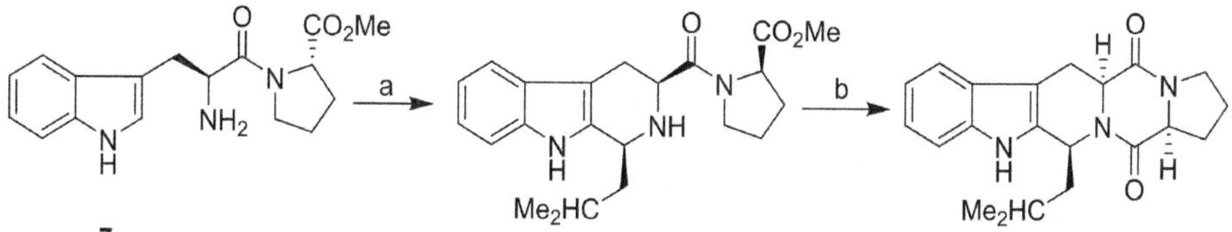

反应试剂及条件：(a) 3-甲基-1-丁醇,TFA,4 Å 分子筛,DCM,0℃ ～ 室温(dr85∶15)；(b) HCO₂H, i-BuOH,甲苯,加热(40%)。

2005 年,Siwicka 等以 Cbz-L-氨基酸为起始物,采用 Pictet-Spengler 法合成了一系列吲哚二酮哌嗪类衍生物,以 **10** 为起始原料经 5 步得到吲哚二酮哌嗪衍生物 **11**。采用同样的方法以带有保护基的脯氨酸 **12** 为原料,得到目标产物 **13**[见式(4-6)]。

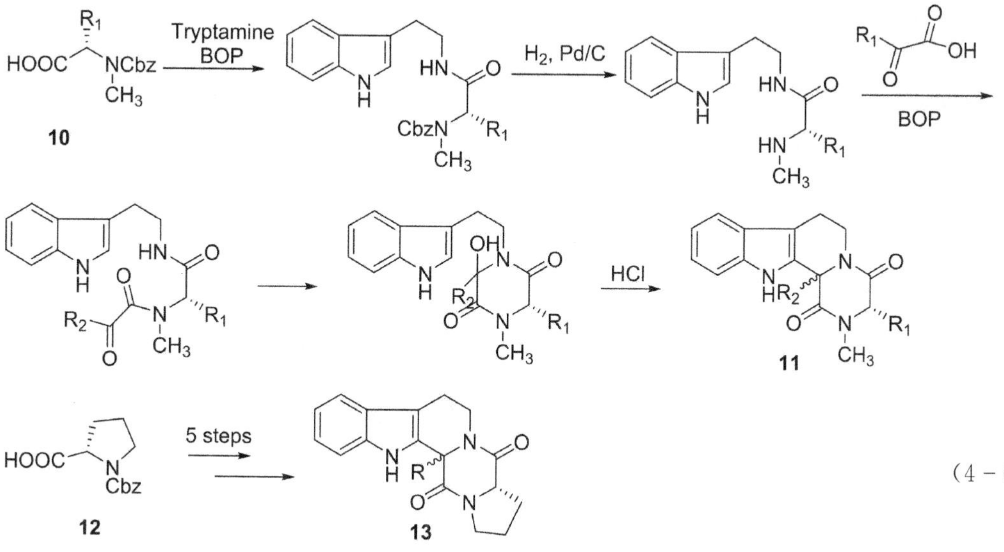

Wu 等设计了两条简洁有效的路线合成了一系列 fumitremorgins 衍生物,第一条路线以 L-色氨酸为原料,在 5%的三氟乙酸作催化剂的条件下和甲醛发生反应,得到化合物 **14**(产率为 75%),**14** 在二氯亚砜的甲醇溶液中发生甲酯化得到 **15**,然后和 BOC 保护的 α-氨基酸缩合得到二肽 **16**,然后在酸性条件下脱去保护环化得到目标化合物[见式(4-7)]。

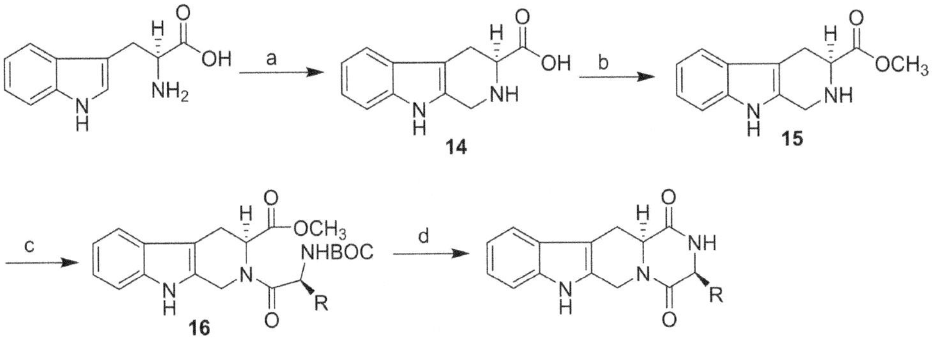

$$(4-7)$$

反应试剂及条件:(a) 甲醛,TFA,75%产率;(b) 甲醇,亚硫酰氯,室温,92%产率;(c) BOC-L-蛋氨酸,BEP,DIEA;(d) 4 mol·L^{-1}盐酸乙酸乙酯溶液。

第二条路线仍以 L-色氨酸为原料,在三乙胺的作用下与 BOC-N$_3$ 反应得到 **17**,化合物 **17** 与一系列氨基酸甲酯发生缩合得到二肽 **18**,产率达到 90%~98%,**18** 发生水解得到酸 **19**,最后脱去保护再发生缩合得到目标化合物 **20**[见式(4-8)]。

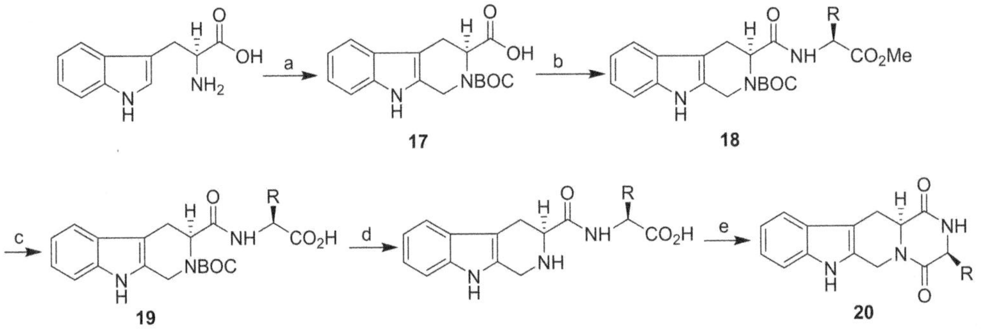

$$(4-8)$$

反应试剂及条件:(a) BOC-N$_3$,三乙胺;(b) L-氨基酸甲酯,DCC;(c) 2 m mol/L aq. NaOH;(d) 4 mol·L^{-1}盐酸乙酸乙酯溶液;(e) DCC/HOBt。

4.1.2 固相法合成

固相合成是近些年来发展起来的一种有效的合成方法,现已广泛地应用于多肽的合成以及一些复杂的天然产物合成,其优点主要表现在最初的反应物和产物都是连接在固相载体上,可以在一个反应容器中进行所有的反应,便于自动化操作,产率较高,且产物易于分离。

Loevezijn 等介绍了一种固相合成 demethoxy-fumitremorgin C 的方法,以不溶性聚苯乙烯树脂为载体,目的是便于最后一步分子内环化氨解的进行。首先向载体上连接色氨酸,得到 **21**,再与二甲基丙烯醛缩合得到亚胺 **22**,然后与脯氨酰氯进行 Pictet-Spengler 反应,生成

Carboline 型中间体 **23**，除去保护基(Fmoc)，然后再在卡波林环的氮原子位置上缩合一个脯氨酸残基，得到 **24**，在四氢呋喃做溶剂的环境中加入哌啶，脱掉脯氨酸氮原子上的保护基(Fmoc)，随即发生分子内缩合再关环，得到终产物 demethoxy - fumitremorgin C，总产率为 26%[见式(4-9)]。

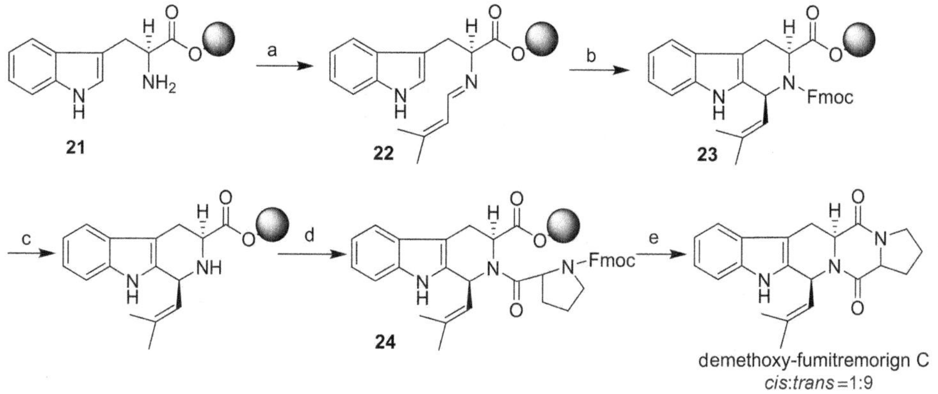

$$(4-9)$$

　　反应试剂及条件：(a) $Me_2C=CHCHO$，$HC(OMe)_3$，室温，8 h；(b) Fmoc - Cl (3 当量)，吡啶(4.5 当量)，CH_2Cl_2，室温，16 h；(c) 20% 哌啶，DMF，室温，1 h；(d) Fmoc - L - Pro - OH (3 当量)，CIP (3 当量)，DiPEA (6 当量)，NMP，室温，16 h；(e) 5% 哌啶，THF，室温，4 h。

　　Loevezijn 等用固相合成，采用环化/裂解(cyclization/cleavage)的方法，以固相聚苯乙烯树脂为载体接 L - 色氨酸 **25** 为起点，通过多重平行合成，利用 Pictet - Spengler 反应、环化作用，在适合条件下(在二氯甲烷和 TFA 在室温下作用)合成出了吲哚二酮哌嗪结构，但是产率较低[见式(4-10)]。

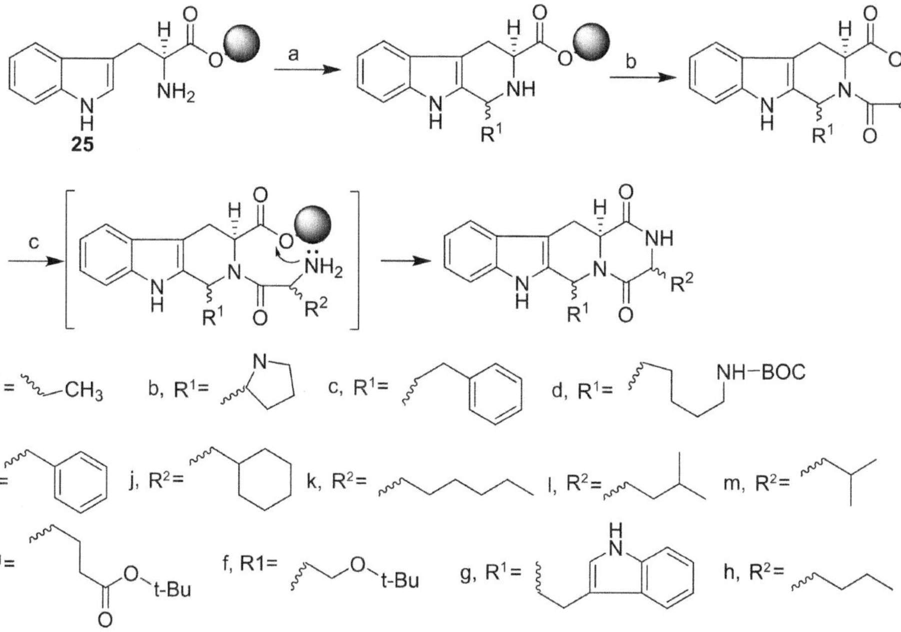

$$(4-10)$$

　　反应试剂及条件：(a) R^1CHO (5 当量)，CH_2Cl_2，5% TFA，室温，16 h；(b) Fmoc - L - amino acid (3 当量)，CIP (3 当量)，DiPEA (6 当量)，NMP，室温，16 h，双偶联法；(c) 5% 哌啶，THF，室温，16 h。

　　这种方法现在已经被用于 fumitremorgins，verruculogens 和 cyclotryprostatins 这几类化

合物的生物活性的筛选。Wang 等改良了反应条件,利用相似的固相合成方法合成吲哚二酮哌嗪类似物,他们在 Pictet - Spengler 反应中加大了醛的用量,然而这种方法不利于在固相合成中合成一些氧化类似物,如 cyclotryprostatins A - D。

4.1.3 其他方法合成

Tullberg 等采用微波辅助加热的方法,通过三步合成得到吲哚二酮哌嗪化合物,产率较高。该合成路线第一步是 BOC 保护的氨基酸与氨基酸甲酯 **26** 在 EDC [1 -(3 -二甲氨基丙基)- 3 -乙基碳二亚胺]作用下发生耦合得到含有 BOC 保护基的二肽 **27**,第二步是二肽在饱和氯化氢的甲醇溶液中脱保护得到二肽甲酯的衍生物 **28**,前两步的产率较高,均在 80% 以上,最后一步采用微波辅助加热,在以水做溶剂的条件下加入三乙胺使二肽发生环化,得到了目标化合物 **29**[见式(4 - 11)]。

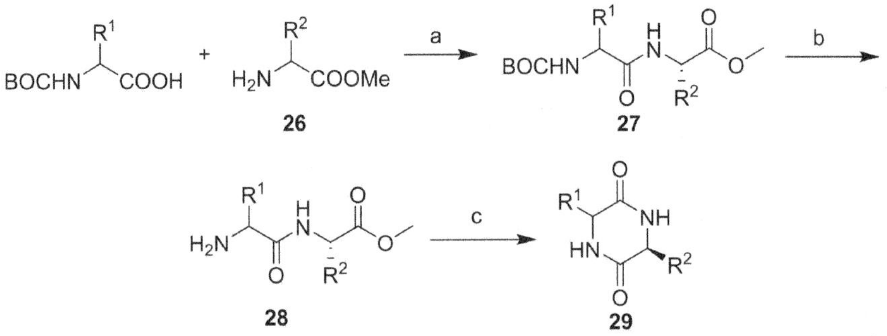

$$(4 - 11)$$

化合物	R^1	R^2
29a	Benzyl	(3 - Indolyl)—CH_2
29b	(3 - Indolyl)—CH_2	CH_2OH
29c	(3 - Indolyl)—CH_2	CH_2OB_n
29d	(3 - Indolyl)—CH_2	CH_2CONH_2

反应试剂及条件:(a) EDC/NMM,CH_2Cl_2;(b) HCl (g)/MeOH;(c) H_2O,Et_3N/加热或微波(2.5 当量)。

2008 年,Deveau 等以卡波林结构的酸 **30** 为起始原料,合成得到了一种结构比较复杂的吲哚二酮哌嗪衍生物 **32**,这一路线首先通过 DCC(N,N′-二环己基碳二亚胺)对羧基活化,两分子化合物 **31** 发生缩合,在碱性条件下环化,得到的目标产物为一种吲哚二酮哌嗪类的环二肽 **32**,总产率为 71%[见式(4 - 12)]。

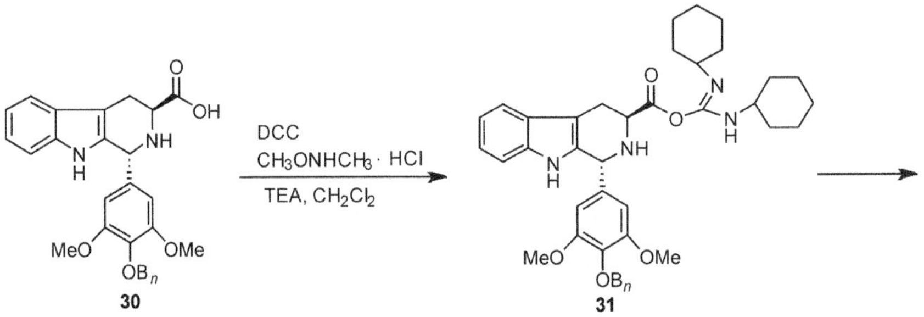

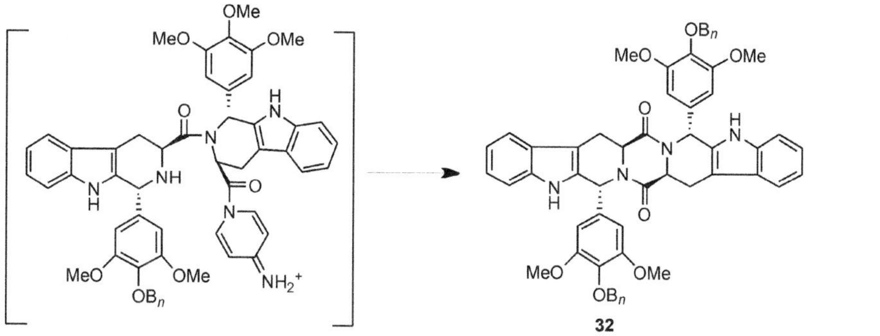

$$(4-12)$$

2008 年,Li 等设计了两条路线来合成一种吲哚二酮哌嗪类乳腺癌耐药蛋白抑制剂(BCRP inhibitor Ko143),第一条合成路线包括 9 步,总产率为 0.4%。第二条合成路线共 5 步,总产率得到较大的提高,达到 5%[见式(4-13)]。

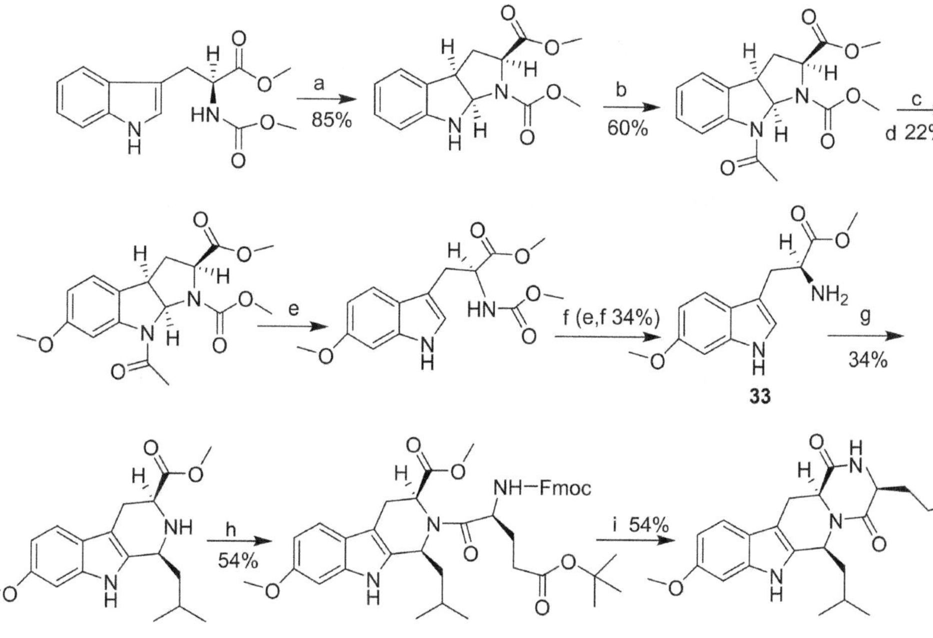

$$(4-13)$$

反应试剂及条件:(a) H_3PO_4,室温,3 h;(b) Ac_2O,吡啶,室温,20 h;(c) $Pb(OAc)_4$,TFA,0℃,3 h;(d) MeI,K_2CO_3,丙酮,室温,24 h;(e) 10% H_2SO_4,MeOH,室温,3 h;(f) Me_3SiI,$CHCl_3$,回流,2 h;(g)开戊醛,TFA,CH_2Cl_2,室温,1.5 h;(h) N-Fmoc-5-$tert$-butyl,L-谷氨酸酯,二异丙基乙胺,2-氯-1,3-二甲基咪唑啉六氟磷酸盐,N-甲基吡咯烷酮,室温,5 d;(i) 哌啶,THF,室温,18 h。

第二条路线的关键在于采用三氟甲磺酸镱(ytterbium triflate)作为催化剂促进 1-benzyl-2-methyl-(S)-1,2-aziridinedi-carboxylate 与 6-甲氧基吲哚发生偶合[见式(4-14)]。

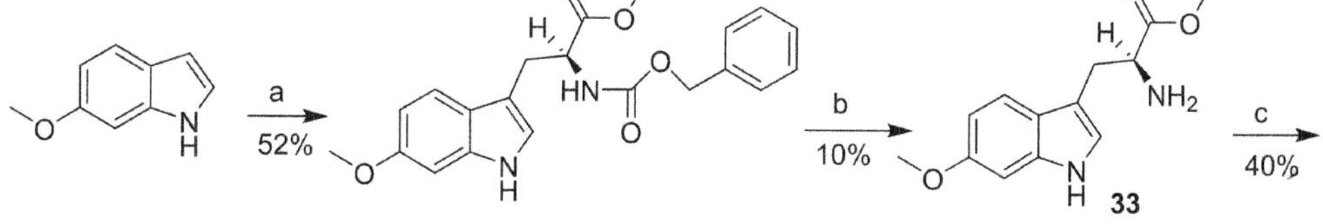

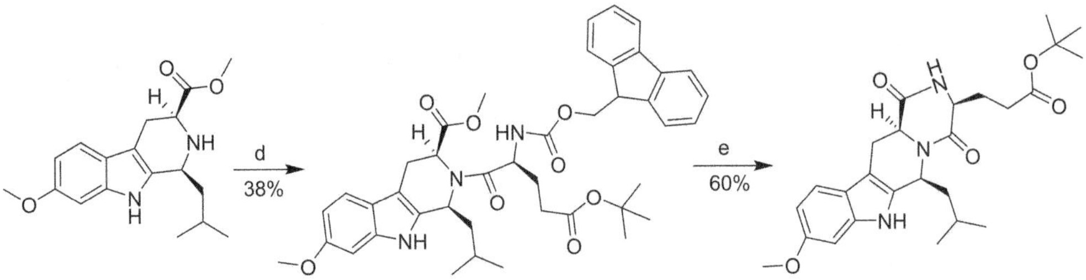

$$(4-14)$$

反应试剂及条件：(a) 1-苄基-2-甲基-(S)-1,2-羧酸甲酯，三氟甲磺酸镱，CH_2Cl_2，室温，24 h；(b) H_2 气球，MeOH，Pd/C，3 h；(c) 异戊醛，TFA，CH_2Cl_2，0℃，1.5 h；(d) N-Fmoc-5-$tert$-butyl，L-谷氨酸酯，二异丙基乙胺，2-chloro-1,3-二甲基咪唑锑六氟磷酸盐，N-methylpyrrolidinone，室温，5 d；(e) 哌啶，THF，室温，18 h。

两条路线不同之处在于该反应的关键中间体 6-甲氧基色氨酸甲酯 **33** 的合成方法不同。

4.2 闭环吲哚二酮哌嗪的合成方法实例

通过对该类化合物结构的分析，设计出初始的合成路线，以 L-色氨酸为起始原料，通过酯化反应得到 L-色氨酸甲酯盐酸盐，该盐酸盐先用三乙胺脱除盐酸后加入苯甲醛得到希夫碱，再以二氯甲烷为溶剂，用三氟乙酸提供质子酸催化发生 Pictet-Spengler 反应得到混合四氢-β-咔啉对映体，利用重结晶和层析柱纯化得到顺式或反式的四氢-β-咔啉-3-羧酸甲酯，再用碳酸钠水溶液和二氯甲烷的混合液提供两相反应体系，加入 Fmoc-L-Pro-Cl 发生 Schotten-Baumann 反应形成酰胺，最后用哌啶提供碱性环境脱除保护基的同时环化即得终产物[见式(4-15)]。

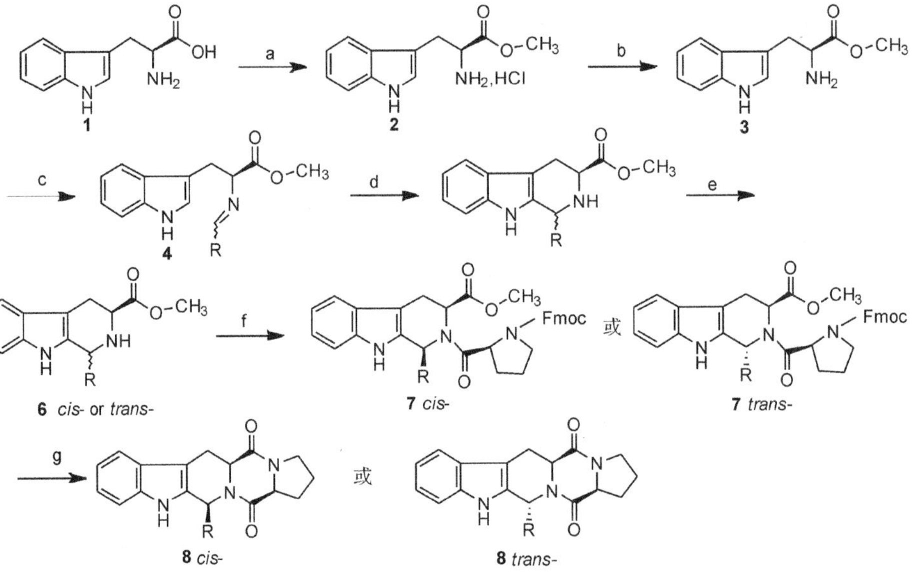

$$(4-15)$$

溶剂及条件：(a)$SOCl_2$/CH_3OH；(b) Et_3N；(c) R-CHO；(d) TFA/CH_2Cl_2，0℃ 到室温；(e) 纯化；(f) Fmoc-L-Pro-Cl，Na_2CO_3/CH_2Cl_2溶液；(g) 哌啶 / CH_2Cl_2。

结果发现过程中存在许多问题,反应总收率过低。由于在合成过程中反应步骤过多,反应时间过长,反应进行不完全,后处理过程中,出现 *cis* - 和 *trans* -两种对映体,为了得到单一对映体,通过反复重结晶(二氯甲烷-正己烷),必然造成大量损失,主要影响收率的因素在于 Pictet - Spengler 反应及后处理过程,因此,改进后的合成路线[见式(4-16)]。

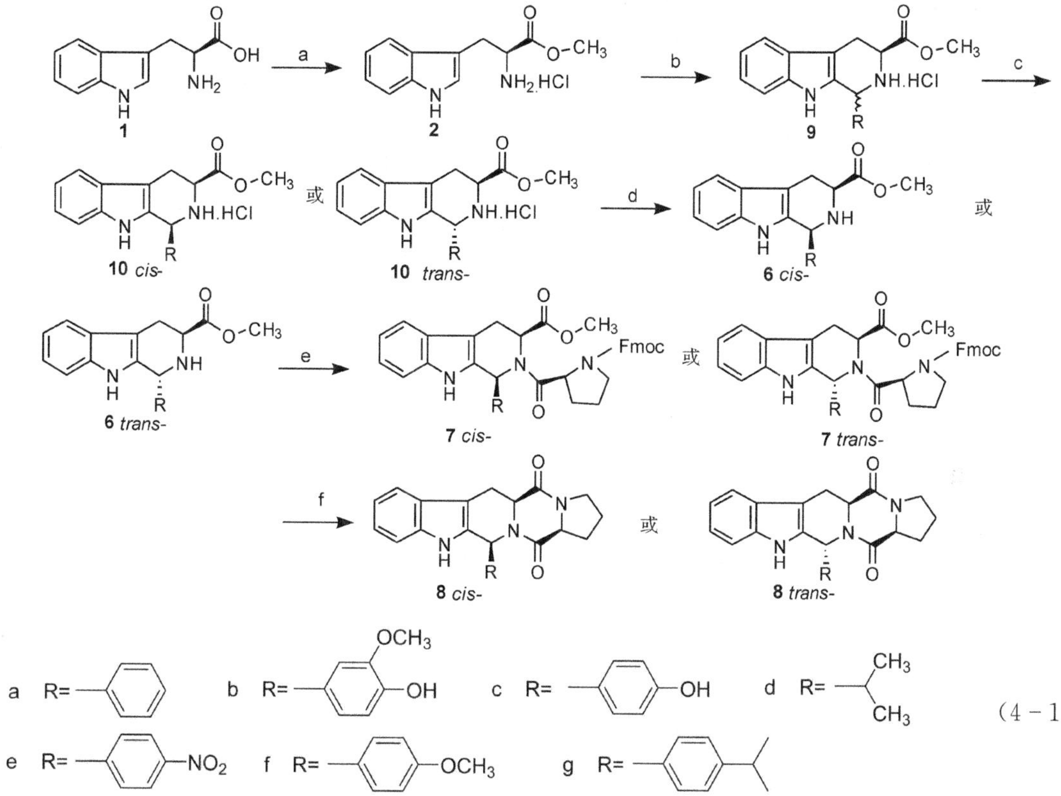

$$(4-16)$$

反应条件及溶剂:(a) $SOCl_2/CH_3OH$,0℃;(b) R - CHO/i -PrOH;(c)CH_3NO_2/甲苯,CIAT;(d) Na_2CO_3 溶液;(e) Fmoc - L - Pro - Cl,Na_2CO_3/CH_2Cl_2 溶液;(f) 吗啡啉/ CH_2Cl_2。

通过改进的合成路线可以看出,在四氢-β-咔啉生成过程中,将芳香醛直接加入异丙醇中回流即可得到混合四氢-β-咔啉异构体,之后在硝基甲烷和甲苯混合溶液中进行结晶诱导非对称转化(Crystallization - Induced Asymmetric Transformation,CIAT)将其转换成单一构型的四氢-β-咔啉,其余步骤和初始路线相同,得到目标终产物,总收率在 90% 以上。这里的结晶诱导非对称转化(CIAT)是近年来逐渐应用到手性拆分中的技术,具体请参阅本书 5.3.1.6 节。

本次合成实验中选取了苯甲醛、香草醛、对羟基苯甲醛、异丁醛、对硝基苯甲醛、茴香醛、枯茗醛作为取代基原料,得到了一系列四氢-β-咔啉环化合物,而在本书第 5 章中,也合成了类似化合物,所不同的是,其取代基为烷基取代,具体请参阅本书 5.3.1.3 节。

4.2.1　L-色氨酸甲酯盐酸盐的合成

L-色氨酸甲酯盐酸盐的合成如下:

将实验使用的所有玻璃仪器干燥,确保无水条件下,向 100 mL 三口烧瓶中加入 50 mL 的无水甲醇,将其置于冰浴中,开启搅拌,向里滴加 3.27 mL(45 mmol)的氯化亚砜,滴加速度控制为 1 滴/s,滴加完毕后,室温下搅拌 1 h,开始加入 L-色氨酸(6.12 g,30 mmol),撤掉冰浴,改为回流搅拌装置,先缓慢升温,待开始回流,保持温度,回流 4 h,TLC($V_{氯仿}$:$V_{甲醇}$=10:1)跟踪,待反应终止。减压蒸馏除去溶剂以及残余二氯亚砜,得到白色固体,用甲醇与乙醚的混合溶液($V_{甲醇}$:$V_{乙醚}$=5:1)重结晶,得到白色固体 **2**(7.09 g,92.8%),即为 L-色氨酸甲酯盐酸盐。

4.2.2 四氢-β-咔啉环的合成

1. 6a 的合成及表征

6a 的合成见式(4-17)。

$$(4-17)$$

向 100 mL 的三口烧瓶中加入 50 mL 的异丙醇,搅拌下加入 1.5 g (14 mmol)的苯甲醛,继续搅拌 10 min,待充分溶解后开始向里加入上步制得的 L-色氨酸甲酯盐酸盐 3 g (12 mmol),加热回流 4 h,TLC 跟踪($V_{氯仿}$:$V_{甲醇}$=10:1),溶液由乳白色变为黄色,反应完毕后真空蒸干,得粉末状固体 **9a**,用甲苯淋洗后过滤除去未反应完的醛,将所得固体烘干,继续加入 100 mL 的三口烧瓶,加入硝基甲烷和甲苯 50 mL(1:10)进行结晶诱导不对称转换(CIAT)过程使其向单一对映体转换,缓慢升温至回流,TLC($V_{氯仿}$:$V_{甲醇}$=10:1)跟踪,待反应完毕后停止加热,回流过程持续 22 h,自然降温后有大量固体析出,用布什漏斗抽滤,硝基甲烷和甲苯(体积比为 1:10)淋洗,得到白色粉末状固体 **10a**,用饱和碳酸钠水溶液充分碱洗后用乙酸乙酯提取,合并有机相,用无水 $MgSO_4$ 干燥,真空浓干后,用($V_{石油醚}$:$V_{乙酸乙酯}$:$V_{甲醇}$=3:2:1)重结晶,得白色粉末状固体 **6a**,收率 86.0%(3.16 g,理论量 3.67 g)。其熔点为 223~224℃,$[\alpha]_D^{20}$=-13.4°(c 1.5,CHCl$_3$)。

2. 6b 的合成及表征

6b 的合成见式(4 - 18)。

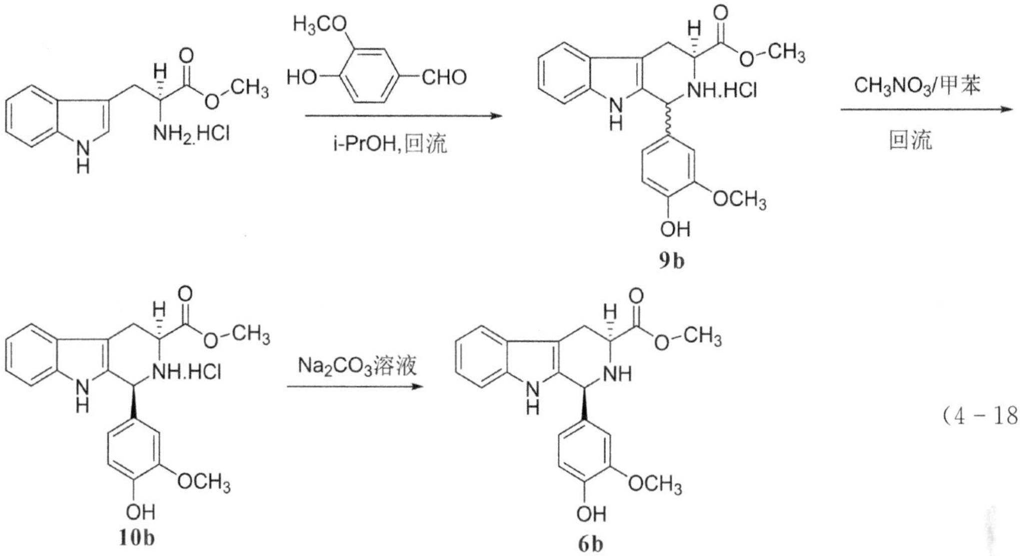

$$(4 - 18)$$

与化合物 **6a** 的合成方法相类似,搅拌下加入 2.13 g(14 mmol)的香草醛,将得到的产物 **9b** 进行结晶诱导不对称转换(CIAT)过程,使其向单一对映体转换,缓慢升温至回流,溶液变为黄色,TLC($V_{乙酸乙酯}$: $V_{石油醚}$＝10 : 1)跟踪,等反应完毕后停止加热,回流过程持续 20 h,自然降温后有大量固体析出,用布什漏斗抽滤,硝基甲烷和甲苯(体积比为 1 : 1)淋洗,得到白色粉末状固体 **10b**,用饱和碳酸钠水溶液充分碱洗后用乙酸乙酯提取,合并有机相,用无水 $MgSO_4$ 干燥,真空浓干后,用($V_{石油醚}$: $V_{乙酸乙酯}$: $V_{甲醇}$＝3 : 2 : 1)重结晶,得白色粉末状固体 **6b**,收率 94.6%(3.99 g,理论量为 4.22 g)。其熔点为 177～178℃,$[\alpha]_D^{20}$ ＝ －41.0°(c 1.0, $CHCl_3$)。

3. 6c 的合成及表征

6c 的合成见式(4 - 19)。

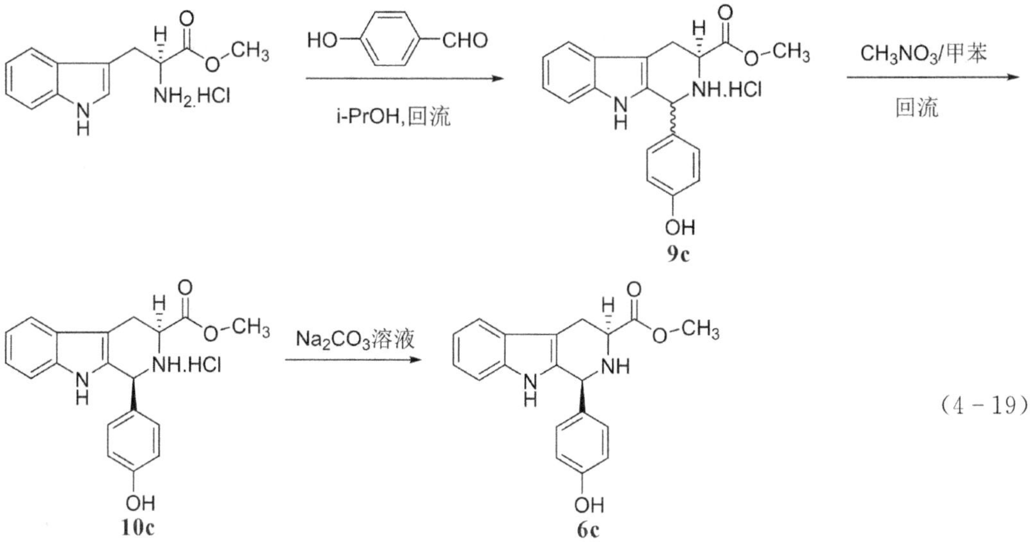

$$(4 - 19)$$

与化合物 **6a** 的合成方法相类似,搅拌下加入 1.71 g(14 mmol)的对羟基苯甲醛,将产物 **9c** 进行结晶诱导不对称转换(CIAT)过程,使其向单一对映体转换,缓慢升温至回流,TLC($V_{氯仿}$:$V_{甲醇}$＝10:1)跟踪,等反应完毕后停止加热,回流过程持续 10 h,自然降温后有大量固体析出,用布什漏斗抽滤,硝基乙烷和甲苯(体积比为 2:3)淋洗,得到白色粉末状固体 **10c**,用饱和 Na$_2$CO$_3$ 水溶液碱洗脱去盐酸,再用 90 mL 乙酸乙酯分三次萃取碱液,合并有机相,MgSO$_4$ 干燥,真空浓干后用($V_{石油醚}$:$V_{乙酸乙酯}$:$V_{甲醇}$＝3:2:1)重结晶,得白色晶状固体 **6c**,收率 97.0%(3.748 g,理论 3.864 g)。其熔点为 227~228℃,$[\alpha]_D^{20} = -33.2°$(c 1.2,丙酮)。

4. 6d 的合成及表征

6d 的合成见式(4-20)。

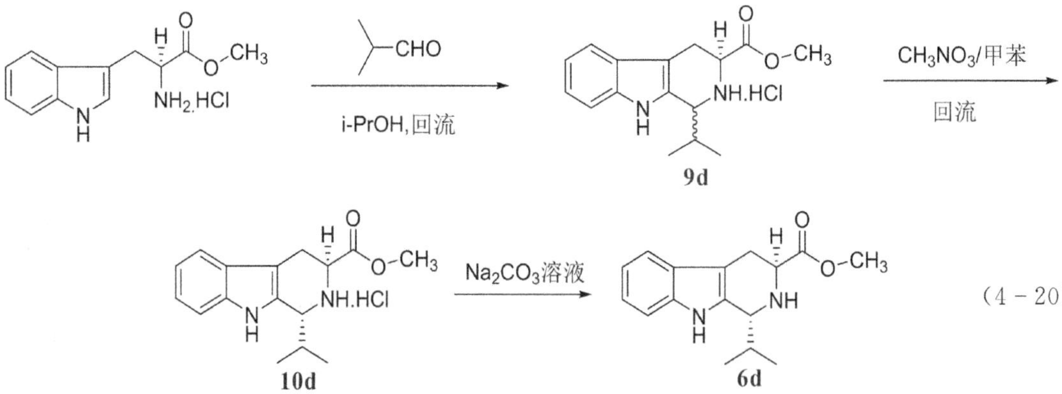

$$(4-20)$$

与化合物 **6a** 的合成方法相类似,搅拌下加入 1.008 g(14 mmol)的异丁醛,将产物 **9d** 进行结晶诱导不对称转换(CIAT)过程,使其向单一对映体转换,缓慢升温至回流,TLC($V_{氯仿}$:$V_{甲醇}$＝10:1)跟踪,等反应完毕后停止加热,回流过程持续 20 h,自然降温后有大量固体析出,用布什漏斗抽滤,硝基甲烷和甲苯(体积比为 1:1)淋洗,得到白色粉末状固体 **10d**,用饱和 Na$_2$CO$_3$ 水溶液碱洗脱去盐酸,再用 90 mL 乙酸乙酯分 3 次萃取碱液,合并有机相,MgSO$_4$ 干燥,真空浓干后用($V_{石油醚}$:$V_{乙酸乙酯}$:$V_{甲醇}$＝1:2:3)重结晶,得白色结晶状固体 **6d**,收率 94.0%(3.068 g,理论 3.264 g)。其熔点为 146~147℃,$[\alpha]_D^{20} = +53.4°$(c 1.0,CHCl$_3$)。

5. 6e 的合成及表征

6e 的合成见式(4-21)。

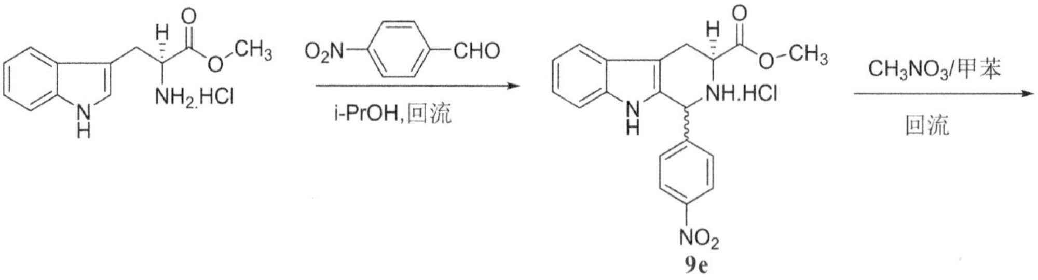

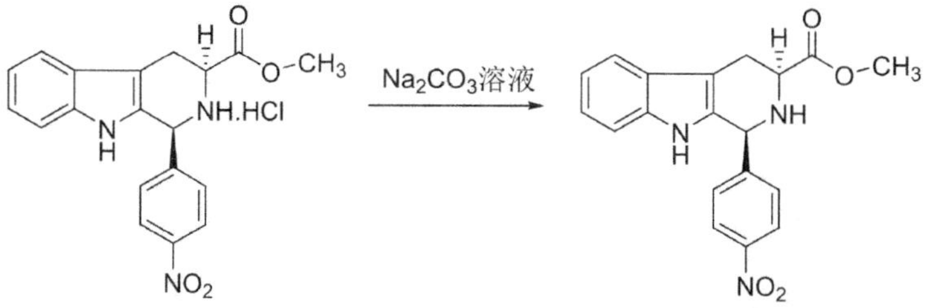

$$(4-21)$$

与化合物 **6a** 的合成方法相类似,搅拌下加入 2.11 g(14 mmol)的对硝基苯甲醛,将产物 **9e** 进行结晶诱导不对称转换(CIAT)过程,使其向单一对映体转换,缓慢升温至回流,TLC($V_{氯仿}$ ： $V_{甲醇}$ =10：1)跟踪,等反应完毕后停止加热,回流过程 20 h,自然降温后有大量固体析出,用布什漏斗抽滤,硝基甲烷和甲苯(体积比为 2：3)淋洗,得到白色粉末状固体 **10e**,用饱和 Na_2CO_3 水溶液碱洗脱去盐酸,再用 90 mL 乙酸乙酯分 3 次萃取碱液,合并有机相,$MgSO_4$ 干燥,真空浓干后用($V_{石油醚}$ ： $V_{乙酸乙酯}$ ： $V_{甲醇}$ =1：2：3)重结晶,得黄色结晶状固体 **6e**,收率 93.1%(3.92 g,理论量为 4.212 g)。其熔点为 171～172℃,$[\alpha]_D^{20} = -5.4°$(c 2.5 CHCl$_3$)。

6. 6f 的合成及表征

6f 的合成见式(4-22)。

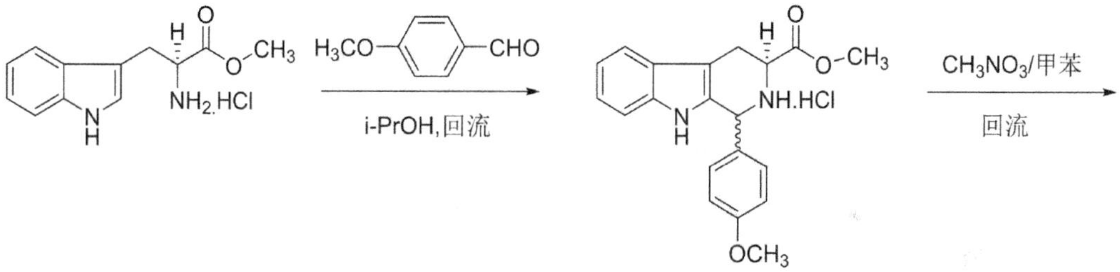

$$(4-22)$$

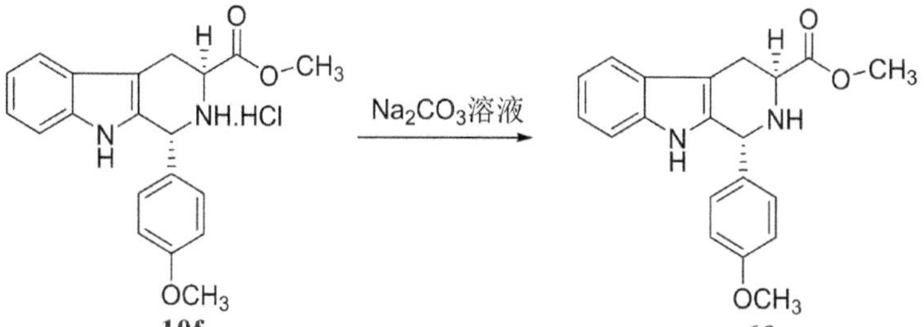

与化合物 **6a** 的合成方法相类似,搅拌下加入 1.904 g(14 mmol)的茴香醛,将产物 **9f** 进行结晶诱导不对称转换(CIAT)过程,使其向单一对映体转换,缓慢升温至回流,TLC($V_{氯仿}$ ： $V_{甲醇}$ =10：1)跟踪,等反应完毕后停止加热,回流过程持续 12 h,自然降温后有大量固体析出,用布什漏斗抽滤,硝基甲烷和甲苯(体积比为 4：5)淋洗,得到白色粉末状固体 **10f**,用饱和 Na_2CO_3 水溶液碱洗脱去盐酸,再用 90 mL 乙酸乙酯分 3 次萃取碱液,合并有机相,$MgSO_4$ 干燥,真空浓干后用($V_{石油醚}$ ： $V_{乙酸乙酯}$ ： $V_{甲醇}$ =3：2：1)重结晶,得白色粉末状固体 **6f**,收率 87.1%(3.51 g,理论量为 4.03 g)。其熔点为 217～219℃,$[\alpha]_D^{20} = -44.0°$(c 2.5 CHCl$_3$)。

7. 6g 的合成及表征

6g 的合成见式(4-23)。

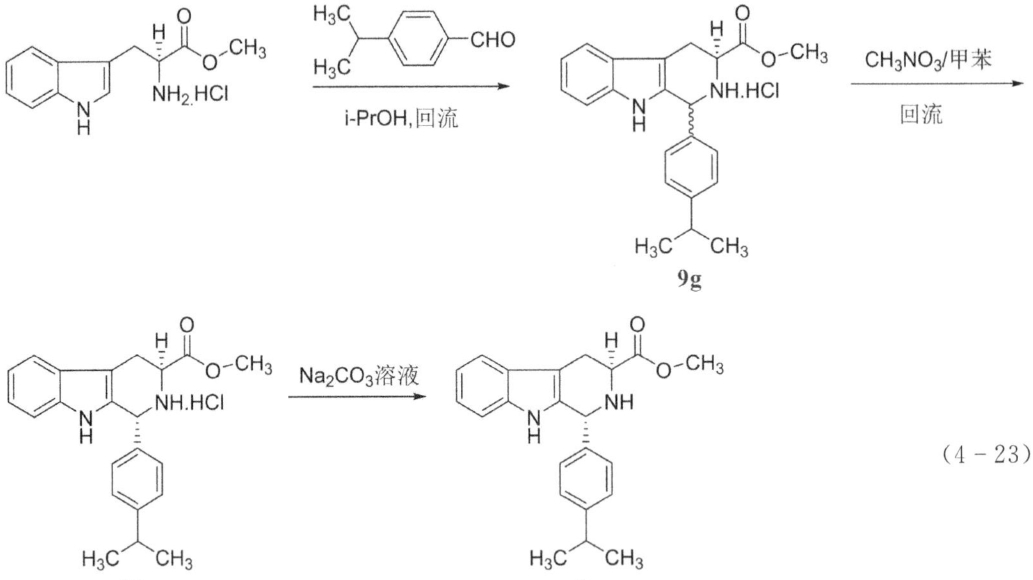

$$(4-23)$$

与化合物 **6a** 的合成方法相类似,搅拌下加入 2.072 g(14 mmol)的对-异丙基苯甲醛,将产物 **9g** 进行结晶诱导不对称转换(CIAT)过程,使其向单一对映体转换,缓慢升温至回流,TLC($V_{氯仿}:V_{甲醇}=10:1$)跟踪,等反应完毕后停止加热,回流过程持续 18 h,自然降温后有大量固体析出,用布什漏斗抽滤,硝基甲烷和甲苯(体积比为 2::3)淋洗,得到白色粉末状固体 **10g**,用饱和 Na$_2$CO$_3$ 水溶液碱洗脱去盐酸,再用 90 mL 乙酸乙酯分 3 次萃取碱液,合并有机相,MgSO$_4$ 干燥,真空浓干后用($V_{石油醚}:V_{乙酸乙酯}:V_{甲醇}=3:2:1$)重结晶,得白色粉末状固体 **6g**,收率 55.1%(2.3 g,理论量为 4.176 g)。其熔点为 245~246℃。

4.2.3 Fmoc-L-Pro-Cl 的合成

Fmoc-L-Pro-Cl 的合成见式(4-24)。

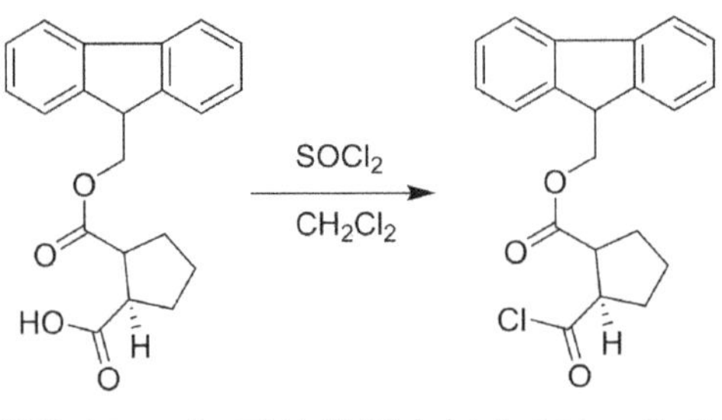

$$(4-24)$$

向充分干燥并真空冷却的 250 mL 三口烧瓶中加入 100 mL DCM 作为反应溶剂,安装顶端连接 CaCl$_2$ 干燥管的冷凝回流装置,安装温度计。加入 Fmoc-L-脯氨酸 1.01 g(3 mmol),置于 0℃冰浴中,磁力搅拌使其完全溶解。继续于冰浴下用恒压滴液漏斗逐滴滴加 5 mL SOCl$_2$,为避免滴速过快使反应过于剧烈,滴速控制在 20~30 滴/min,待反应体系稳定之后,

继续室温反应 4 h。反应完成后,剩余溶剂和残留 SOCl₂经减压蒸馏除去,即为产物 Fmoc -
L - Pro - Cl,为棕色黏稠状液体。由于该反应副反应产物多为低沸点物质,可在蒸馏过程中除
去,因此产品不需要纯化操作,可直接用于下步反应。

4.2.4　四氢-β-咔啉二酮哌嗪终产物的合成

1. 8a 的合成

8a 的合成见式(4 - 25)。

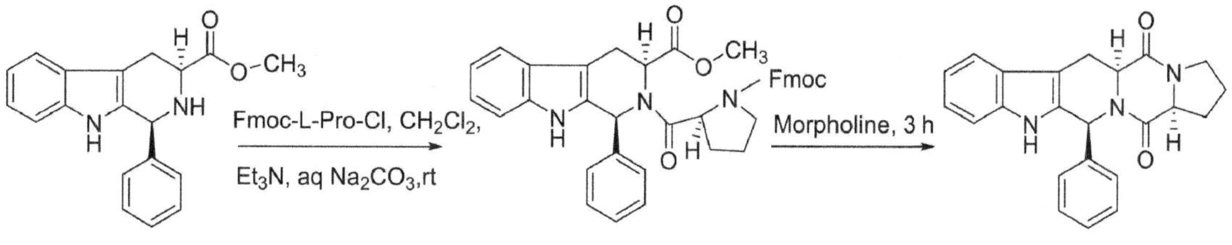

$$(4 - 25)$$

将 4.2.2 节得到的 Fmoc - L - Pro - Cl 粗品溶于二氯甲烷中,搅拌下滴加溶有 **6a** 1.50 g
(5 mmol)的二氯甲烷溶液,滴加完毕后加入饱和 Na₂CO₃ 水溶液使成两相反应体系,保持反应
4 h 后静置分层萃取,碱液用(20 mL×3)的二氯甲烷提取,合并有机相,用无水 MgSO₄ 干燥,
减压浓干后溶于二氯甲烷中,并向里加入 10 mL 的吗啡啉,室温搅拌 40 min 后减压蒸干,过
层析柱后即得白色结晶状产品 **8a**,总收率为 79.1%(1.71 g,理论量为 1.86 g)。其熔点为 329~
330℃,MS (ESI) m/z：272.33 [M+H]⁺。

2. 8b 的合成

8b 的合成见式(4 - 26)。

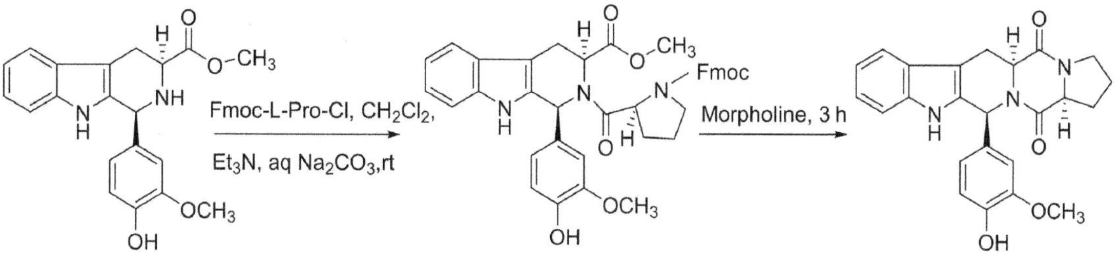

$$(4 - 26)$$

与上述 **8a** 的合成方法相类似,搅拌下滴加溶有 **6b** 1.76 g (5 mmol)的二氯甲烷溶液,进
行反应,过层析柱后即得白色结晶状产品 **8b**,总收率为 91.2%(1.94 g,理论量为 2.01 g)。其
熔点为 254~255℃,MS (ESI) m/z：418.22 [M+H]⁺。

3. 8c 的合成

8c 的合成见式(4 - 27)。

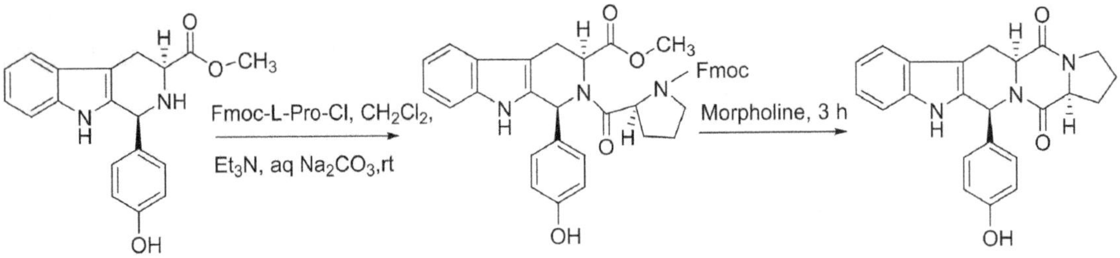

6c　　　　8c

(4-27)

与上述**8a**的合成方法相类似，搅拌下滴加溶有**6c** 1.61 g (5 mmol)的二氯甲烷溶液，进行反应，过层析柱后即得白色结晶状产品**8c**，总收率为93.1%(1.858 g，理论量为1.935 g)。其熔点为278～279℃，MS (ESI) *m*/*z*：388.25 [M+H]$^+$。

4. 8d的合成及表征

8d的合成见式(4-28)。

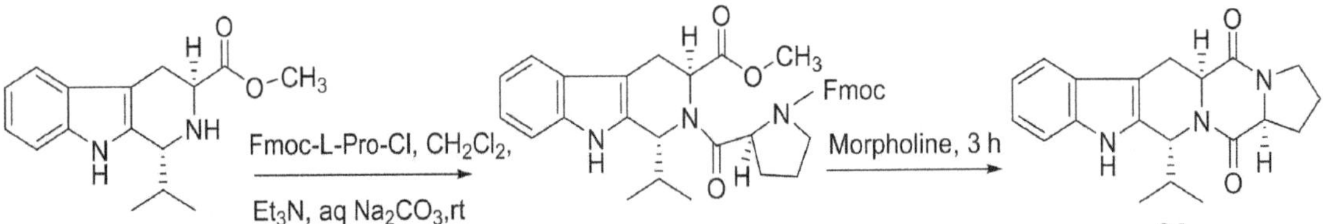

6d　　　　8d

(4-28)

与上述**8a**的合成方法相类似，搅拌下滴加溶有**6d** 1.36 g (5 mmol)的二氯甲烷溶液，进行反应，产物经过层析柱，得到白色结晶状产品**8d**，总收率为89.0%(1.596 g，理论量为1.685 g)。其熔点为254～255℃，MS (ESI) *m*/*z*：336.29 [M-H]$^+$。

5. 8e的合成

8e的合成见式(4-29)。

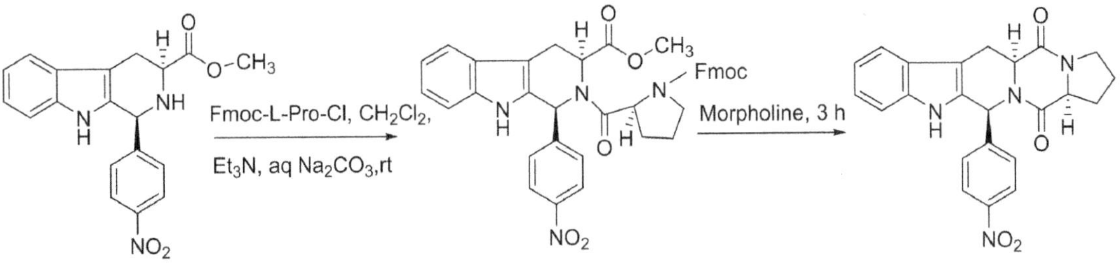

6e　　　　8e

(4-29)

与上述**8a**的合成方法相类似，搅拌下滴加溶有**6e** 1.755 g (5 mmol)的二氯甲烷溶液，进行反应，产物经过层析柱，得黄色粉末状固体**8e**，总收率为84.6%(1.89 g，理论量为2.08 g)。其熔点为262～264℃，MS (ESI) *m*/*z*：415.28 [M-H]$^+$。

6. 8f的合成

8f的合成见式(4-30)。

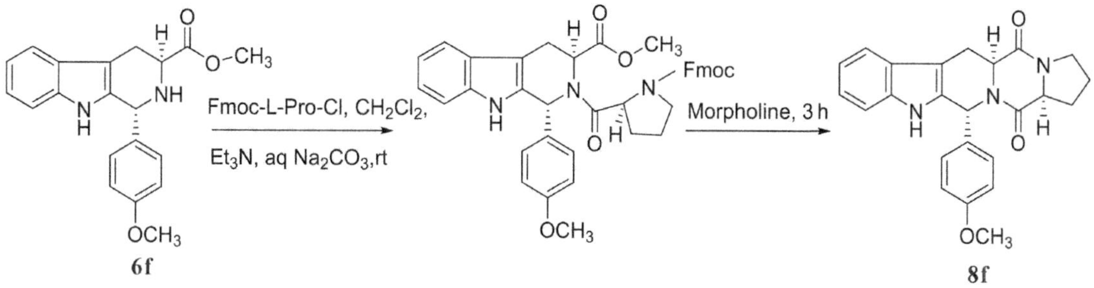

$$(4-30)$$

与上述 **8a** 的合成方法相类似,搅拌下滴加溶有 **6f** 1.68 g(5 mmol)的二氯甲烷溶液,进行反应,产物过层析柱,得白色结晶状固体 **8f**,总收率为 81.0%(1.865 g,理论量为 2.005 g)。其熔点为 217~218℃,Anal. Calcd for $C_{24}H_{23}N_3O_3$:C,71.80;H,5.77;N,10.47. Found:C,71.35;H,5.66;N,10.45。

4.2.5　中间体及终产物结构表征分析

1. L-色氨酸甲酯盐酸盐结构表征分析

L-色氨酸甲酯盐酸盐结构表征分析如下:

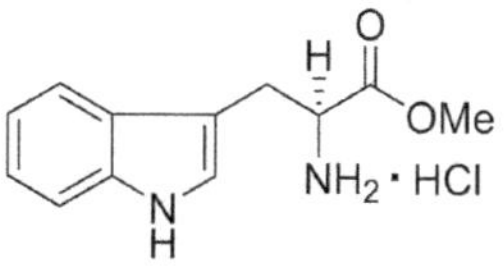

请参阅本书 3.2.7 节相关内容。

2. 四氢-β-咔啉环结构表征分析

四氢-β-咔啉环结构表征分析如下:

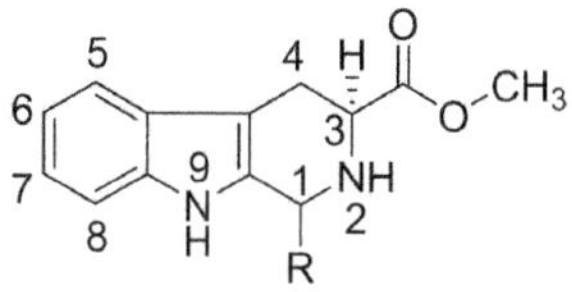

由表 4-1 的 7 个四氢-β-咔啉环[1]H NMR 可以看出,在氯仿作溶剂的情况下,吲哚环上的 N—H 为单一峰,其 δ 一般在 7~9,δ=6.5~7.5 之间的峰为吲哚环和芳香环上不饱和氢的峰。四氢-β-咔啉环上的 N—H 因为比较活泼,有时在低化学位移处不出峰,可能是因为 N—H 中的氢为活泼氢,在产品干燥不充分或者氘代试剂含水的情况下可能不出峰。如果出峰,其 δ=2.7 左右,为一个单峰。δ=3.0 左右的单一高峰为—OCH$_3$ 上的氢,紧跟着在 δ=4.0 处的峰为跟酯键相连碳上的氢,因为受到多重影响为多重峰。最后相邻的两个 dd 峰即为-CH$_2$ 上的两个氢。^{13}C NMR 中 δ=170.0 左右为酯羰基峰,δ=52.48 左右为酯甲氧基峰,δ=25.49 左右为 Trp-CH$_2$—处亚甲基出峰。该类化合物还通过 DEPT-135,HSQC,元素分析(见表 4-2)等手段最终确定了其结构。

表 4-1 化合物 6a～6g 的核磁数据

化合物	R 基	^{13}C NMR (δ/ppm)	^{1}H NMR (δ/ppm)
6a		^{13}C NMR（100 MHz，CDCl$_3$）δ 173.23，140.72，136.14，134.70，129.01，128.66，127.11，121.99，119.66，118.24，110.96，108.93，58.71，56.91，52.32，25.73	^{1}H NMR（400 MHz，CDCl$_3$）δ 7.56－7.52（m，1H），7.45（s，NH 1H），7.40～7.34（m，5H），7.22～7.18（m，1H），7.17～7.10（m，2H），5.23（s，1H），3.98（dd，$J=11.2$，4.2 Hz，1H），3.81（s，3H），3.23（ddd，$J=15.1$，4.1，1.6 Hz，1H），3.05～2.97（m，1H），2.45（s，N－H，1H）
6b		^{13}C NMR（100 MHz，CDCl$_3$）δ 173.27，147.07，145.96，136.09，135.02，132.52，127.19，121.91，121.55，119.62，118.20，114.31，110.99，110.64，108.69，58.69，56.98，56.02，52.30，25.63	^{1}H NMR（400 MHz，CDCl$_3$）δ 7.58（s，1H），7.56（s，NH，1H），7.28～7.22（m，1H），7.20～7.12（m，2H），6.90（t，$J=10.1$ Hz，3H），5.18（s，1H，C$_1$-H），3.99（dd，$J_1=11.1$，$J_2=4.1$ Hz，1H，C$_3$-H），3.84（s，3H，OMe），3.80（s，3H，Ph-OMe），3.25（dd，$J_1=15.1$，$J_2=2.5$ Hz，1H，C$_4$-H），3.08～2.97（m，1H，C$_1$-H）
6c		^{13}C NMR（100 MHz，DMSO-d_6）δ 173.45，157.53，136.74，136.36，132.70，130.17，127.03，121.06，118.80，117.97，115.51，111.66，107.20，57.70，56.74，52.24，25.93	^{1}H NMR（400 MHz，DMSO-d_6）δ 10.31（s，NH，1H），9.42（s，ArOH，1H），7.42（d，$J=7.6$ Hz，1H），7.21（d，$J=7.9$ Hz，1H），7.14（d，$J=8.4$ Hz，2H），6.97（dt，$J_1=14.7$，$J_2=7.1$ Hz，2H），6.75（d，$J=8.3$ Hz，2H），5.11（s，1H，C$_1$-H），3.86（dd，$J_1=11.0$，$J_2=4.0$ Hz，1H，C$_3$-H），3.71（s，3H，OMe），3.02（dd，$J_1=14.6$，$J_2=3.1$ Hz，1H，C$_4$-H），2.81（t，$J=13.8$ Hz，1H，C$_4$-H）
6d		^{13}C NMR（100 MHz，DMSO-d_6）δ 175.03，136.40，136.06，127.13，120.78，118.62，117.79，111.30，106.40，54.48，53.67，51.99，32.19，24.76，20.04，17.24	^{1}H NMR（400 MHz，DMSO-d_6）δ 10.66（s，NH，1H），7.37（d，$J=7.7$ Hz，1H），7.27（d，$J=8.0$ Hz，1H），7.01（t，$J=7.5$ Hz，1H），6.93（t，$J=7.4$ Hz，1H），4.12（s，1H，C$_1$-H），3.96（s，1H，C$_3$-H），3.58（s，3H，OMe），2.91（d，$J=4.9$ Hz，2H，C$_4$-H），2.68（s，1H，N$_2$-H），2.25～2.15（m，1H），1.05（d，$J=6.9$ Hz，3H，OMe），0.72（d，$J=6.7$ Hz，3H，OMe）
6e		^{13}C NMR（100 MHz，CDCl$_3$）δ 172.92，148.24，148.05，136.36，132.98，129.62，126.87，124.16，122.47，119.98，118.43，111.06，109.53，58.07，56.58，52.46，25.49	^{1}H NMR（400 MHz，CDCl$_3$）δ 8.21（d，$J=8.6$ Hz，2H），7.59（d，$J=8.5$ Hz，2H），7.56（d，$J=7.2$ Hz，1H），7.46（s，NH，1H），7.22（t，$J=6.2$ Hz，1H），7.19～7.11（m，2H），5.38（s，1H，C$_1$-H），3.98（dd，$J_1=11.1$，$J_2=4.1$ Hz，1H，C$_3$-H），3.83（s，3H，OMe），3.26（dd，$J_1=14.7$，$J_2=3.1$ Hz，1H），3.07～2.98（m，1H），2.60（s，1H，N$_2$-H）

续　表

化合物	R 基	^{13}C NMR (δ/ppm)	^{1}H NMR (δ/ppm)
6f	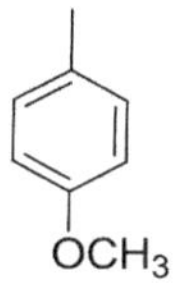 （4-甲氧基苯基，带 OCH$_3$ 结构）	^{13}C NMR（100 MHz，CDCl$_3$）δ 174.23，159.45，136.11，134.12，133.63，129.59，127.03，121.92，119.50，118.26，114.06，110.89，108.35，55.35，54.32，52.59，52.15，24.62	^{1}H NMR（400 MHz，CDCl$_3$）δ 7.73（s，NH，1H），7.54（d，$J=6.9$ Hz，1H），7.20（d，$J=7.2$ Hz，1H），7.17～7.08（m，4H），6.82（d，$J=8.5$ Hz，2H），5.30（s，1H，C$_1$-H），3.93（t，$J=6.1$ Hz，1H，），3.76（s，3H，OMe），3.69（s，3H，OMe），3.24（dd，$J_1=15.4$，$J_2=5.2$ Hz，1H，C$_4$-H），3.09（dd，$J_1=15.3$，$J_2=6.9$ Hz，1H，C$_4$-H），2.46（s，1H，N$_2$-H）
6g	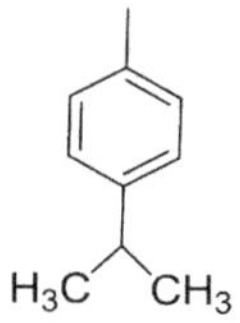 （4-异丙基苯基，带 H$_3$C—CH—CH$_3$ 结构）	^{13}C NMR（100 MHz，CDCl$_3$）δ 174.19，148.88，139.37，136.16，133.47，128.37，127.04，126.81，121.89，119.48，118.23，110.90，108.42，54.70，52.54，52.11，33.85，24.72，24.01，23.97	^{1}H NMR（400 MHz，CDCl$_3$）δ 7.63（s，1H），7.55（d，$J=6.9$ Hz，1H），7.23～7.09（m，7H），5.35（s，1H），3.99～3.93（m，1H），3.70（s，3H），3.25（dt，$J=16.1$，8.1 Hz，1H），3.11（dd，$J=15.3$，7.0 Hz，1H），2.89（dt，$J=13.8$，6.9 Hz，1H），2.34（s，1H），1.23（d，$J=6.9$ Hz，6H）

表 4-2　化合物 6a～6g 的物理性质

化合物	分子式	熔点/℃	元素分析结果/(%)，分析值(计算值)		
			C	H	N
6a	C$_{19}$H$_{18}$N$_2$O$_2$	223～224	74.56(74.49)	6.03(5.92)	9.15(9.14)
6b	C$_{20}$H$_{20}$N$_2$O$_4$	177～178	68.53(68.17)	5.64(6.72)	8.04(7.95)
6c	C$_{19}$H$_{18}$N$_2$O$_3$	227～228	70.79(70.70)	5.63(5.62)	8.69(8.70)
6d	C$_{16}$H$_{20}$N$_2$O$_2$	146～147	70.17(70.56)	7.40(7.36)	10.05(10.29)
6e	C$_{19}$H$_{17}$N$_3$O$_4$	171～172	60.84(64.95)	4.45(4.88)	12.00(11.96)
6f	C$_{20}$H$_{20}$N$_2$O$_3$	217～219	71.35(71.41)	5.66(5.99)	8.45(8.33)
6g	C$_{22}$H$_{24}$N$_2$O$_2$	245～246	75.36(75.83)	6.96(6.94)	8.05(8.04)

3. 终产物吲哚二酮哌嗪结构表征分析

终产物吲哚二酮哌嗪结构表征分析如下：

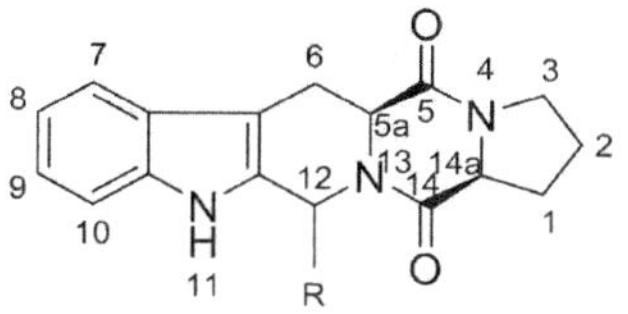

由表 4-3 的 6 个四氢-β-咔啉二酮哌嗪化合物的^{1}H NMR 可以看出，用氘代 DMSO 作溶剂，$\delta=11.22$ 附近的单峰为吲哚环上 N—H 的峰。所有的不饱和氢（ArH，PhH）的出峰位移大致为一固定范围，其 δ 在 6.5～8.0 之间，在 $\delta=6.36$ 附近出现的单一峰为（R-CHN）的氢，$\delta=4.56$ 附近的 dd 峰为（Trp-CHN）上的氢，在 $\delta=4.36$ 附近出现的 t 峰为（Pro-CHN）上的氢，$\delta=3.59$～3.48 附近的 m 峰为 Pro-NCH$_2$ 的两个氢，δ 在 3.46 和 3.03 附近的两个 dd

峰为(Trp-CH$_2$)上的两个氢,2.26～2.14 和 2.00～1.90 处的两个 m 峰为(Pro-CHCH$_2$)上的两个氢;在 δ =1.90～1.79 之间的 m 峰是 Pro-NCH$_2$-CH$_2$-上的两个氢。所有的化合物还结合 IR,DEPT-135,HSQC,HMBC,LC-MS,X 单晶衍射及元素分析(见表 4-4)等辅助手段最终确定了其化学结构和空间立体结构。

表 4-3　化合物 8a～8f 的核磁数据

化合物	R 基	^{13}C NMR	^{1}H NMR
8a		^{13}C NMR（100 MHz,DMSO-d_6）δ 170.40,165.86,143.25,136.52,134.51,128.94,127.41,126.22,126.19,121.72,119.40,118.62,111.85,104.96,58.88,56.74,55.46,45.35,28.50,23.11,22.04	^{1}H NMR (400 MHz,DMSO-d_6) δ 11.25 (s,1H,NH),7.58 (d,J=7.7 Hz,1H,ArH),7.35 (d,J=8.0 Hz,1H,ArH),7.29 (dt,J_1=15.1,J_2=7.6 Hz,4H,PhH),7.17 (t,J=7.0 Hz,1H,PhH),7.08 (t,J=7.4 Hz,1H,ArH),7.02 (t,J=7.4 Hz,1H,ArH),6.36 (s,1H,C$_{12}$),4.56 (dd,J_1=11.5,J_2=5.0 Hz,1H,C$_{5a}$),4.36 (t,J=7.8Hz,1H,C$_{14a}$),3.59～3.48 (m,2H,C$_3$),3.46 (d,J=5.4 Hz,1H,C$_6$),3.03 (dd,J_1=15.7,J_2=11.8 Hz,1H,C$_6$),2.26～2.14 (m,1H,C$_1$),2.00～1.90 (m,1H,C$_1$),1.90～1.79 (m,2H,C$_2$)
8b		^{13}C NMR（100 MHz,DMSO-d_6）δ 170.20,166.13,147.73,145.95,136.33,134.93,134.01,126.18,121.56,119.32,118.54,117.93,115.77,111.82,110.79,104.61,58.93,56.60,55.95,54.56,45.37,28.33,23.27,21.68	^{1}H NMR (400 MHz,DMSO-d_6) δ 11.22 (s,1H,NH),8.90 (s,1H,OH),7.55 (d,J=7.8 Hz,1H,ArH),7.33 (d,J=8.0 Hz,1H,ArH),7.06 (t,J=7.5 Hz,1H,ArH),7.00 (t,J=7.4 Hz,1H,ArH),6.89 (s,1H,PhH),6.62 (d,J=8.2 Hz,1H,PhH),6.55 (d,J=8.1 Hz,1H,PhH),6.29 (s,1H,C$_{12}$),4.52 (dd,J_1=11.6,J_2=5.3 Hz,1H,C$_{5a}$),4.36 (t,J=7.9 Hz,1H,C$_{14a}$),3.70 (s,3H,OCH$_3$),3.55～3.44 (m,2H,C$_3$),3.41 (dd,J_1=15.8,J_2=5.4 Hz,1H,C$_6$),2.97 (dd,J_1=15.6,J_2=11.8 Hz,1H,C$_6$),2.21 (td,J_1=12.0,J_2=5.2 Hz,1H,C$_1$),1.97 (dt,J_1=11.7,J_2=8.7 Hz,1H,C$_1$),1.87 (dd,J_1=12.5,J_2=6.1Hz,2H,C$_2$)
8c		^{13}C NMR（100 MHz,DMSO-d_6）δ 170.33,165.95,156.81,136.43,135.14,133.39,127.73,126.23,121.56,119.30,118.53,115.48,111.79,104.77,58.91,56.75,54.70,45.29,28.41,23.15,21.88	^{1}H NMR (400 MHz,DMSO-d_6) δ 11.13 (s,1H,NH),9.30 (s,1H,OH),7.56 (d,J=7.7 Hz,1H,ArH),7.31 (d,J=8.0 Hz,1H,ArH),7.08～6.97 (m,4H,PhH),6.62 (d,J=8.5Hz,2H,ArH),6.25 (s,1H,C$_{12}$),4.50 (dd,J=11.6,5.1 Hz,1H,C$_{5a}$),4.33 (t,J=7.8 Hz,1H,C$_{14a}$),3.54～3.44 (m,2H,C$_3$),3.41 (dd,J=16.0,5.3 Hz,1H,C$_6$),2.97 (dd,J_1=15.6,J_2=11.8 Hz,1H,C$_6$),2.25～2.16 (m,1H,C$_1$),1.95 (dd,J_1=17.3,J_2=9.1Hz,1H,C$_1$),1.86 (dt,J=15.1,7.6 Hz,2H,C$_2$)

续　表

化合物	R 基	^{13}C NMR	^{1}H NMR
8d		^{13}C NMR（100 MHz，DMSO - d_6）δ 165.96，164.80，136.37，133.24，126.44，121.57，119.14，118.19，111.62，105.91，58.77，54.35，54.17，45.17，33.53，29.46，26.73，21.84，20.14，20.07	^{1}H NMR（400 MHz，DMSO - d_6）δ 10.93（s，1H，NH），7.43（d，J = 7.8 Hz，1H，ArH），7.34（d，J = 8.0 Hz，1H，ArH），7.07（t，J = 7.3 Hz，1H，ArH），6.98（t，J = 7.3 Hz，1H，ArH），5.45（d，J = 8.0 Hz，1H），4.59（dd，J = 8.7，6.2 Hz，1H），4.37~4.30（m，1H），3.65（dt，J = 11.5，7.8 Hz，1H），3.33~3.23（m，2H），2.97（dd，J = 15.7，9.2 Hz，1H），2.25~2.14（m，2H），1.93~1.74（m，3H），1.03（d，J = 6.7 Hz，3H，Me），0.94（d，J = 6.8 Hz，3H，Me）
8e		^{13}C NMR（100 MHz，DMSO - d_6）δ 170.73，165.40，150.82，146.88，136.79，132.98，127.64，126.13，124.31，122.05，119.52，118.81，111.92，105.65，58.76，56.80，55.82，45.40，28.56，22.90，22.48	^{1}H NMR（400 MHz，DMSO - d_6）δ 11.21（s，1H），8.14（d，J = 8.7 Hz，2H），7.59（d，J = 8.8 Hz，3H），7.33（d，J = 8.0 Hz，1H），7.08（t，J = 7.3 Hz，1H），7.01（t，J = 7.3 Hz，1H），6.35（s，1H），4.58（dd，J = 11.5，4.7 Hz，1H），4.37（t，J = 7.3 Hz，1H），3.60~3.44（m，3H），3.05（dd，J = 15.9，11.7 Hz，1H），2.25~2.14（m，1H），1.94~1.82（m，3H）
8f		^{13}C NMR（100 MHz，DMSO - d_6）δ 165.30，164.00，159.53，136.87，132.38，131.38，129.76，126.33，121.95，119.25，118.52，114.32，111.71，107.11，59.10，55.60，53.25，51.62，45.04，29.77，27.68，21.53	^{1}H NMR（400 MHz，DMSO - d_6）δ 10.96（s，1H），7.52（d，J = 7.7 Hz，1H），7.30（d，J = 8.0 Hz，1H），7.19（d，J = 8.6 Hz，2H），7.09（t，J = 7.5 Hz，1H），7.02（t，J = 7.4 Hz，1H），6.90（d，J = 8.6 Hz，2H），6.85（s，1H），4.35（dd，J = 10.6，4.5 Hz，1H），4.15（dd，J = 8.5，6.6 Hz，1H），3.72（s，3H），3.67（dd，J = 13.6，6.2 Hz，1H），3.45（dd，J = 15.8，4.8 Hz，1H），3.32~3.22（m，1H），2.89（dd，J = 15.6，10.9 Hz，1H），2.24（dd，J = 9.4，6.1 Hz，1H），1.89（dd，J = 11.1，7.4 Hz，1H），1.85~1.72（m，2H）

表 4 - 4　目标化合物 8a～8f 的物理性质

化合物	分子式	熔点/℃	LC - MS(ESI) m/z
8a	$C_{23}H_{21}N_3O_2$	329～330	272.33 $[M+H]^+$
8b	$C_{24}H_{23}N_3O_4$	254～255	418.22 $[M+H]^+$
8c	$C_{23}H_{21}N_3O_3$	278～279	388.25 $[M+H]^+$
8d	$C_{20}H_{23}N_3O_2$	254～255	336.29 $[M-H]^+$
8e	$C_{23}H_{20}N_4O_4$	262～264	415.28 $[M-H]^+$
8f	$C_{21}H_{23}N_3O_3$	217～218	402.27 $[M+H]^+$

通过上述合成方法成功得到了 6 种闭环吲哚二酮哌嗪。该合成路线在第 3 章合成开环吲哚二酮哌嗪化合物的经验上,巧妙利用了 Pictet - Spengler 反应,将得到的希夫碱再以二氯甲烷为溶剂,用三氟乙酸提供质子酸催化发生,从而得到重要的中间体四氢 - β - 咔啉。然而,由于产物是两种立体异构体,因此需要采用结晶诱导非对称转化(CIAT)法对产物进行重结晶纯化,所以增加了反应产物的后处理难度,但是最终可以得到单一构型的目标产物且所需原料廉价易得,后续可以利用这种方法,将 L - 色氨酸甲酯再与各种醛发生缩合反应得到新的希夫碱,从而继续合成出更多的该类化合物。另外,通过实验证明,上述 6 种化合物具有一定的抑制真菌和细菌的生物活性,具体请参阅 6.2.5 节内容。

第 5 章　螺环吲哚二酮哌嗪的合成

5.1　几种螺环吲哚二酮哌嗪天然产物

螺环吲哚二酮哌嗪是三类吲哚二酮哌嗪生物碱中结构最复杂的一类化合物,其中主要的螺环吲哚二酮哌嗪天然产物是 spirotryprostatin 类化合物,其吲哚环与二酮哌嗪环之间形成一个五元氮杂环,再通过吲哚 3 位(见图 5-1 中化合物 spirotryprostatin A ～G 和 spirotryprostatin K),或者通过吲哚 2 位(见图 5-1 中化合物 1)的螺碳原子将两部分连接起来,形成结构复杂的五环化合物。

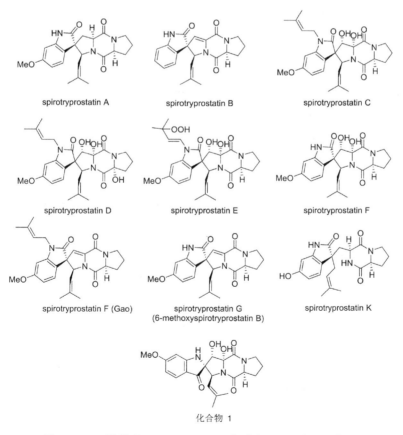

spirotryprostatin A　　　spirotryprostatin B　　　spirotryprostatin C

spirotryprostatin D　　　spirotryprostatin E　　　spirotryprostatin F

spirotryprostatin F (Gao)　　spirotryprostatin G
　　　　　　　　　　　(6-methoxyspirotryprostatin B)　　spirotryprostatin K

化合物 1

图 5-1　10 种螺环 spirotryprostatin 类吲哚二酮哌嗪天然产物

目前,共得到了 10 种螺环 spirotryprostatin 类天然产物(见图 5 - 1)。spirotryprostatin 类化合物最早被发现于烟曲霉(*Aspergillus fumigatus*)的发酵液提取物。螺环吲哚二酮哌嗪 生物碱首先是从海底沉积物真菌烟曲霉 *Aspergillus fumigatus* 分离得到的,这些生物碱都表 现出对 tsFT210 在细胞分裂 M 期较强的细胞周期抑制活性。在随后的研究中,又从该真菌中 分离得到两个螺环 spirotryprostatins 化合物 spirotryprostatins A,spirotryprostatins B,生物 活性实验表明 spirotryprostatins A,spirotryprostatins B 可将 tsFT210 抑制在 G2/M 期,IC$_{50}$ 分别为 197.5,14.0 μmol/L。2008 年,从海参的内生真菌 *Aspergillus fumigatus* 中也分离得 到了一系列吲哚二酮哌嗪生物碱,其中有螺环 spirotryprostatins 化合物 spirotryprostatins C~E,以及 spirotryprostatins 类似物化合物 1,生物活性实验表明这些化合物对 HL - 60(人 急性白血病细胞)、A549(人肺腺癌细胞)、MOLT - 4(人急性淋巴母细胞白血病细胞)和 BEL - 7402(人肝癌细胞)均有细胞毒活性。同年,该课题组从海洋真菌菌株 *Aspergillus sudowi* PFW1 - 13 中分离得到了 9 个吲哚二酮哌嗪生物碱及化合物 6 - methoxyspirotryprostatin B (spirotryprostatin G),这些化合物均对 A549 具有一定细胞毒活性,并且化合物 6 - methoxyspirotryprostatin B 对 HL - 60 也具有细胞毒活性。2012 年,第一种结构的 spirotryprostatin F 被分离于海洋烟曲霉真菌,该化合物对植物的生长周期具有刺激或者抑制 作用。2017 年,从青霉属真菌 *Penicillium brefeldianum* 中分离得到了螺环吲哚二酮哌嗪生 物碱以及 spirotryprostatin B 类似物[作者将其命名为 spirotryprostatin F,在此用 spirotryprostatin F(Gao)表示],这些化合物均对 HepG2(人肝癌细胞)和 MDA - MB - 231(人 乳腺癌细胞)有细胞毒活性。2015 年,spirotryprostatin K 分离自内生真菌烟曲霉 *aspergillus fumigatus*。

这种来自烟曲霉 *Aspergillus fumigatus* 的代谢产物——螺环吲哚二酮哌嗪生物碱 spirotryprostatins,由于其很多都具有药理和生理活性,例如 spirotryprostatin A, spirotryprostatin B 均显示出对细胞周期有较强的抑制活性,最低抑制浓度分别为 253 μmol/L 和 34.4 μmol/L,且该类化合物结构新颖而复杂并含有一个螺原子,给化学合成带来了机遇和 挑战,因此,吸引了众多的有机合成化学家的关注。

5.2 螺环吲哚二酮哌嗪的合成方法

近年来,吲哚二酮哌嗪生物碱的结构多样性使其受到化学全合成领域内学者的关注,螺环 类吲哚二酮哌嗪类化合物的全合成方法,国内外报道文献已有百余篇,但是由于该类化合物复 杂的立体构型,非对映选择性合成该类化合物仍是化学全合成领域内的一项挑战。关于这类 螺环吲哚二酮哌嗪 spirotryprostatin 类化合物的全合成不仅限于 spirotryprostatin 类生物碱 的天然结构,并且包括对其结构进行修饰的一些全合成。通过对其结构进行修饰,期望得到生 物活性与天然结构活性相当或者活性更好的 spirotryprostatin 类生物碱。

在三类吲哚二酮哌嗪生物碱的合成设计中,螺环类吲哚二酮哌嗪由于具有手性螺原子结 构,因此合成方法最为复杂。spirotryprostatin 骨架中螺-碳原子的构建与螺原子中心的手性 控制是合成这类化合物的关键(见图 5 - 2)。位于吲哚母核 3 位的螺-碳原子是整个分子骨架 的手性中心,它是由氧化吲哚与吡咯烷共有一个碳原子而形成的。由于化学反应中的立体选择性,在一些类化合物的全合成中往往得到目标产物的非对映异构体(见图 5-3)。总体来说,季碳原子的构建与螺-碳原子中心的手性控制是合成的难点。目前对于这类化合物的合成大部分是通过合理设计吲哚 C3 位官能团化底物,然后进行关环,构建螺-吲哚吡咯烷。所报道的方法主要有以下 4 种:①氧化重排反应;②1,3-偶极环加成反应;③钯催化法;④分子内 N-酰亚胺离子螺环环化。

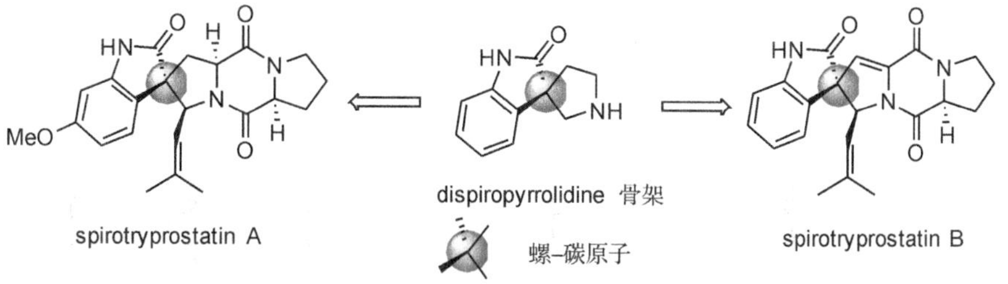

图 5-2　具有螺-碳原子的双吡咯骨架与 spirotryprostatin 类天然产物

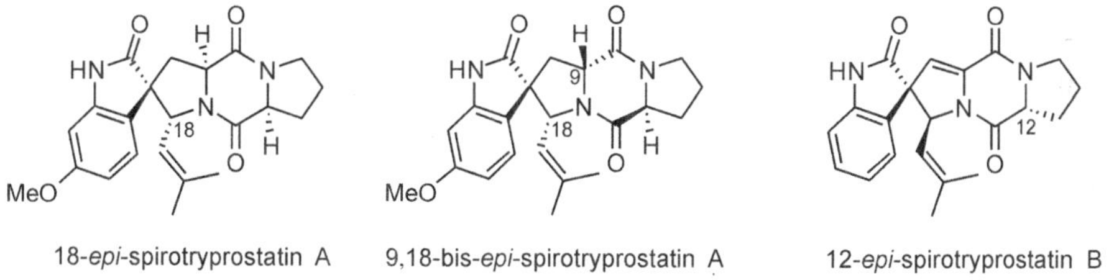

图 5-3　spirotryprostatin 类化合物的非对映异构体

5.2.1　以色氨酸衍生物为起始原料的全合成

1. NBS 氧化重排

首次关于 spirotryprostatin 类化合物的全合成是由 Danishefsky 等在 1998 年报道的关于 spirotryprostatin A 的全合成,其中关键的步骤是利用 N-溴代丁二酰亚胺(NBS)氧化 Boc(叔丁氧羰基)N 保护的 β-咔啉衍生物,再进行重排的反应,使其转化为螺环氧化吲哚骨架化合物[见式(5-1)]。在之后的研究中,该课题组利用这一关键反应成功合成了 spirotryprostatin A 的去甲氧基类似物[见式(5-2)]。在这两个全合成中,β-咔啉的衍生物均来自色氨酸甲酯与叔丁基硫醚醛在酸性条件下的缩合反应,即 Pictet-Spengler 反应。螺环氧化吲哚中间体脱去保护基团 Boc 后与 Troc-N 保护的脯氨酸酰氯缩合、脱保护形成二酮哌嗪结构,最终以 10% 的总产率得到产物 spirotryprostatin A 和 14% 的去甲氧基衍生物副产物。

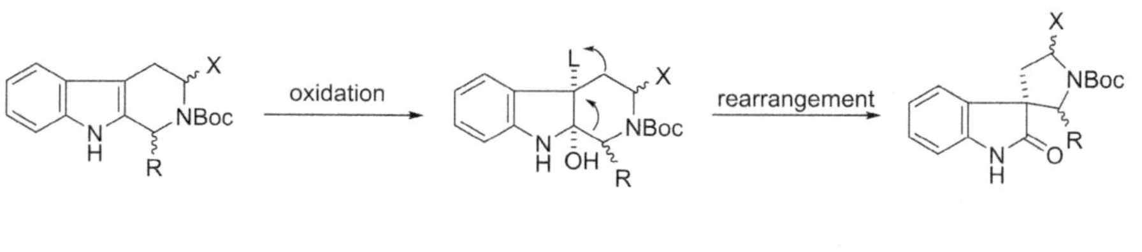

$$(5-1)$$

这种方法试剂简单,不需要催化剂,但是产率往往较低,例如,2000 年首次报道的 spirotryprostatin B 的全合成也利用了 NBS 的氧化重排反应。不同于通常氧化重排反应,该路线利用的是一个优化后的氧化重排反应。反应的初始原料不是甘氨酸甲酯,而是固定于聚苯乙烯-王树脂的 N-Fmoc 保护的 L-色氨酸,然后该原料与醛和 Fmoc 保护的氨基酸氯化物反应,从而得到一个 N-酰亚胺过渡态,随即发生 Pictet - Spengler 缩合反应,得到了四氢-β-咔啉衍生物,最终得到目标产物 spirotryprostatin B,但总反应路线由于副产物较多,产率较低(总产率为 2%~6%)[见式(5-3)]。

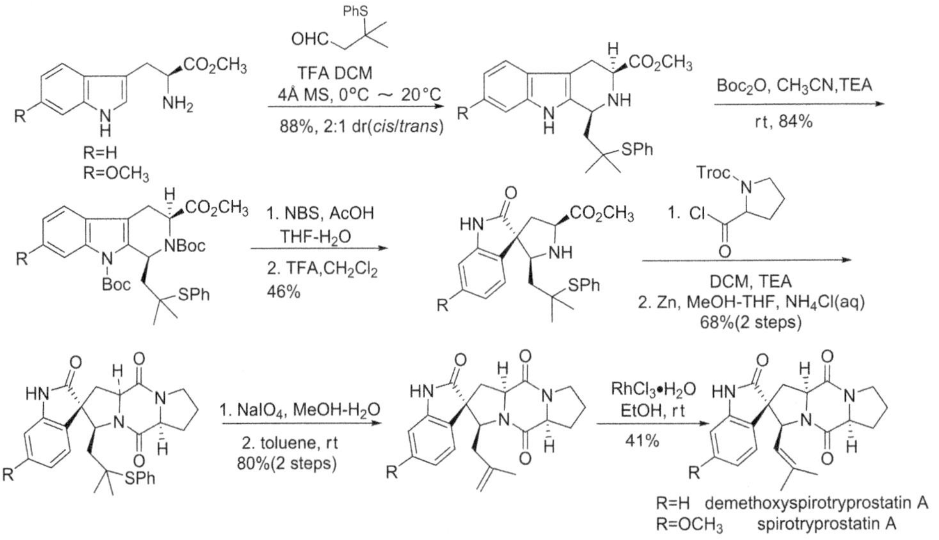

R=H   demethoxyspirotryprostatin A
R=OCH₃ spirotryprostatin A (5-2)

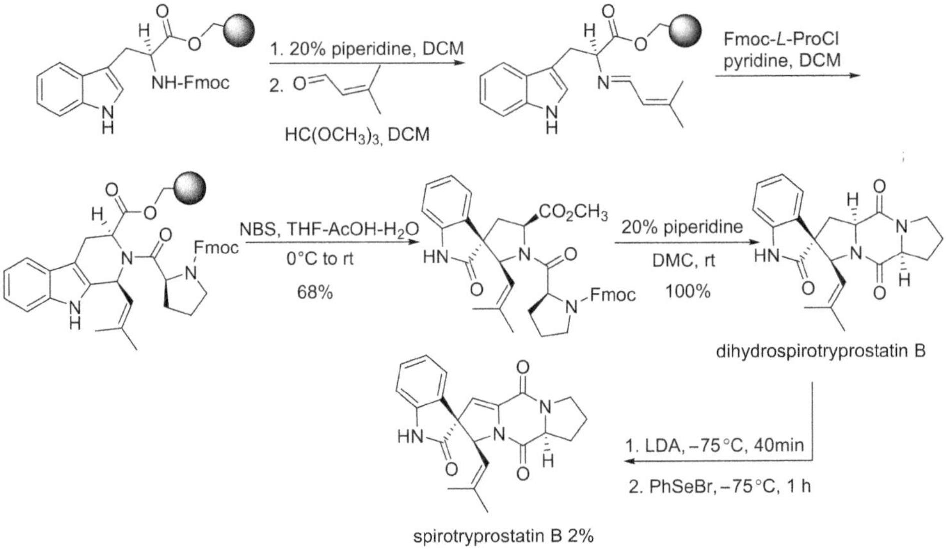

dihydrospirotryprostatin B

spirotryprostatin B 2% (5-3)

为了分离这种路线中产生的非对映异构体副产物,2013 年,马养民课题组利用结晶诱导非对称转化(CIAT)这种关键的分离纯化操作,将 β-咔啉衍生物的副产物首先进行了纯化分离。该路线同样采用 NBS 氧化重排法,经 6 步反应得到一系列 spirotryprostatin A 的衍生物

［见式(5-4)］。该路线也是以色氨酸为初始原料,经过 Pictet-Spengler 反应,得到了 β-咔啉衍生物的手性混合物,但是通过 CIAT 转化可以得到其中一种顺式或者反式的取代产物,之后该产物再经 Schotten-Baumann 反应发生酰化、脱保护、关环得到目标产物,总产率可以达到 9%。

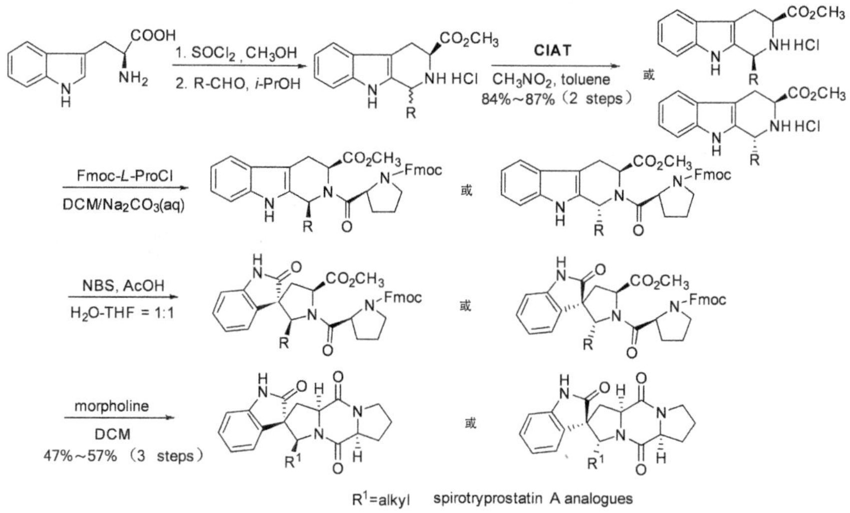

$$(5-4)$$

2. OSO$_4$ 氧化重排

2019 年,张洪彬等全合成了化合物 6-methoxyspirotryprostatin B,spirotryprostatin A 以及 spirotryprostatin B［见式(5-5)］。该方法的新颖在于利用有机分子催化的分子内酰胺与炔酰胺的 umpolung 环化反应,实现了二酮哌嗪环的形成,这有别于之前的利用脯氨酸酰氯脱保护关环反应来形成二酮哌嗪环。先利用有机催化形成环二肽,后经格氏加成,消除反应,分子内 Friedel-Crafts 烷基化反应构建六元环。另外,该路线是通过 OSO$_4$ 氧化,微波反应发生氧化重排,实现螺-碳原子的构建,得到目标产 spirotryprostatin A,总产率达到了 19%。

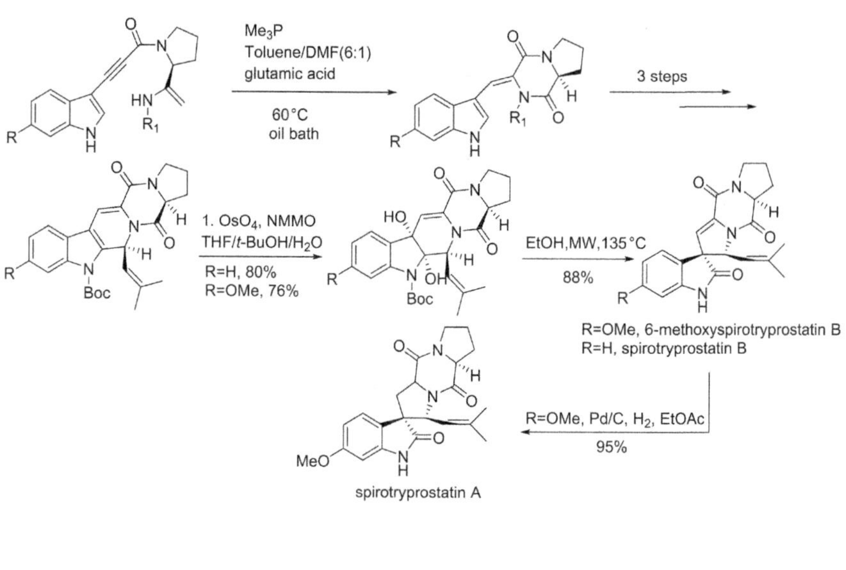

$$(5-5)$$

3. 分子内 *N* -酰亚胺离子螺环环化

Horne 课题组开发了利用 2 位氯代的色氨酸甲酯分子与异戊烯醛为原料,发生分子内的 *N* -酰亚胺离子螺环环化的方法,对 spirotryprostatin A 和 spirotryprostatin B 进行了全合成。Horne 等利用这种构建螺环的方法于 2004 年成功合成了 spirotryprostatin B,虽然反应路线有所缩短,总共 7 步,但是这种方法的总产率仍然不高,为 4.9%。与经典的"NBS 氧化重排"反应所不同的是,由于色氨酸甲酯吲哚 2 位的卤素取代,在亲电基团进攻下发生的 Pictet - Spengler 缩合反应,转而进攻吲哚 3 位,最终在三氟乙酸 TFA 和 *N* - Troc -脯氨酸酰氯的共同作用下,发生分子内 *N* -酰亚胺离子螺环环化,得到了螺环产物。最后 Horne 利用"一锅法"去除 Troc 基团并且发生二酮哌嗪成环反应,得到了 spirotryprostatin B 的还原产物 dihydrosprotryprostatin B,笔者采用了一种"非氧化"策略,转化为 spirotryprostatin B[见式 (5 - 6)]。

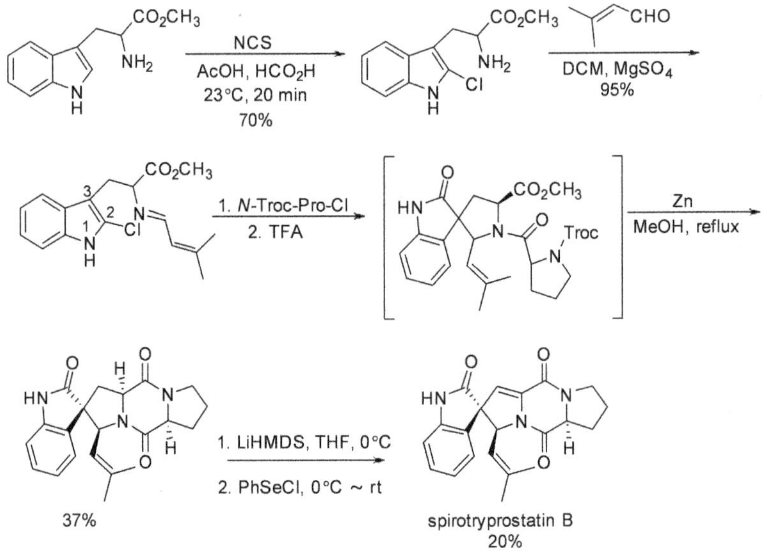

$$(5 - 6)$$

同年,Horne 课题组又将这种方法用于 spirotryprostatin A 的全合成,该法同样以色氨酸甲酯为起始原料,但是鉴于 spirotryprostatin A 相比 spirotryprostatin B 在其吲哚部分有一个甲氧基取代,因此为了得到 2 位卤代及吲哚取代基的色氨酸衍生物,笔者利用了 2 当量的 NBS 与色氨酸甲酯的溴酸盐进行反应,因此得到了吲哚环上具有二溴取代基的 2,5 -或 2,6 -二溴取代的色氨酸甲酯,按照之前的合成方法,最终得到了溴代螺环产物,经进一步处理得到了 spirotryprostatin A 和其具有不同甲氧基取代位置的异构体。虽然该反应总路线只需 4 步,然而,由于在原料的初始反应便产生了等量的副产物,因此导致最终产率较低,为 6.2%[见式(5 - 7)]。

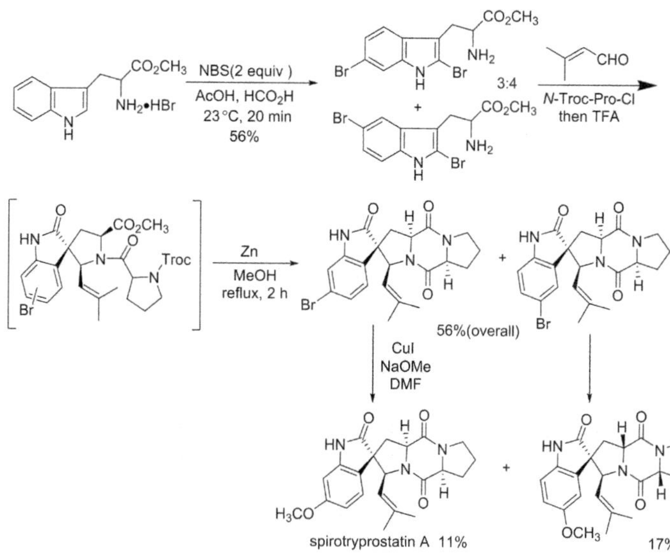

$$(5-7)$$

4. 曼尼希反应

由于在利用甘氨酸衍生物与异戊烯醛直接发生 Pictet-Spengler 反应并未得到具有异戊烯基取代的吲哚并哌啶衍生物，2000 年，Danishefsky 等利用曼尼希反应首先在色氨酸甲酯盐酸盐的 2 位引入了一个羰基，得到了氧化吲哚盐酸盐衍生物，然后利用与异戊烯醛的"插入"反应，得到了一系列螺环氧化吲哚衍生物。之后，他们采用与之前相同的策略，总共经过 8 步完成了 spirotryprostatin B 的全合成，由于螺环副产物较多，因此总产率仅为 4.6%[见式(5-8)]。

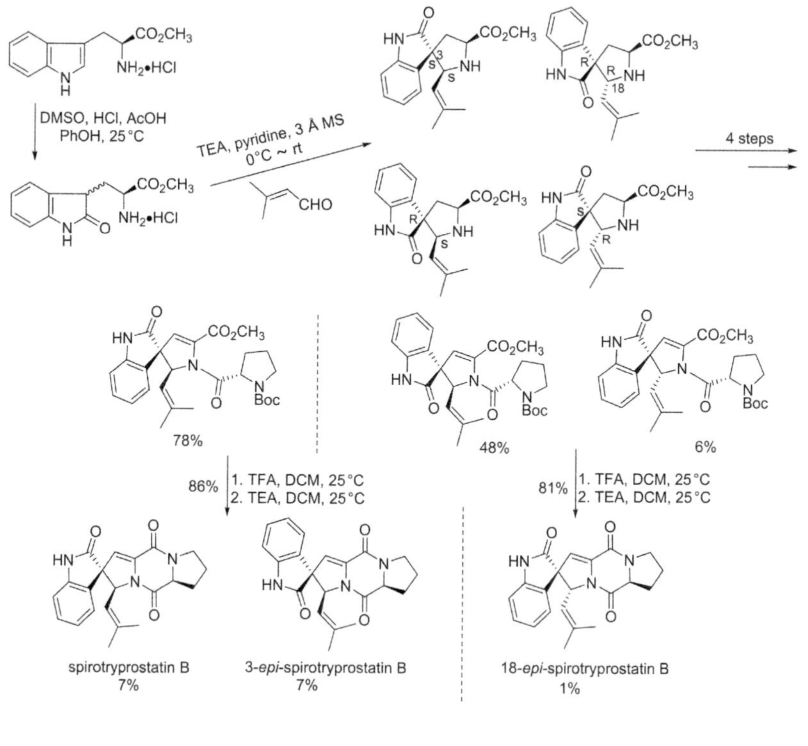

$$(5-8)$$

5.2.2　1,3-偶极环加成法

螺环手性中心的构建方法中,1,3-偶极环加成法是一种非常有效的方法,并且已经在天然产物的全合成中被广泛应用和报道。由于其良好的立体选择性特点,这种方法在 spirotryprostatin 类化合物的全合成中也备受关注。1,3-偶极环加成法首次于 2000 年被应用于 spirotryprostatin B 的合成,并由 Williams 等报道。之后 Williams 又利用该方法合成了 spirotryprostatin A 及其衍生物。2002 年,Williams 等首先用噁嗪酮、羟吲哚基亚乙酸乙酯及 3-甲氧基-3-甲基丁醛,三组分"一锅法"发生 Knoevenagel 缩合,得到了 1,3-偶极环加成反应的偶极子亚胺叶立德中间体,该中间体再与 3 位烯基取代的吲哚亲偶极体发生[3+2]环加成反应,由此得到了螺吲哚酮吡咯烷产物。将此结构首先进行内酯的开环,然后通过 L-Pro-OBn 的酰化、脱保护关环的步骤构建了二酮哌嗪骨架,最后再经过脱羧反应得到目标化合物(-)-spirotryprostatin B。Williams 又利用噁嗪酮的外消旋体(5R,6S)为初始原料,得到了目标产物的异构体(+)-ent-spirotryprostatin B,该路线的产率为 11%[见式(5-9)]。

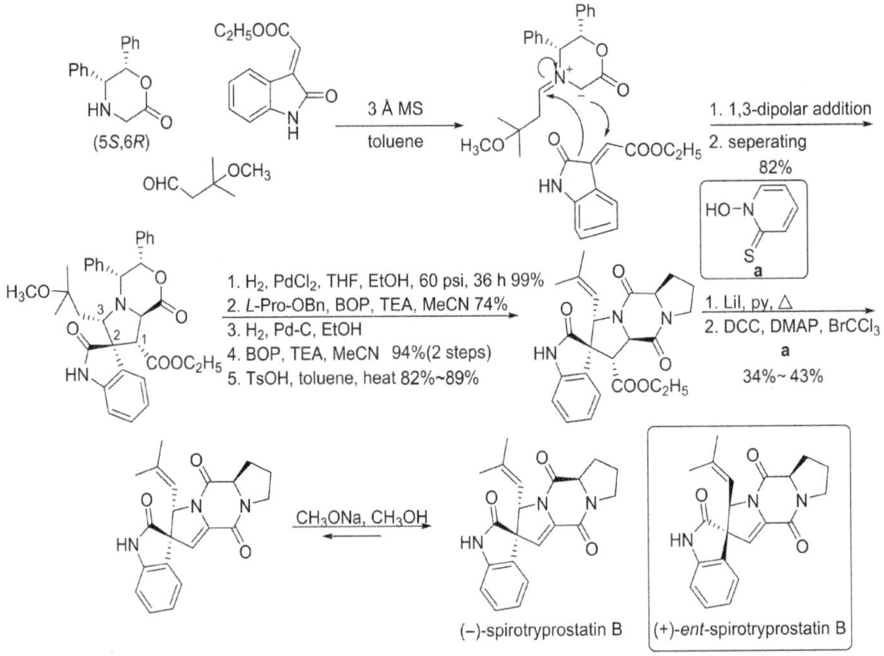

$$(5-9)$$

Williams 等对 spirotryprostatin A 又进行了全合成研究。由于 spirotryprostatin A 与 spirotryprostatin B 的结构差异主要是 spirotryprostatin A 吲哚苯环上的甲氧基取代基与 spirotryprostatin B 吡咯烷的双键结构,因此作者利用了具有甲氧基取代的吲哚-2-酮代替了羟吲哚基亚乙酸乙酯,经过 1,3-偶极环加成反应得到了具有甲氧基取代的 4 个相邻手性中心的螺吲哚酮吡咯烷产物。略去得到吡咯烷双键的消除反应,最终得到了 spirotryprostatin A 及两个异构体副产物。由于该 1,3-偶极环加成产物还需要经过还原氢化和差异构化反应才能消除掉来自噁嗪酮的手性辅助基团,而这步反应产率较低,因此目标产物的产率也较低,仅为 3%[见式(5-10)]。

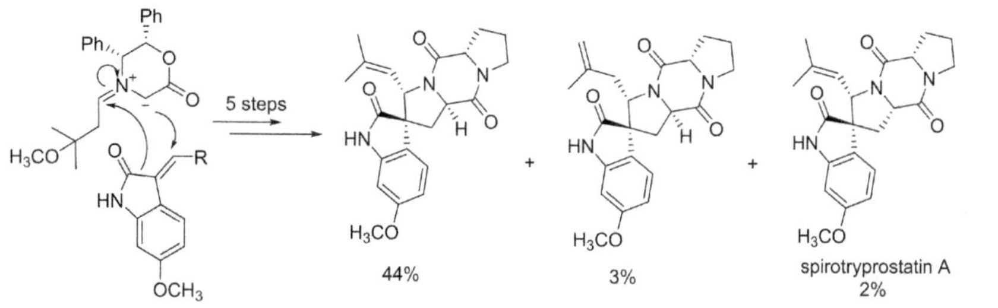

$$(5-10)$$

2011 年，Waldmann 等报道了由 N，P -二茂铁配体和 $CuPF_6(CH_3CN)_4$ 的催化剂体系，"一锅法"，高对映选择性合成螺[二氢吲哚- 3，3 -吡咯烷]- 2 -酮类化合物，在此结构基础上成功合成了 spirotryprostatin A 骨架化合物[见式(5 - 11)]。该路线首次采用金属盐和手性配体催化的 1，3 -偶极环加成反应，在螺环中间体的合成中得到了很好的对映选择性，也大大提高了总路线的产率。该路线得到了一系列 spirotryprostatin A 的衍生物，总路线的最高产率为 30%。

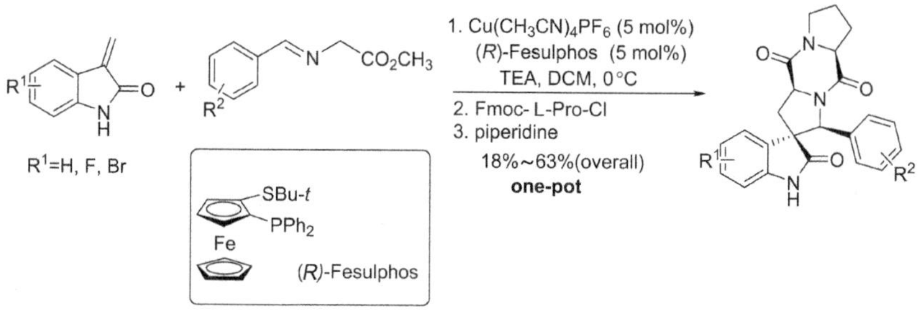

$$(5-11)$$

同年，Gong 等利用质子酸(Brønsted acid)催化三组分"一锅法"[3＋2]环加成反应，得到了手性螺环中间体，不同于之前的报道大多得到的是螺吲哚酮吡咯烷，该不对称 1，3 -偶极环加成方法得到了螺吲哚酮吡咯烷的前体，再经过硝基还原、关环的反应得到螺吲哚酮吡咯烷中间体，由于反应步骤较多，降低了目标产物的产率。本路线的亲偶极体为 2 -(2 -硝基苯基)丙烯酸甲酯，偶极体为甲亚胺叶立德。由于在[3＋2]环加成反应步骤的立体选择性，最终分别以 4.9% 和 5.3% 的总产率得到了两种 spirotryprostatin A 的异构体[见式(5 - 12)]。

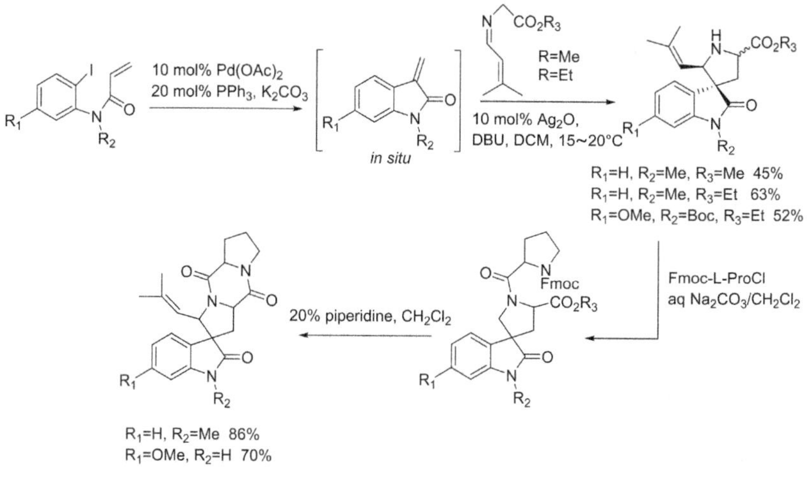

$$(5-12)$$

2018 年，Millington 等利用 Pd(0)/Ag(Ⅰ)双金属催化的 Heck‐1,3‐偶极串联环加成反应得到化合物 *epi*‐spirotryprostatin A 及其类似。该合成路线首先用丙烯酰胺衍生物为原料发生 Pd(0)催化的分子内 Heck 反应得到 3 位亚甲基氧化吲哚亲偶极体，再利用 Ag(Ⅰ)催化亚胺与亚甲胺叶立德的 1,3‐偶极环加成反应得到一系列吲哚螺环吡咯烷中间体，之后用上述文献相似的策略，通过脯氨酸脱去保护基团再酰胺化最终关环得到化合物 *epi*‐spirotryprostatin A 及其类似物，其中包含差向异构体和非对映异构体[见式(5‐13)]。

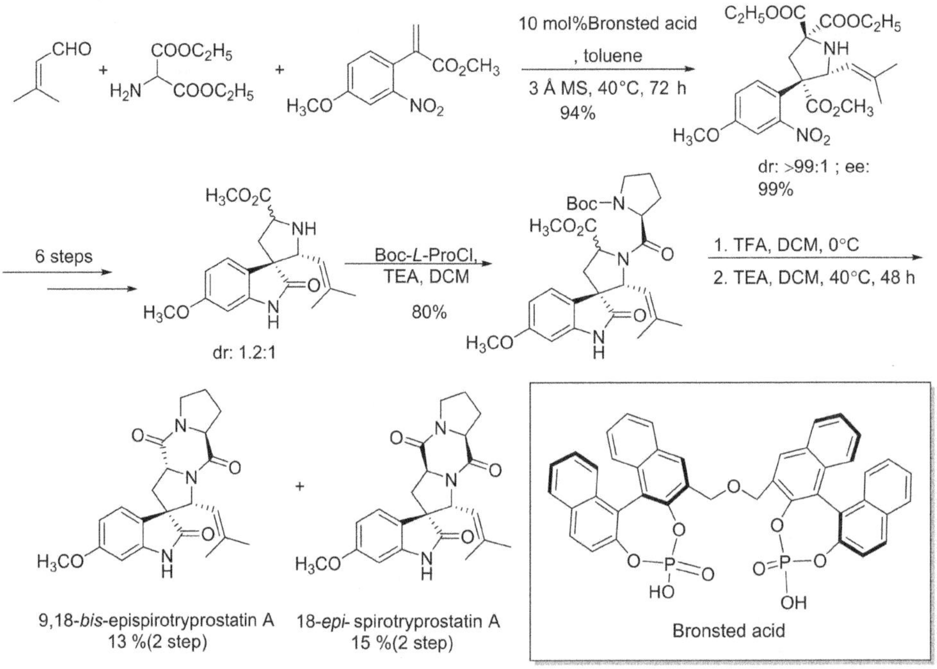

(5‐13)

5.2.3　分子内 Heck 反应与钯催化法

不同于大部分对于 spirotryprostatin 类化合物的全合成先构建螺环氧化吲哚的思路，Overman 等首次提出了先构建二酮哌嗪骨架，再合成螺原子的路线。2000 年，该课题组基于此想法，以烯丙基醇为原料经过 6 步反应，得到了具有二酮哌嗪并吡咯结构的共轭三烯环化中间体，将此中间体利用钯催化体系催化，发生非对称 Heck 环化反应，得到了目标产物 spirotryprostatin B 的几个差向异构体，由于副产物较多，因此总产率为 9%[见式(5‐14)]。这种利用钯催化体系构建立体选择性的螺碳原子反应，是一种新的合成策略，共轭三烯的分子内 Heck 插入反应策略可以得到高的区域选择性。

2007 年，Trost 等利用手性 Trost 配体与钯催化体系构建了异戊烯基螺碳原子，而不是发生成环反应。利用这个独特反应，以丙二酸二甲酯盐酸盐和脯氨酸为初始原料，通过两步反应构建了二酮哌嗪并吡咯骨架，之后利用氧化吲哚衍生物与其发生偶联反应而得到了开环结构的吲哚二酮哌嗪中间体，再引入钯催化体系形成螺原子，最后发生成环反应得到了

spirotryprostatin B 及其异构体副产物，由于催化体系未能直接构建螺吡咯烷结构，因此后续反应步骤较多，总产率为 13%，但他们的方法为合成 spirotryprostatin 类化合物又提供了一种新的思路[见式(5-15)]。

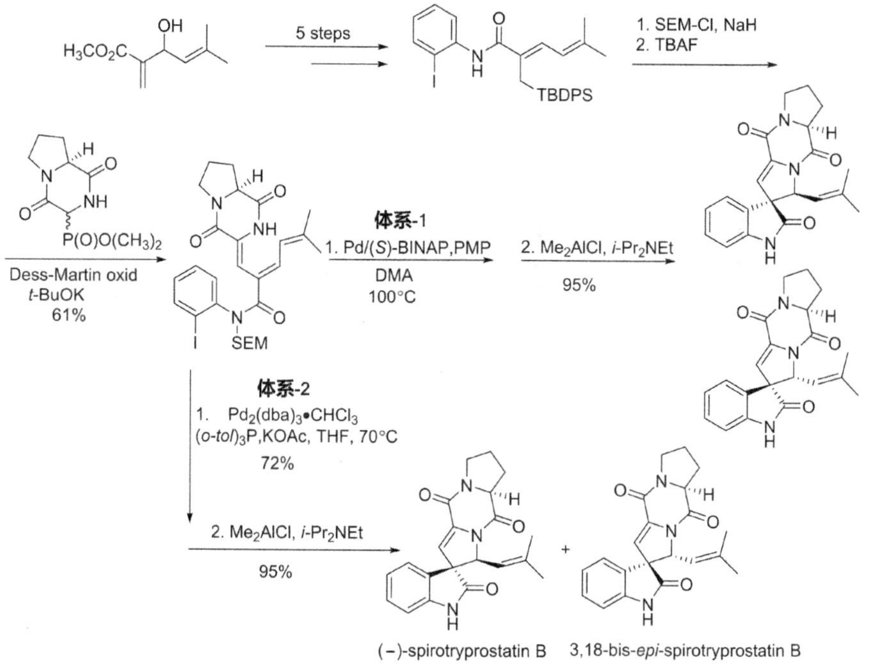

$$(5-14)$$

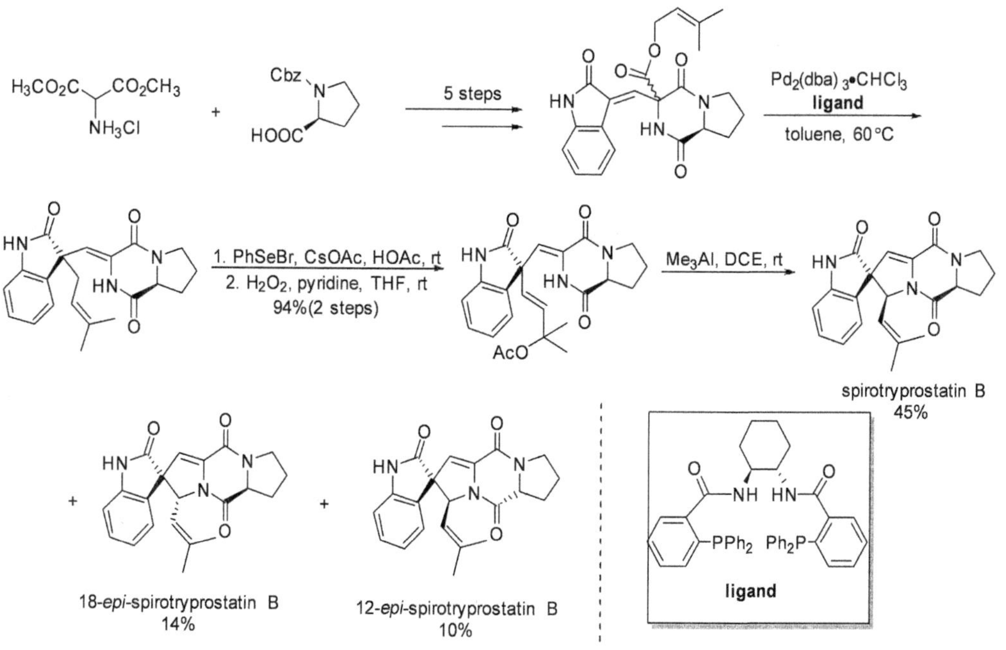

$$(5-15)$$

2014 年，Kitahara 等也采用了分子内 Heck 反应与钯催化相结合的策略对 spirotryprostatin A 进行了全合成。由于后续反应路径较为复杂，该路线共有 25 步，总产率较低，只有 3.4％[见式(5－16)]。

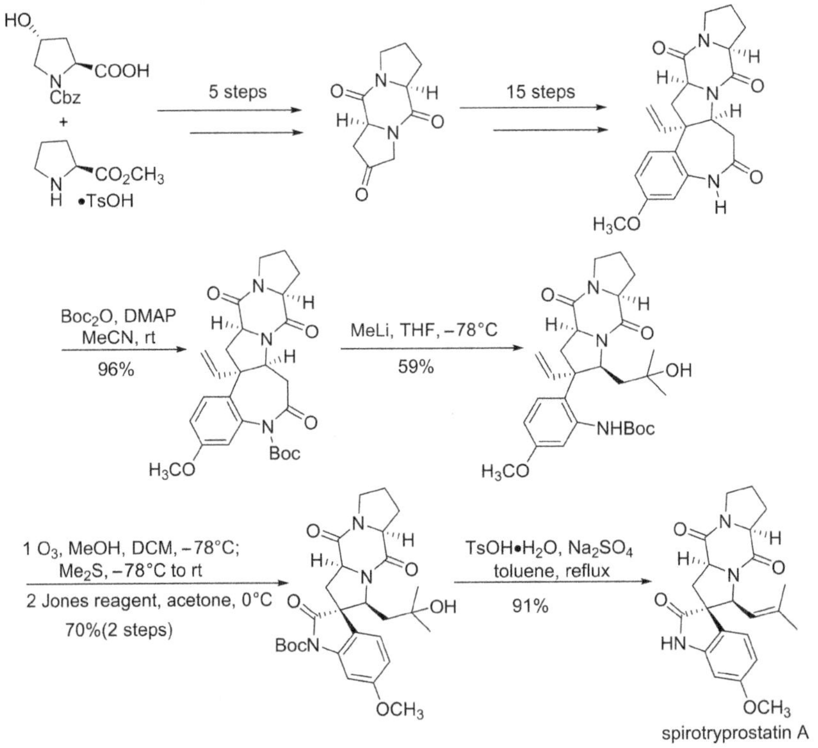

spirotryprostatin A   (5－16)

5.2.4　其他方法

Bagul 等在 2002 年报道了 spirotryprostatin B 的全合成，该路线的关键反应是成功合成了不对称的硝基烯烃，非对映选择性构建了吲哚 3 位的手性螺碳原子。但是该反应路线较为复杂，总路线共 16 步，总产率仅为 0.6％[见式(5－17)]。

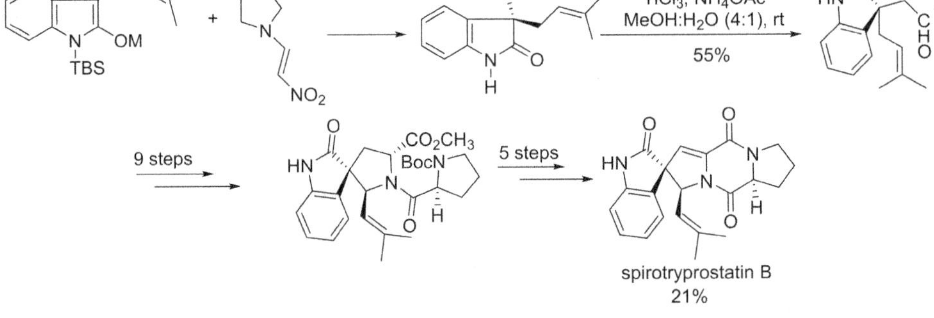

spirotryprostatin B
21%   (5－17)

2003 年,Meyers 等利用了一个新颖的 MgI_2-催化扩环的反应,成功地将螺[环丙烷-1,3′-氧化吲哚]和醛亚胺衍生物催化反应得到了螺[吲哚-3,3′-吡咯烷],并在随后将这种反应应用到 spirotryprostatin B 的全合成中[见式(5-18)],总产率较低,为 5.0%。

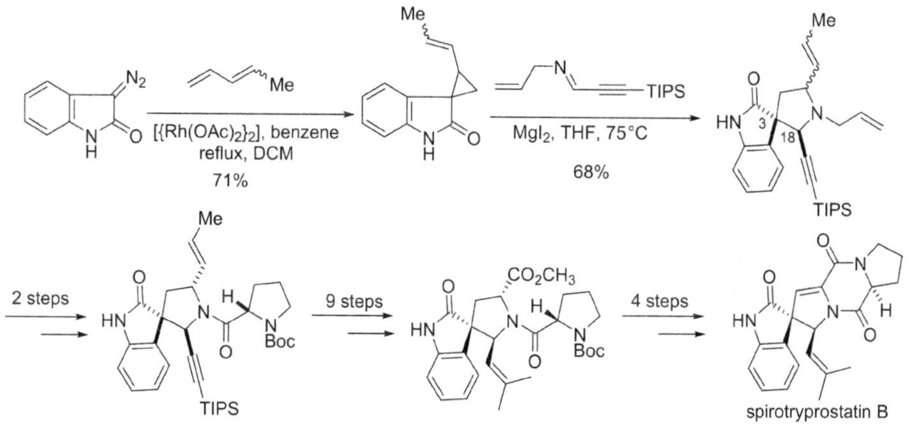

(5-18)

随后在 2011 年,Coote 等也借鉴了 Meyers 的催化扩环思路,合成了螺环中间体,与上述 Meyers 的方法所不同的是作者并没有得到具有异戊烯侧链的螺环中间体,最终得到了一系列 18 位苯基取代的 spirotryprostatin A 的类似物,但是该路线相比前者较为简捷,总共 10 步[见式(5-19)],spirotryprostatin A 的类似物产率在 13.7%～16.3% 之间。

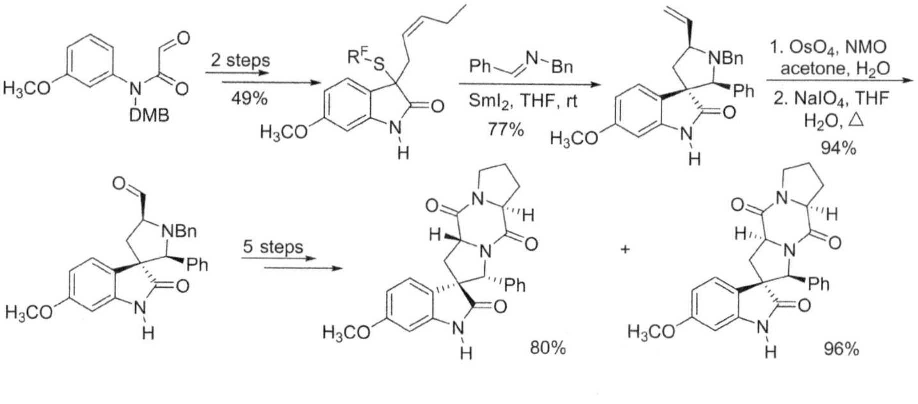

(5-19)

5.3　螺环吲哚二酮哌嗪的合成方法实例

螺环吲哚二酮哌嗪化合物由于其复杂的螺环结构,在合成中为了构建其螺原子,文献采用了多种多样的方法,本节合成实例列举了氧化重排法与 1,3-偶极环加成法。在氧化重排法中,得到了 C 3 位烷基取代的螺环吲哚二酮哌嗪化合物(见图 5-4,R=Alkyl),但在以芳香醛为底物的反应中得到了开环吲哚二酮哌嗪化合物而不能得到螺环吲哚二酮哌嗪化合物。实验发现,利用 1,3-偶极环加成反应可以解决芳基取代的问题,得到 C 3 位芳基取代的螺环吲哚二酮哌嗪化合物(见图 5-4,R=Aryl)。因此,5.3.1 节和 5.3.2 节分别介绍烷基取代(R=

Alkyl)的和芳基取代(R＝Aryl)的两种类型的螺环吲哚二酮哌嗪化合物的合成。

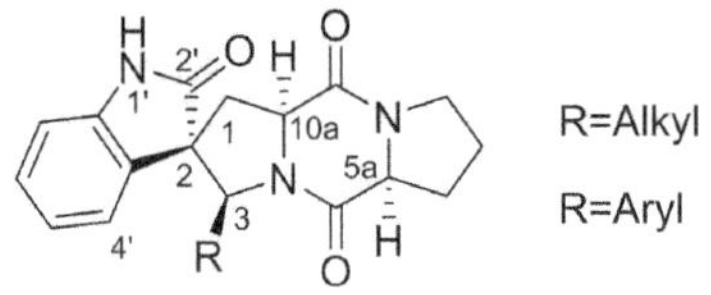

图5-4 C3位不同取代基的螺环吲哚二酮哌嗪

5.3.1 烷基取代的螺环吲哚二酮哌嗪的全合成

(一)成路线的确定

通过对 spirotryprostatin 类螺环吲哚二酮哌嗪类化合物的结构分析,并查阅大量文献资料,设计出最初的实验方案:以 L-色氨酸为反应原料,通过酯化与酸化得到 L-色氨酸甲酯的盐酸盐产物(**1**);然后与醛经过 Pictet-Spengler 异喹啉合成法得到 1-取代-1,2,3,4-四氢-β-咔咻-3-羧酸酯的盐酸盐(**2**-HCl)的 1-位手性混合体,此后在甲苯-硝基甲烷混合溶剂中发生结晶诱导非对称转化(CIAT)得到单一构型产物,经过脱盐酸后得到中间体 **2**。将中间体 **2** 中的 2-NH 用二碳酸二叔丁酯(Boc₂O)进行保护后经过 NBS 螺环重排化反应得到螺环结构 **4**,脱保护后再与 9-芴甲氧羰基(Fmoc-)保护的 L-脯氨酰氯进行 Schotten-Baumann 反应形成二肽结构 **6**,后碱催化下脱去保护基并关环得到目标化合物 **7**。具体设计路线如图 5-5所示。

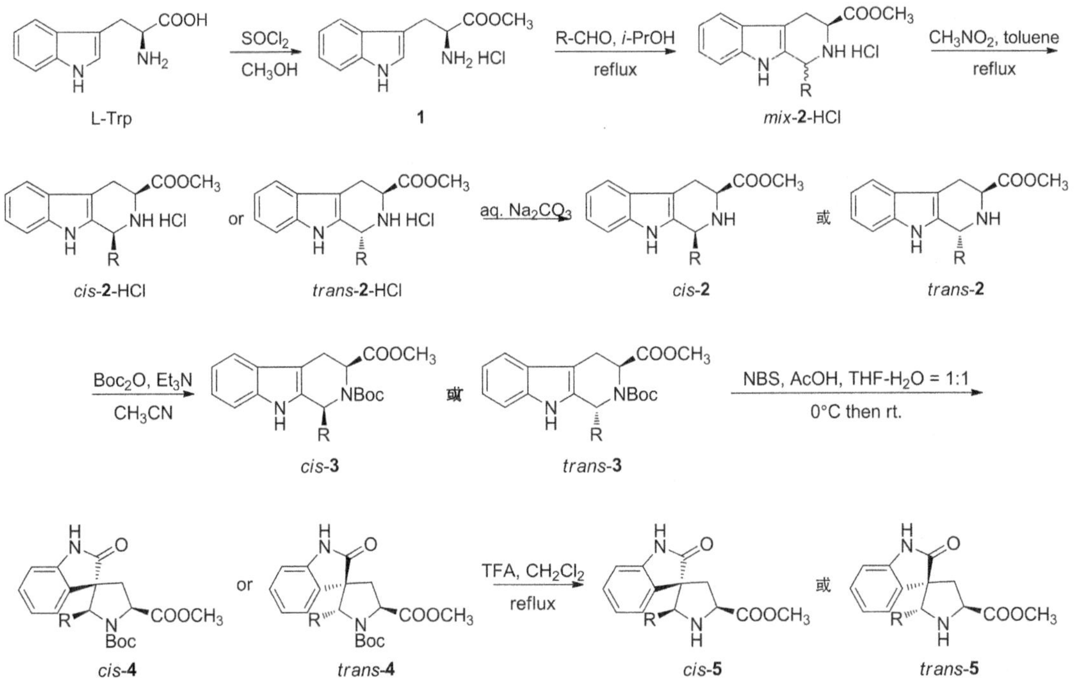

图5-5 螺环吲哚二酮哌嗪类化合物的初始合成路线

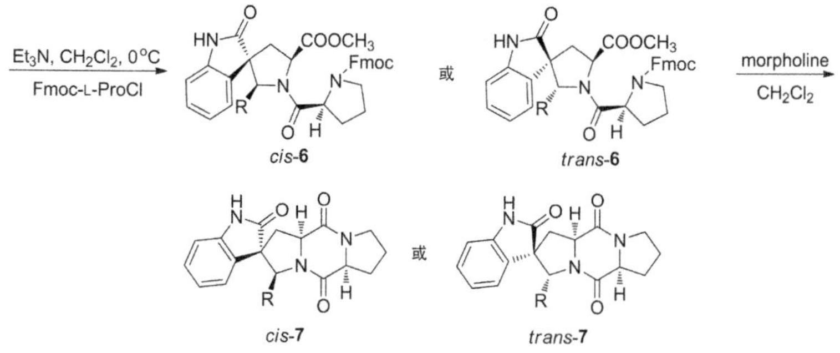

续图 5 - 5　螺环吲哚二酮哌嗪类化合物的初始合成路线

　　首先以丙醛为原料进行了初步合成探索后发现,该路线步骤较为烦琐,且个别步骤处理麻烦,并非最优路线。通过对比反应前后的关联发现,在四氢-β-咔卟啉-3-羧酸酯形成后,可以先通过 Schotten - Baumann 反应形成酰胺键,这样一方面将有用基团进行缩合,更重要的是该酰胺键也起到了保护亚氨基的作用,可以避免用 Boc -保护基保护然后脱保护的环节。该方法节约了两步反应的进行和处理,使得反应更加简洁、高产。同时,由于 Schotten - Baumann 反应中需要使用碱来吸收反应中产生的 HCl,故而在进行该反应前可将四氢-β-咔卟啉-3-羧酸酯盐酸盐直接投入反应,避免了用 Na_2CO_3 溶液脱盐酸步骤中的物料损失。经过综合研究,将反应路线进行了优化改进,得新反应路线如图 5 - 6 所示。

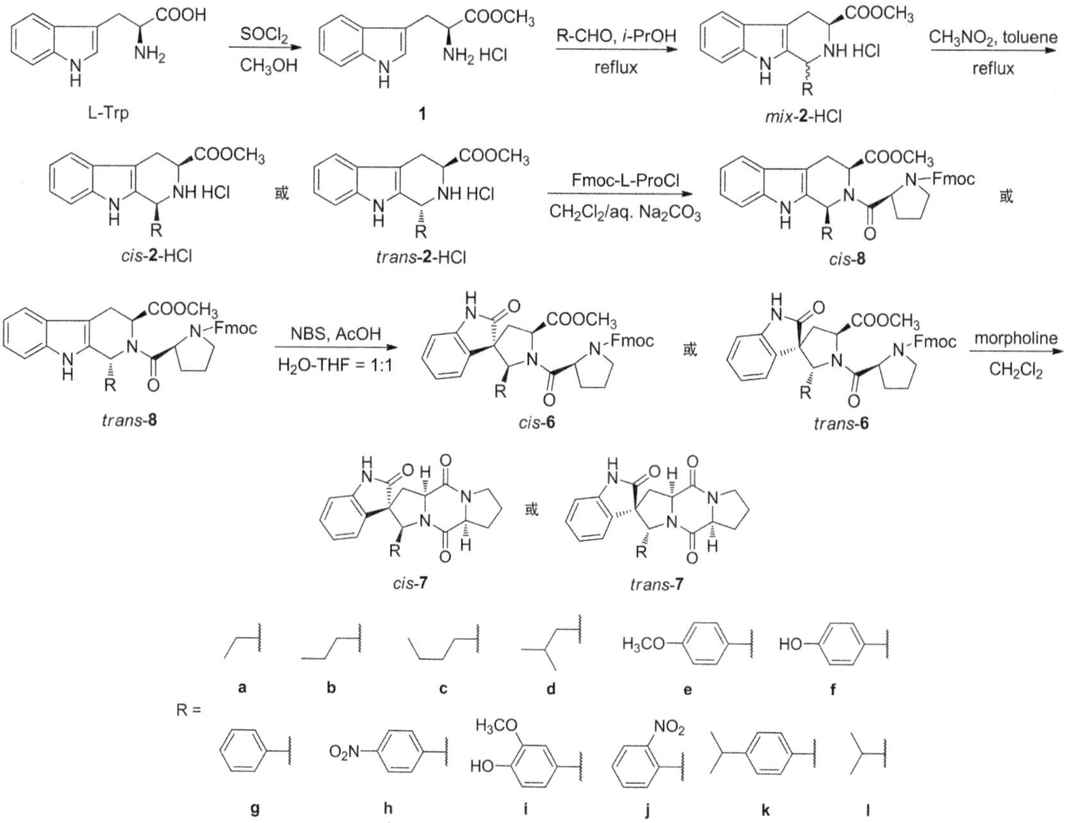

图 5 - 6　螺环吲哚二酮哌嗪类化合物的最终合成路线

(二)L-色氨酸甲酯盐酸盐的合成及结构表征

L-色氨酸甲酯盐酸盐的合成见式(5-20)。

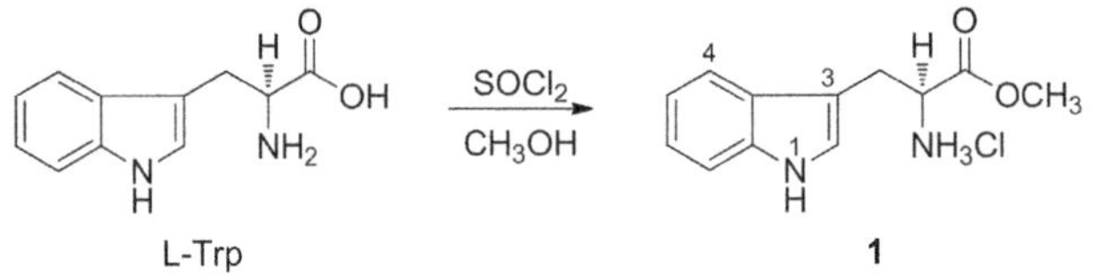

$$(5-20)$$

具体合成方法及核磁表征数据请参阅本书 4.2.1 节内容。

(三)L-取代-1,2,3,4-四氢-β-咔啉-3-羧酸甲酯的合成及表征

1. cis-2a-HCl 的合成

cis-2a-HCl 的合成见式(5-21)。

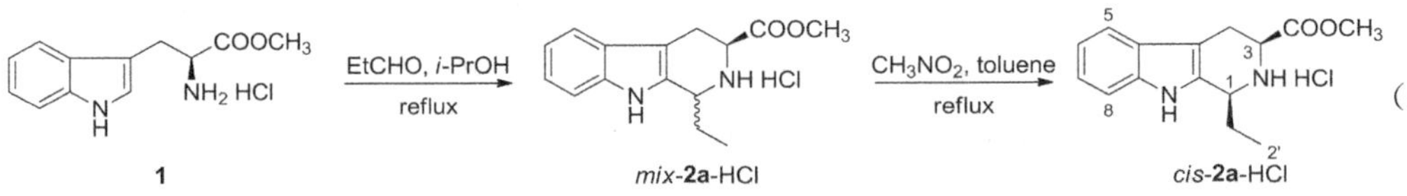

$$(5-21)$$

在装有搅拌器、恒压滴液漏斗、冷凝回流装置的三口瓶(100 mL)中加入约 50 mL 异丙醇，于搅拌下加入 0.70 g(12 mmol)丙醛，待其混合均匀后，加入 2.55 g(10 mmol)L-色氨酸甲酯盐酸盐，加热回流约 4 h，TLC(乙酸乙酯-甲醇的体积比为 10∶1)跟踪反应进程。待反应完毕后，减压蒸去溶剂和多余的丙醛，在经过甲苯淋洗后将悬浊液过滤以除去可溶性的杂质，彻底干燥得到 2a-HCl 的顺反混合物。

将 2a-HCl 的顺反混合物干燥后产物重新加入 100 mL 三口瓶中，加入 50 mL 硝基甲烷-甲苯(体积比为 1∶1)混合溶剂进行结晶诱导非对称转化(CIAT)过程，加热回流 20 h，TLC(乙酸乙酯-甲醇的体积比为 10∶1)跟踪反应。反应结束后，停止加热，自然冷却至室温后即有大量沉淀析出，减压抽滤后，用硝基甲烷-甲苯混合液(体积比为 1∶1)洗涤滤饼，得固体粉末，即为 cis-2a-HCl，(1S,3S)-1-乙基-2,3,4,9-四氢-1H-吡啶并[3,4-b]吲哚-3-羧酸甲酯盐酸盐(cis-2a-HCl)白色片状固体，其产率为 87.82%，熔点为 146～149℃。具体构型经 $^1H-^1H$ NOESY 表征确定。

2. cis-2b-HCl 的合成

cis-2b-HCl 的合成见式(5-22)。

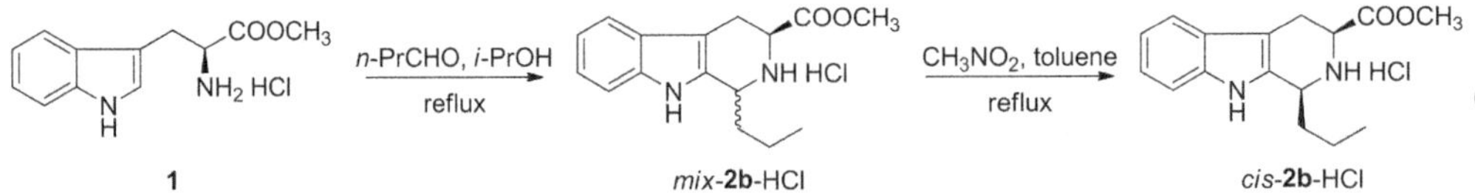

$$(5-22)$$

首先以 0.87 g(12 mmol)正丁醛与 L-色氨酸甲酯盐酸盐反应可得到 2b-HCl 的顺反混合物(反应步骤同 2a-HCl 顺反混合物的制备)。然后，将 2b-HCl 的顺反混合物以硝基甲烷-甲苯(体积比为 1∶1)混合溶剂进行结晶诱导非对称转化(CIAT)，反应结束后，用硝基甲烷-甲苯混合液(体积比为 1∶1)洗涤滤饼，得固体粉末，即为 cis-2b-HCl，(1S,3S)-1-丙基-2,3,4,9-四氢-1H-吡啶并[3,4-b]吲哚-3-羧酸甲酯盐酸盐(cis-2b-HCl)白色片状固

体,其产率为 84.41%,熔点为 155～156℃。具体构型经 ^{1}H -^{1}H NOESY 表征确定。

3. *cis* - **2c** - HCl 的合成

cis - **2c** - HCl 的合成见式(5 - 23)。

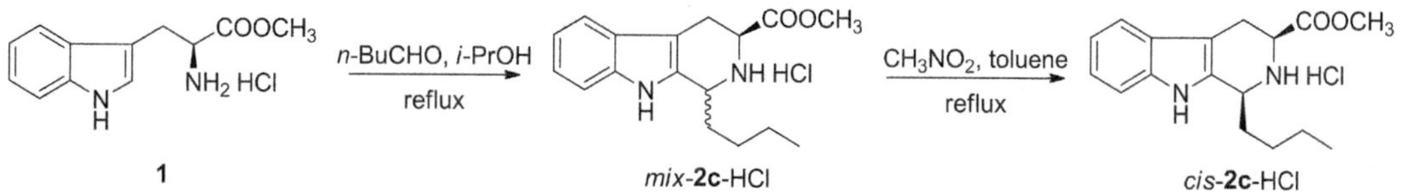

$$(5-23)$$

首先以 1.03 g(12 mmol)正戊醛与 2.55 g(10 mmol)L -色氨酸甲酯盐酸盐反应得到 **2c** - HCl 的顺反混合物(反应步骤同 **2a** - HCl 的顺反混合物的制备)。然后,将 **2c** - HCl 的顺反混合物以 50 mL 硝基甲烷-甲苯(体积比为 1∶1)混合溶剂进行结晶诱导非对称转化(CIAT),反应结束后,用硝基甲烷-甲苯混合液(体积比为 1∶1)洗涤滤饼,得固体粉末,即为 *cis* - **2c** - HCl,(1S,3S)-1-丁基-2,3,4,9 -四氢-1*H* -吡啶并[3,4 - *b*]吲哚-3 -羧酸甲酯盐酸盐(*cis* - **2c** - HCl)白色片状固体,其产率为 87.44%,熔点为 161 ～163℃。具体构型经 ^{1}H -^{1}H NOESY 表征确定。

4. *cis* - **2d** - HCl 的合成

cis - **2d** - HCl 的合成见式(5 - 24)。

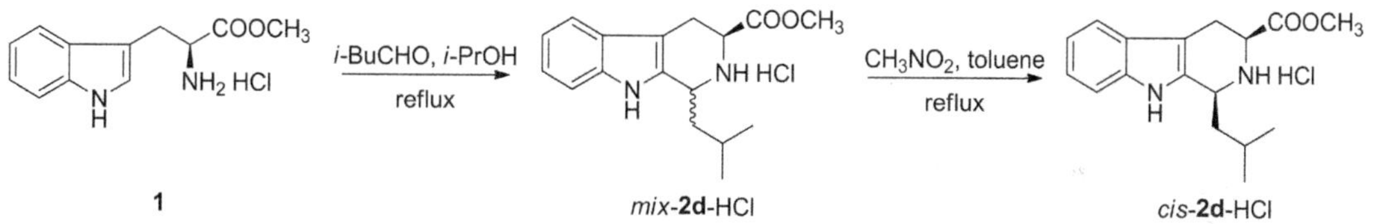

$$(5-24)$$

首先以 1.03 g(12 mmol)异戊醛与 2.55 g(10 mmol)L -色氨酸甲酯盐酸盐反应得到 **2d** - HCl 的顺反混合物(反应步骤同 **2a** - HCl 的顺反混合物的制备)。然后,将 **2d** - HCl 的顺反混合物加入 50 mL 硝基甲烷-甲苯(体积比为 1∶1)混合溶剂进行结晶诱导非对称转化(CIAT),反应结束后,用硝基甲烷-甲苯混合液(体积比为 1∶1)洗涤滤饼,得固体粉末,即为 *cis* - **2d** - HCl,(1S,3S)-1-(2-甲基丙基)-2,3,4,9 -四氢-1*H* -吡啶并[3,4 - *b*]吲哚-3 -羧酸甲酯盐酸盐(*cis* - **2d** - HCl)白色片状固体,其产率为 84.20%,熔点为 153～154℃。具体构型经 ^{1}H -^{1}H NOESY 表征确定。

5. *trans* - **2e** 的合成

trans - **2e** 的合成见式(5 - 25)。

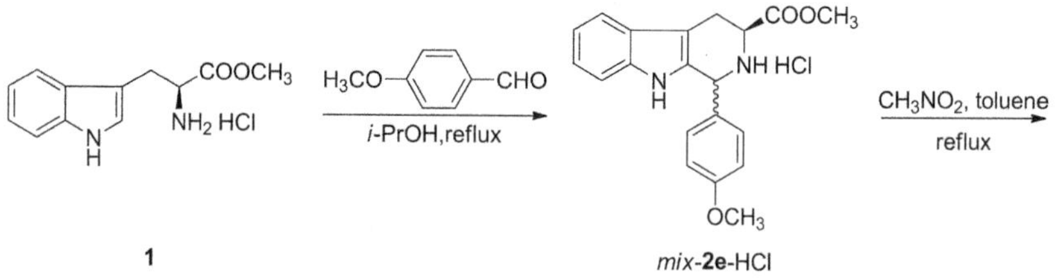

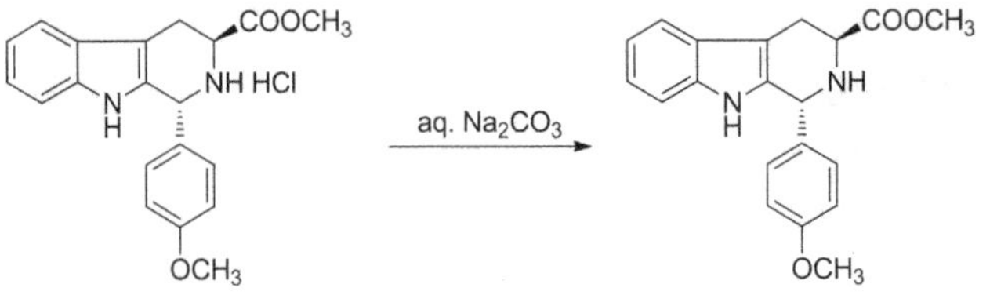

trans-**2e**-HCl　　　　*trans*-**2e**　　　　(5－25)

首先以 1.63 g(12 mmol)茴香醛(4－甲氧基苯甲醛)与 2.55 g(10 mmol)L－色氨酸甲酯盐酸盐反应得到 **2e**－HCl 的顺反混合物(反应步骤同 **2a**－HCl 的顺反混合物的制备)。然后,将 **2e**－HCl 的顺反混合物加入 50 mL 硝基甲烷-甲苯(体积比为 1∶1)混合溶剂进行结晶诱导非对称转化(CIAT),反应结束后,用硝基甲烷-甲苯混合液(体积比为 1∶1)洗涤滤饼,得固体粉末,即为 *trans*－**2e**－HCl。将固体粉末倒入饱和 Na_2CO_3溶液中,充分混合脱去盐酸后用乙酸乙酯萃取 3 次,合并有机相,用无水 $MgSO_4$ 干燥后减压蒸馏,甲醇重结晶,得固体粉末即为 *trans*－**2e**,(1*R*,3*S*)－1－(4－甲氧基苯基)－2,3,4,9－四氢－1*H*－吡啶并[3,4－*b*]吲哚－3－羧酸甲酯(*trans*－**2e**)白色粉末状固体,其产率为 88.11%,熔点为 213～215℃。具体构型经^{1}H－^{1}H NOESY 表征确定。

6. *cis*－2f 的合成

cis－**2f** 的合成见式(5－26)。

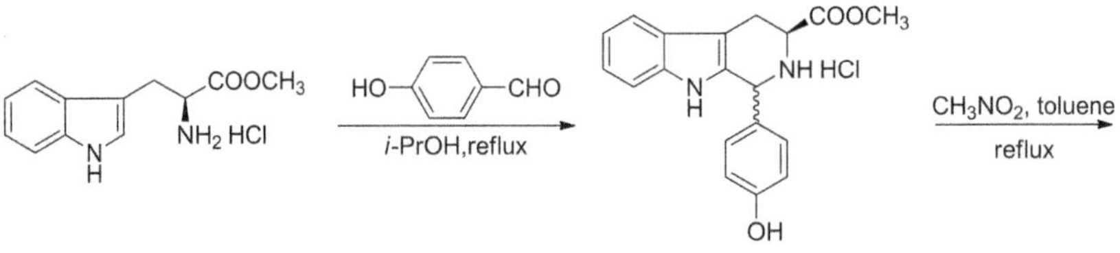

1　　　　*mix*-**2f**-HCl

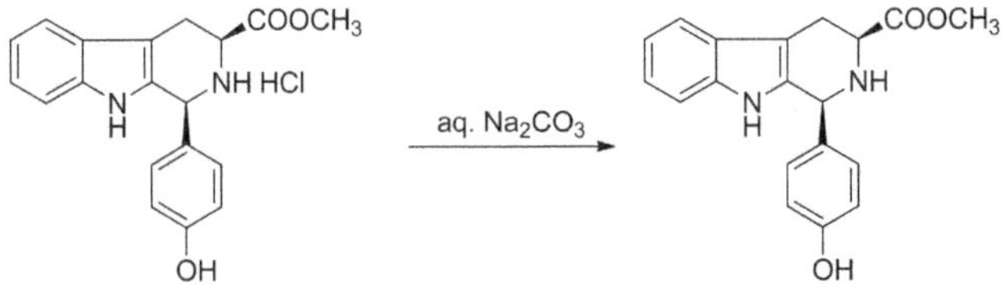

cis-**2f**-HCl　　　　*cis*-**2f**　　　　(5－26)

首先以 1.47 g(12 mmol)对羟基苯甲醛与 2.55 g(10 mmol)L－色氨酸甲酯盐酸盐反应得到 **2f**－HCl 的顺反混合物(反应步骤同 **2a**－HCl 的顺反混合物的制备)。然后,将 **2f**－HCl 的顺反混合物干燥后产物加入 50 mL 硝基甲烷-甲苯(体积比为 1∶1)混合溶剂进行结晶诱导非对称转化(CIAT),反应结束后,用硝基甲烷-甲苯混合液(体积比为 1∶1)洗涤滤饼,得固体粉末,即为 *cis*－**2f**－HCl。将固体粉末倒入饱和 Na_2CO_3溶液中,充分混合脱去盐酸后用乙酸乙酯萃取 3 次,合并有机相,用无水 $MgSO_4$ 干燥后减压蒸馏,甲醇重结晶,得固体粉末即为 *cis*－**2f**,(1*S*,3*S*)－1－(4－羟基苯基)－2,3,4,9－四氢－1*H*－吡啶并[3,4－*b*]吲哚－3－羧酸甲酯(*cis*－**2f**)白色粉末状固体,其产率为 82.11%,熔点为 225～227℃。具体构型经^{1}H－^{1}H NOESY 表征确定。

7. *cis*－2g 的合成

cis－**2g** 的合成见式(5－27)。

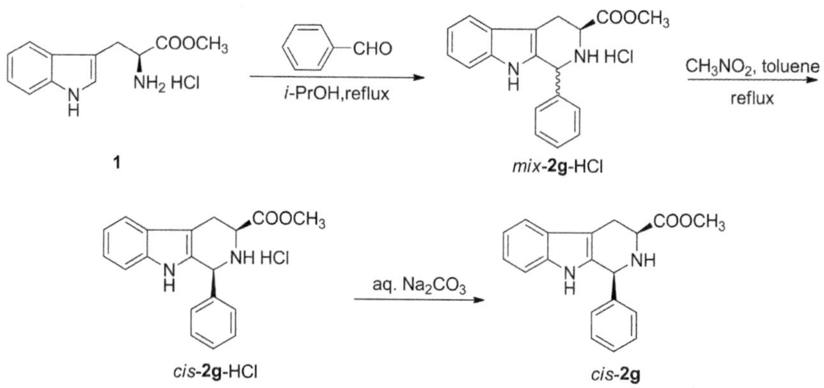

$$(5-27)$$

首先以 1.27 g(12 mmol)苯甲醛与 2.55 g(10 mmol)L -色氨酸甲酯盐酸盐反应得到 **2g** - HCl 的顺反混合物(反应步骤同 **2a** - HCl 的顺反混合物的制备)。然后,将 **2g** - HCl 的顺反混合物加入 50 mL 硝基甲烷-甲苯(体积比为 1:10)混合溶剂进行结晶诱导非对称转化(CIAT),反应结束后,用硝基甲烷-甲苯混合液(体积比为 1:10)洗涤滤饼,得固体粉末,即为 *cis* - **2g** - HCl。将固体粉末倒入饱和 Na$_2$CO$_3$ 溶液中,充分混合脱去盐酸后用乙酸乙酯萃取 3 次,合并有机相,用无水 MgSO$_4$ 干燥后减压蒸馏,甲醇重结晶,得固体粉末即为 *cis* - **2g**,(1S,3S)-1 -苯基- 2,3,4,9 -四氢-1H -吡啶并[3,4 - b]吲哚-3 -羧酸甲酯(*cis* - **2g**)白色粉末状固体,其产率为 87.09%,熔点为 221~222℃。具体构型经 ^{1}H -^{1}H NOESY 表征确定。

8. *cis* - 2h 的合成

cis - **2h** 的合成见式(5 - 28)。

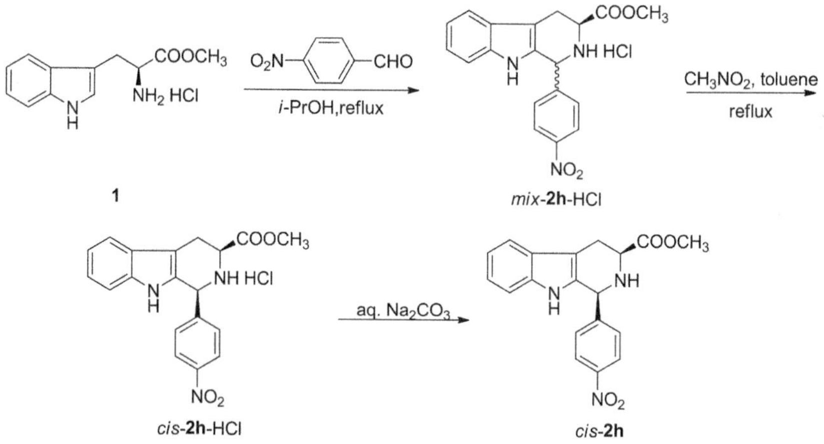

$$(5-28)$$

首先以 1.81 g(12 mmol)对硝基苯甲醛与 2.55 g(10 mmol)L -色氨酸甲酯盐酸盐反应得到 **2h** - HCl 的顺反混合物(反应步骤同 **2a** - HCl 的顺反混合物的制备)。然后,将 **2h** - HCl 的顺反混合物加入 50 mL 硝基甲烷-甲苯(体积比为 1:1)混合溶剂进行结晶诱导非对称转化(CIAT),反应结束后,用硝基甲烷-甲苯混合液(体积比为 1:1)洗涤滤饼,得固体粉末,即为 *cis* - **2h** - HCl。将固体粉末倒入饱和 Na$_2$CO$_3$ 溶液中,充分混合脱去盐酸后用乙酸乙酯萃取 3 次,合并有机相,用无水 MgSO$_4$ 干燥后减压蒸馏,甲醇重结晶,得固体粉末即为 *cis* - **2h**,(1S,3S)-1 -(4 -硝基苯基)- 2,3,4,9 -四氢-1H -吡啶并[3,4 - b]吲哚-3 -羧酸甲酯(*cis* - **2h**)橘红色固体,其产率为 86.89%,熔点为 172 ~173℃。具体构型经 ^{1}H -^{1}H NOESY 表征确定。

9. *cis* - **2i** 的合成

cis - **2i** 的合成见式(5 - 29)。

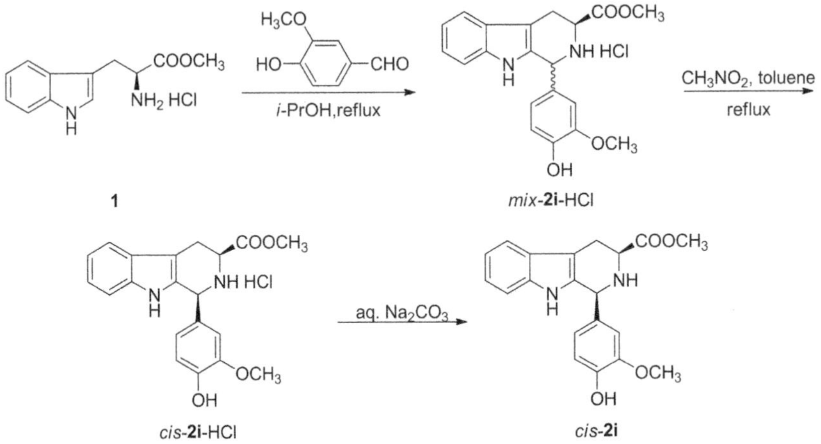

$$(5-29)$$

首先以 1.83 g(12 mmol)香草醛(4 -羟基- 3 -甲氧基苯甲醛)与 2.55 g(10 mmol)L -色氨酸甲酯盐酸盐反应得到 **2i** - HCl 的顺反混合物(反应步骤同 **2a** - HCl 的顺反混合物的制备)。然后,将 **2i** - HCl 的顺反混合物,加入 50 mL 硝基甲烷-甲苯(体积比为 1∶1)混合溶剂进行结晶诱导非对称转化(CIAT),反应结束后,用硝基甲烷-甲苯混合液(体积比为 1∶1)洗涤滤饼,得固体粉末,即为 *cis* - **2i** - HCl。将固体粉末倒入饱和 Na₂CO₃ 溶液中,充分混合脱去盐酸后用乙酸乙酯萃取 3 次,合并有机相,用无水 MgSO₄ 干燥后减压蒸馏,甲醇重结晶,得固体粉末即为 *cis* - **2i**,(1S ,3S)- 1 -(4 -羟基- 3 -甲氧基苯基)- 2,3,4,9 -四氢-1H -吡啶并[3,4 - b]吲哚- 3 -羧酸甲酯(*cis* - **2i**)白色固体,其产率为 83.99%,熔点为 178~180℃。具体构型经[1]H -^{1}H NOESY 表征确定。

10. *cis* - **2j** 的合成

cis - **2j** 的合成见式(5 - 30)。

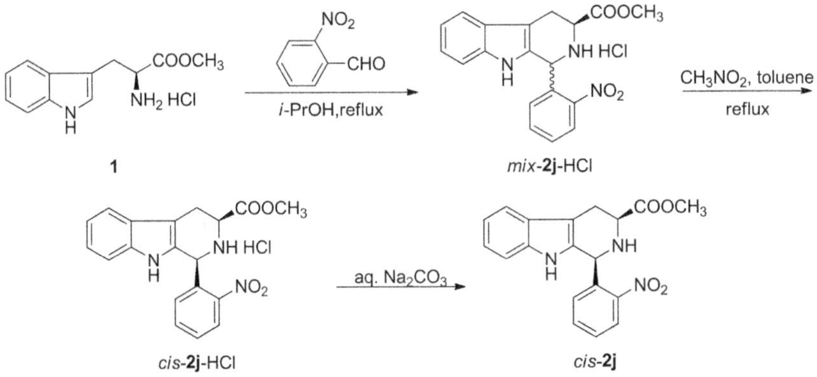

$$(5-30)$$

首先以 1.81 g(12 mmol)邻硝基苯甲醛,与 2.55 g(10 mmol)L -色氨酸甲酯盐酸盐反应得到 **2j** - HCl 的顺反混合物(反应步骤同 **2a** - HCl 的顺反混合物的制备)。然后,将 **2j** - HCl 的顺反混合物,加入 50 mL 硝基甲烷-甲苯(体积比为 1∶4)混合溶剂进行结晶诱导非对称转化(CIAT),反应结束后,用硝基甲烷-甲苯混合液(体积比为 1∶4)洗涤滤饼,得固体粉末,即为 *cis* - **2j** - HCl。将固体粉末倒入饱和 Na₂CO₃ 溶液中,充分混合脱去盐酸后用乙酸乙酯萃取 3

次,合并有机相,用无水 MgSO$_4$ 干燥后减压蒸馏,甲醇重结晶,得固体粉末即为 *cis* - **2j**,(1*S*, 3*S*)-1 -(2 -硝基苯基)-2,3,4,9 -四氢-1*H* -吡啶并[3,4 - *b*]吲哚-3 -羧酸甲酯(*cis* - **2j**)淡黄色固体,其产率为 80.63%,熔点为 176～177℃。具体构型经 ^{1}H -^{1}H NOESY 表征确定。

11. *cis* - **2k** 的合成

cis - **2k** 的合成见式(5 - 31)。

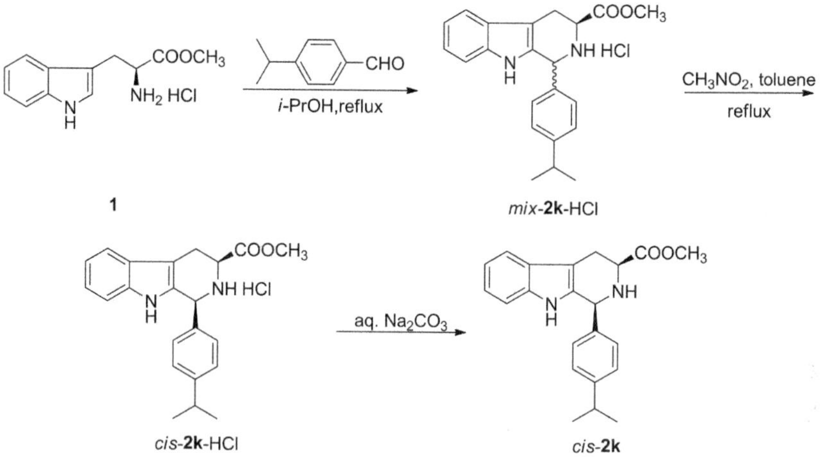

$$(5 - 31)$$

首先以 1.78 g(12 mmol)枯茗醛(4 -异丙基苯甲醛)与 2.55 g(10 mmol)L -色氨酸甲酯盐酸盐反应得到 **2k** - HCl 的顺反混合物(反应步骤同 **2a** - HCl 的顺反混合物的制备)。然后,将 **2k** - HCl 的顺反混合物,加入 50 mL 硝基甲烷-甲苯(体积比为 1∶8)混合溶剂进行结晶诱导非对称转化(CIAT)过程,加热回流 24 h,TLC(乙酸乙酯-甲醇的体积比为 10∶1)跟踪反应。反应结束后,停止加热,自然冷却至室温后即有大量沉淀析出,减压抽滤后,用硝基甲烷-甲苯混合液(体积比为 1∶8)洗涤滤饼,得固体粉末,即为 *cis* - **2k** - HCl。将固体粉末倒入饱和 Na$_2$CO$_3$ 溶液中,充分混合脱去盐酸后用乙酸乙酯萃取 3 次,合并有机相,用无水 MgSO$_4$ 干燥后减压蒸馏,甲醇重结晶,得固体粉末即为 *cis* - **2k**,(1*S*,3*S*)-1 -(4 -异丙基苯基)-2,3,4,9 -四氢-1*H* -吡啶并[3,4 - *b*]吲哚-3 -羧酸甲酯(*cis* - **2k**)淡黄色固体,其产率为 71.03%,熔点为 146～147℃。具体构型经 ^{1}H -^{1}H NOESY 表征确定。

12. *trans* - **2l** 的合成

trans - **2l** 的合成见式(5 - 32)。

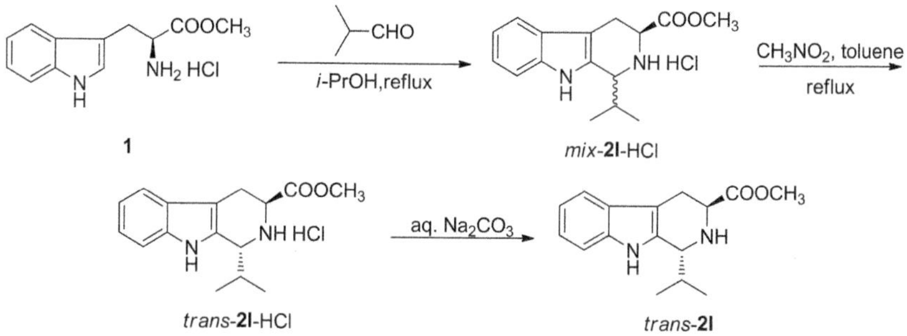

$$(5 - 32)$$

首先以 0.87 g(12 mmol)异丁醛与 2.55 g(10 mmol)L -色氨酸甲酯盐酸盐反应得到 **2l** -

HCl 的顺反混合物(反应步骤同 **2a**-HCl 的顺反混合物的制备)。然后,将 **2l**-HCl 的顺反混合物加入 50 mL 硝基甲烷-甲苯(体积比为 1∶1)混合溶剂进行结晶诱导非对称转化(CIAT)过程,加热回流 12 h,TLC(乙酸乙酯-甲醇的体积比为 10∶1)跟踪反应。反应结束后,停止加热,自然冷却至室温后即有大量沉淀析出,减压抽滤后,用硝基甲烷-甲苯混合液(体积比为 1∶1)洗涤滤饼,得固体粉末,即为 *trans*-**2l**-HCl。将固体粉末倒入饱和 Na₂CO₃ 溶液中,充分混合脱去盐酸后用乙酸乙酯萃取 3 次,合并有机相,用无水 MgSO₄ 干燥后减压蒸馏,甲醇重结晶,得固体粉末即为 *trans*-**2l**,(1*R*,3*S*)-1-异丙基-2,3,4,9-四氢-1*H*-吡啶并[3,4-*b*]吲哚-3-羧酸甲酯(*trans*-**2l**)白色固体,其产率为 87.32%,熔点为 145～147℃。具体构型经 ¹H-¹H NOESY 表征确定。

(四)C3 位烷基取代的螺环吲哚二酮哌嗪的合成及表征

1. Fmoc-L-脯氨酰氯的制备

Fmoc-L-脯氨酰氯的制备见式(5-33)。

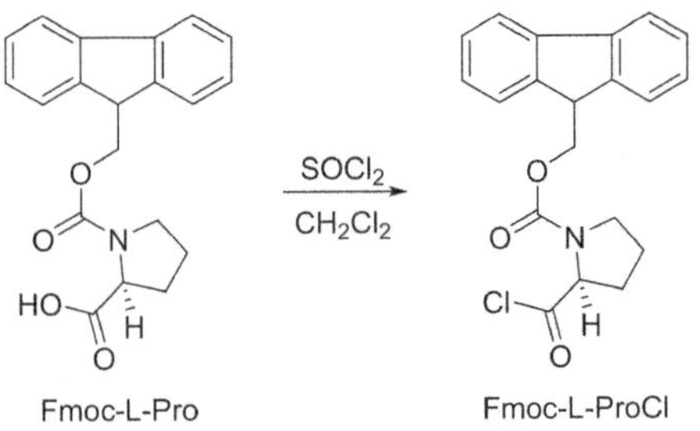

$$(5-33)$$

请参阅本书 4.2.3 节的制备方法。

2. 7a 的合成

7a 的合成见式(5-34)。

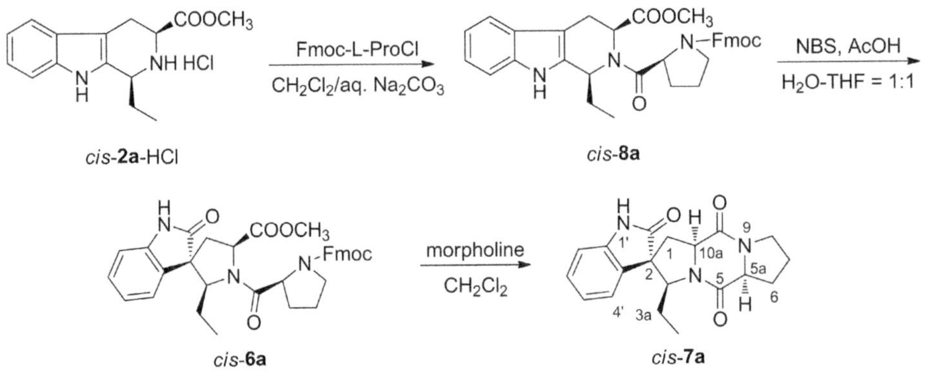

$$(5-34)$$

在装有搅拌器和恒压滴液漏斗的三口瓶(100 mL)中加入 30 mL 二氯甲烷,加入称量好的 0.74 g(2.5 mmol)*cis*-**2a**-HCl 使其完全溶解,然后再加入 30 mL 饱和 Na₂CO₃ 水溶液使其成为两相,继续搅拌。将提前制备好的 1.07 g(3 mmol)Fmoc-L-脯氨酰氯溶于 10 mL 二氯甲烷中,置于恒压低液漏斗中,缓慢滴入三口瓶,滴速控制为约 1 s/滴。滴加完后,室温下搅拌约 1 h 使反应完全。静置分层,用二氯甲烷萃取 3 次,合并有机相,用无水硫酸镁进行干燥后减压蒸干溶剂即得 cis - **8a**。

将 cis - **8a** 重新溶于 50 mL H₂O - THF(体积比为 1∶1)混合溶剂中,并加入 10 mL 冰乙酸。另将 0.87 g(5 mmol)溴代丁二酰亚胺(NBS)溶于 10 mL 相同的混合溶剂中,二者均用冰浴使温度降至 0℃ 左右。用滴管将 NBS 逐滴加入到反应体系中。滴加完毕,继续冰浴搅拌 5 min 后撤去冰浴并升至室温。继续反应 40 min 后,加入少量无水 Na₂SO₃ 使反应淬灭,用无水碳酸钠中和反应液至 pH=6~7。56℃ 水浴减压蒸去沸点较低的四氢呋喃后,将溶液用二氯甲烷萃取 3 次,合并有机相,用无水硫酸镁进行干燥后减压蒸去溶剂,即得 cis - **6a**。

将 cis - **6a** 重新溶解于 50 mL 二氯甲烷中,加入 5 mL 吗啡啉作为催化剂,微热反应 1 h 后减压蒸馏除去溶剂。通过硅胶柱层析收集组分($V_{石油醚}$∶$V_{乙酸乙酯}$=2∶1),甲醇重结晶后即得终产物 cis - **7a**。(2S,3S,5aS,10aS)-3-乙基-5a,6,7,8-四氢-1H-螺[二吡咯并[1,2-a:1′,2′-d]吡嗪-2,3′-二氢吲哚]-2′,5,10(3H,10aH)-三酮(cis - **7a**)白色针状固体,其产率为 57.44%,熔点为 133~134℃。

3.7b 的合成

7b 的合成见式(5-35)。

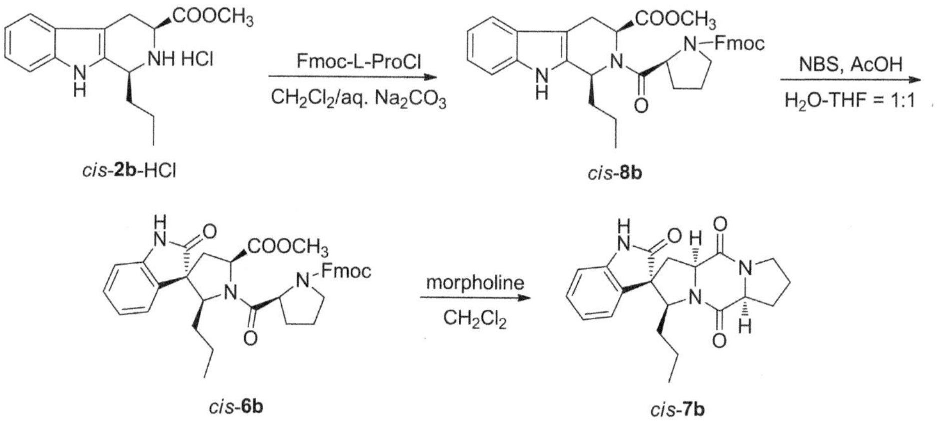

$$(5-35)$$

与上述 **7a** 的合成方法相类似,加入称量好的 0.77 g(2.5 mmol)cis - **2b** - HCl 使其完全溶解,然后再加入 Na₂CO₃ 水溶液使其成为两相,之后,滴加 Fmoc - L - 脯氨酰氯溶液。室温反应完全后用二氯甲烷萃取,合并有机相,干燥,减压蒸干溶剂即得 cis - **8b**。

将化合物 cis - **8b** 与溴代丁二酰亚胺(NBS)发生重排化反应,可得 cis - **6b**。将 cis - **6b** 重新溶解于二氯甲烷中,加入吗啡啉作为催化剂,微热反应后。通过硅胶柱层析收集组分($V_{石油醚}$∶$V_{乙酸乙酯}$=2∶1),甲醇重结晶后即得终产物 cis - **7b**。(2S,3S,5aS,10aS)-3-丙基-5a,6,7,8-四氢-1H-螺[二吡咯并[1,2-a:1′,2′-d]吡嗪-2,3′-二氢吲哚]-2′,5,10(3H,10aH)-三酮(cis - **7b**)白色针状固体,其产率为 51.08%,熔点为 144~145℃。

4.7c 的合成

7c 的合成见式(5-36)。

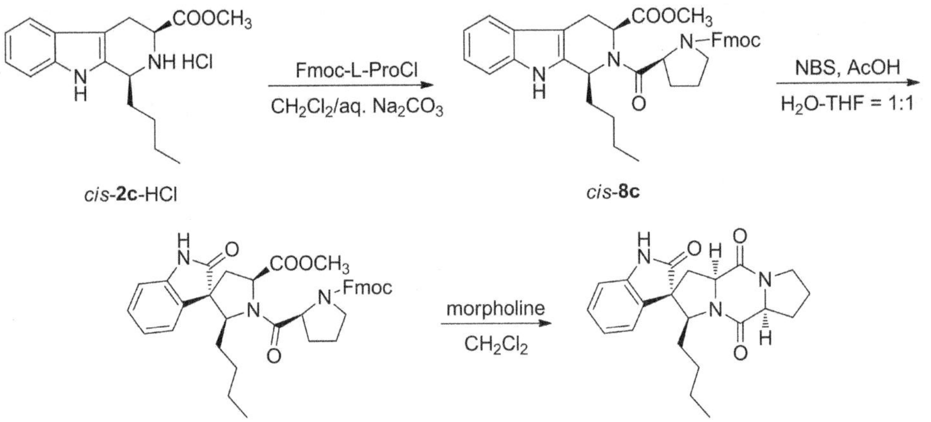

cis-**2c**-HCl　cis-**8c**　cis-**6c**　cis-**7c**　(5－36)

与上述**7a**的合成方法相类似，加入0.81 g(2.5 mmol)*cis*－**2c**－HCl使其完全溶解，然后再加入Na_2CO_3水溶液使其成为两相，之后，滴加Fmoc－L－脯氨酰氯溶液。室温反应完全后用二氯甲烷萃取，合并有机相，干燥，减压蒸干溶剂即得*cis*－**8c**。

将化合物*cis*－**8c**与溴代丁二酰亚胺(NBS)发生重排化反应，即得*cis*－**6c**。将*cis*－**6c**重新溶解于二氯甲烷中，加入吗啡啉作为催化剂，微热反应后。通过硅胶柱层析收集组分($V_{石油醚}$:$V_{乙酸乙酯}$=2∶1)，甲醇重结晶后即得终产物*cis*－**7c**。*cis*－**7c**。(2*S*,3*S*,5a*S*,10aS)-3-丁基-5a,6,7,8-四氢-1*H*-螺[二吡咯并[1,2－*a*:1′,2′-*d*]吡嗪-2,3′-二氢吲哚]-2′,5,10(3*H*,10a*H*)-三酮(*cis*－**7c**)白色针状固体，其产率为49.25%，熔点为157～159℃。

5. 7d的合成

7d的合成见式(5－37)。

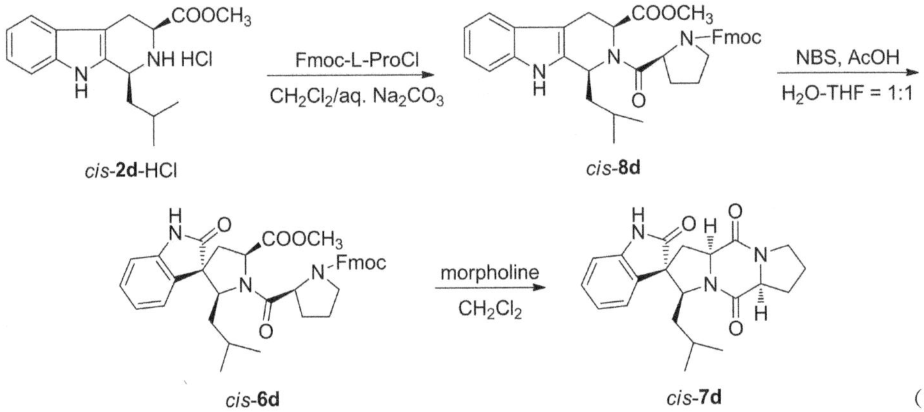

cis-**2d**-HCl　cis-**8d**　cis-**6d**　cis-**7d**　(5－37)

与上述**7a**的合成方法相类似，加入0.81 g(2.5 mmol)*cis*－**2d**－HCl使其完全溶解0.81 g(2.5 mmol)*cis*－**2c**－HCl使其完全溶解，然后再加入Na_2CO_3水溶液使其成为两相，之后，滴加Fmoc－L－脯氨酰氯溶液。室温反应完全后用二氯甲烷萃取，合并有机相，干燥，减压蒸干溶剂即得*cis*－**8d**。

将化合物*cis*－**8d**与溴代丁二酰亚胺(NBS)发生重排化反应，即得*cis*－**6d**。将*cis*－**6d**重新溶解于二氯甲烷中，加入吗啡啉作为催化剂，微热反应后。通过硅胶柱层析收集组分($V_{石油醚}$:$V_{乙酸乙酯}$=2∶1)，甲醇重结晶后即得终产物*cis*－**7d**。(2*S*,3*S*,5a*S*,10aS)-3-(2-甲基丙基)-5a,6,7,8-四氢-1H-螺[二吡咯并[1,2-a:1′,2′-d]吡嗪-2,3′-二氢吲哚]-2′,5,10(3H,10aH)-三酮(cis-7d)白色针状固体,其产率为47.21%,熔点为150~151℃。

综上所述,利用氧化重排法成功得到了一类烷基取代的螺环吲哚二酮哌嗪化合物,结晶诱导非对称转化(CIAT)过程可以对中间体产物的立体构型进行拆分重建,保证了终产物的立体专一性。

(五)一类开环吲哚二酮哌嗪类化合物的合成

在上述合成过程中,得到了4个以脂肪醛为底物的螺环吲哚二酮哌嗪类化合物。然而,在以相同步骤进行以芳香醛为底物的螺环吲哚二酮哌嗪类化合物的合成实验中,并未得到螺环产物,最终形成了一系列开环吲哚二酮哌嗪类化合物,这与3.2节中合成得到的开环吲哚二酮哌嗪化合物的取代基位置有所不同,前者取代基在二酮哌嗪结构母核上,后者取代基在吲哚结构母核上,以下是这几种化合物的合成过程[见式(5-38)]。

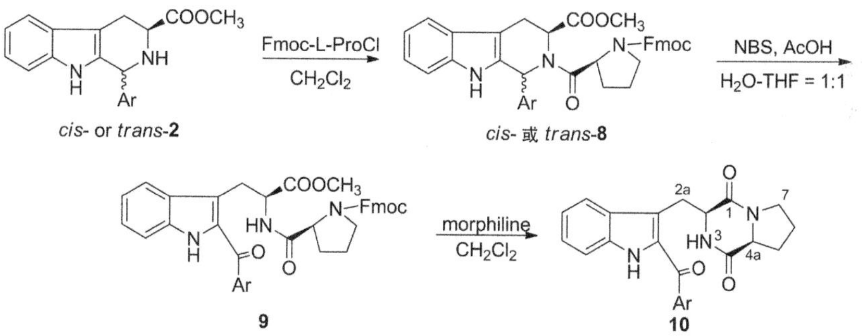

$$(5-38)$$

1. 10e 的合成

10e 的合成见式(5-39)。

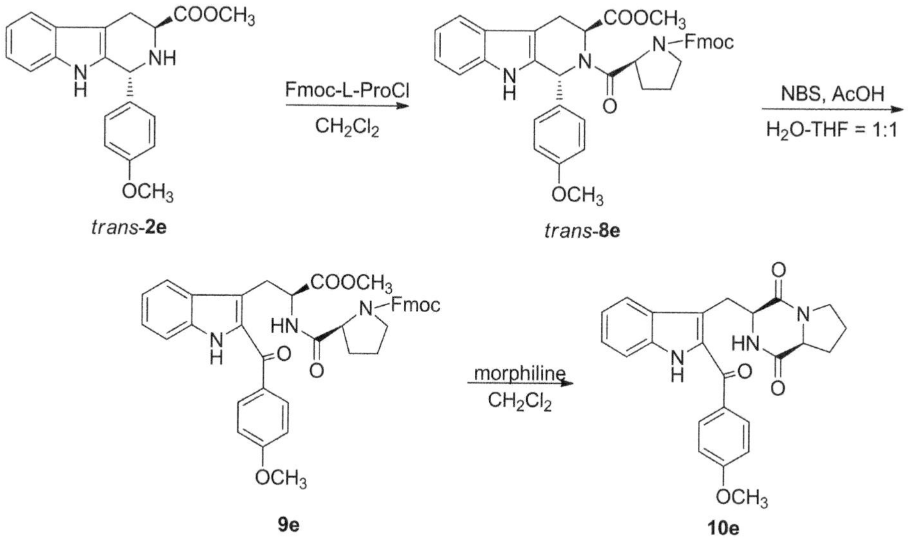

$$(5-39)$$

以 0.84 g(2.5 mmol)*trans* - **2e** 为底物与 1.07 g(3 mmol)Fmoc - L -脯氨酰氯发生 Schotten - Baumann 反应得到二肽中间体 *trans* - **8e**。将 *trans* - **8e** 与 0.87 g(5 mmol)溴代丁二酰亚胺(NBS)进行氧化重排反应得到中间体 **9e**。再将 **9e** 重新溶解于 50 mL 二氯甲烷中,加入 5 mL 吗啡啉作为催化剂,微热反应 1 h 后减压蒸馏除去溶剂。通过硅胶柱层析收集组分($V_{石油醚}:V_{乙酸乙酯}=2:1$),甲醇重结晶后即得终产物 **10e**,(3S,8aS)-3-((2-(4-甲氧基苯甲酰-1H -吲哚-3-基))甲基)六氢吡咯并[1,2-a]吡嗪-1,4-二酮(**10e**)淡黄色晶体,其产率为 55.24%,熔点为 181~183℃。

2. 10f 的合成

10f 的合成见式(5-40)。

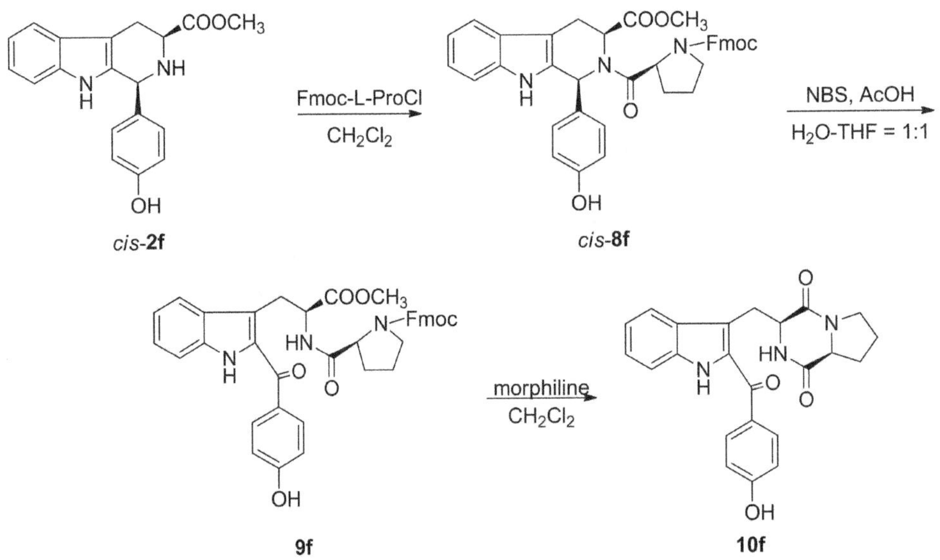

(5-40)

以 0.81 g(2.5 mmol)*cis* - **2f** 为底物与 1.07 g(3 mmol)Fmoc - L -脯氨酰氯发生 Schotten - Baumann 反应得到二肽中间体 *cis* - **8f**。将 *cis* - **8f** 与 0.87 g(5 mmol)溴代丁二酰亚胺(NBS)进行氧化重排反应得到中间体 **9f**。再将 **9f** 重新溶解于 50 mL 二氯甲烷中,加入 5 mL 吗啡啉作为催化剂,微热反应 1 h 后减压蒸馏除去溶剂。通过硅胶柱层析收集组分($V_{石油醚}:V_{乙酸乙酯}=2:1$),甲醇重结晶后即得终产物 **10f**,(3S,8aS)-3-((2-(4-羟基苯甲酰-1H -吲哚-3-基))甲基)六氢吡咯并[1,2-a]吡嗪-1,4-二酮(**10f**)淡黄色晶体,其产率为 56.37%,熔点为 173~174℃。

3. 10g 的合成

10g 的合成见式(5-41)。

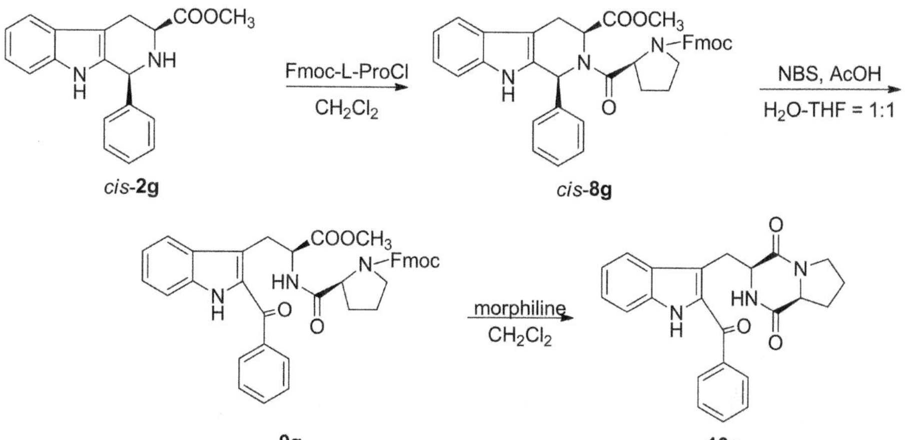

cis-**2g**　cis-**8g**　**9g**　**10g**

(5－41)

以 0.77 g(2.5 mmol)*cis* －**2g** 为底物与 1.07 g(3 mmol)Fmoc－L－脯氨酰氯发生 Schotten－Baumann 反应得到二肽中间体 *cis* －**8g**。将 *cis* －**8g** 与 0.87 g(5 mmol)溴代丁二酰亚胺(NBS)进行氧化重排反应得到中间体 **9g**。再将 **9g** 重新溶解于 50 mL 二氯甲烷中，加入 5 mL 吗啡啉作为催化剂，微热反应 1 h 后减压蒸馏除去溶剂。通过硅胶柱层析收集组分($V_{石油醚}$∶$V_{乙酸乙酯}$＝2∶1)，甲醇重结晶后即得终产物 **10g**，(3*S*，8a*S*)－3－((2－苯甲酰－1*H*－吲哚－3－基)甲基)六氢吡咯并[1，2－*a*]吡嗪－1，4－二酮 (**10g**) 黄绿色晶体，其产率为 67.29％，熔点为175～177℃。

4. 10h 的合成

10h 的合成见式(5－42)。

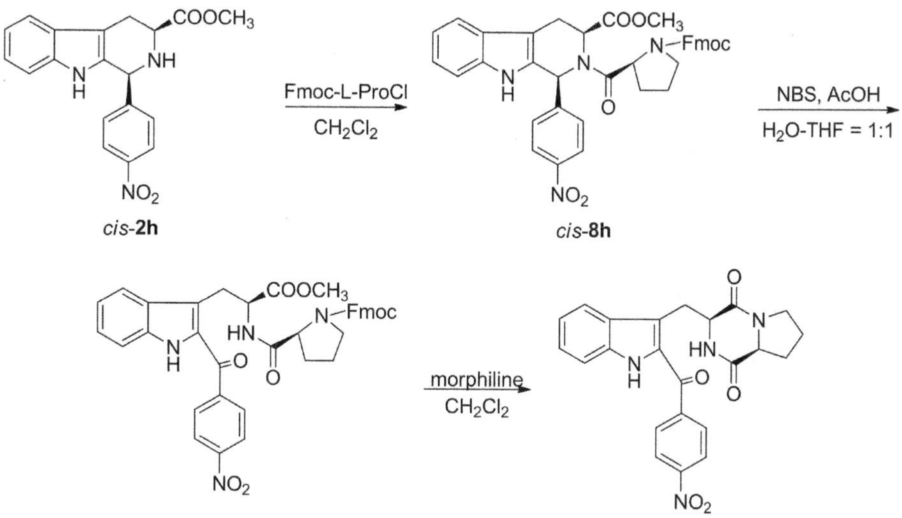

cis-**2h**　cis-**8h**　**9h**　**10h**

(5－42)

以 0.88 g(2.5 mmol)*cis* －**2h** 为底物与 1.07 g(3 mmol)Fmoc－L－脯氨酰氯发生 Schotten－Baumann 反应得到二肽中间体 *cis* －**8h**。将 *cis* －**8h** 与 0.87 g(5 mmol)溴代丁二酰亚胺(NBS)进行氧化重排反应得到中间体 **9h**。再将 **9h** 重新溶解于 50 mL 二氯甲烷中，加入 5 mL 吗啡啉作为催化剂，微热反应 1 h 后减压蒸馏除去溶剂。通过硅胶柱层析收集组分($V_{石油醚}$∶$V_{乙酸乙酯}$＝2∶1)，甲醇重结晶后即得终产物 **10h**，(3*S*，8a*S*)－3－((2－(4－硝基苯甲酰－1*H*－吲哚-3-基))甲基)六氢吡咯并[1,2-a]吡嗪-1,4-二酮（**10h**）棕色晶体,其产率为59.20%,熔点为186~187℃。

通过上述实验可以看出,NBS氧化重排法的反应结果与反应底物有很大关系,但是总体的规律性较好,可以根据目标产物结构选择不同类型底物进行合成。

(六)反应机理及产物结构表征分析

1. 结晶诱导非对称转化(CIAT)实验条件及反应机理讨论

结晶诱导非对称转化(CIAT)是近年来逐渐应用到手性拆分中的技术,它克服了传统拆分过程中半数以上异构体的损失,具有能提高收率的优点。该转化的进行需要满足以下条件:

(1)反应能够发生的化学环境较易实现;

(2)拆分手段稳定而且较为高效,如加入手性催化剂、辅助性溶剂、手性助剂或者酶等;

(3)异构体中至少有一种能够产生结晶;

(4)分离纯化过程中不会发生产品的分解;

(5)对映异构体相互间不会出现可导致分离无法实现的共结晶现象。

本实验中关于手性中间体 **2**-HCl 的拆分即使用该方法。经过实验发现,在硝基甲烷和甲苯混合溶液中回流可以将两种异构体进行转化和分离。得到其中一种异构体在室温下溶解性较差,通过减压抽滤即可将其分离。由于不同取代基的 **2**-HCl 间存在着溶解性的差异,故对混合溶剂的比例进行了最优的选择,并且所得到的异构体种类也不相同(通过 ^1H -^1H NOESY 确证,即 1-H 与 3-H 是否相关),这取决于异构体之间相对溶解性。具体的混合溶剂配比和得到的化合物手性见表 5-1。

表 5-1　混合异构的 2-HCl 经 CIAT 转化后得到的化合物
cis-或 trans-2-HCl 的情况

序　号	溶剂 CH_3NO_2/甲苯(体积比)	T/h	构　型	产率/(%)
2a-HCl	1:1	20	cis-	87.82
2b-HCl	1:1	20	cis-	84.41
2c-HCl	1:1	20	cis-	87.44
2d-HCl	1:1	20	cis-	84.20
2e-HCl	1:1	8	trans-	88.11
2f-HCl	1:1	10	cis-	82.11
2g-HCl	1:10	20	cis-	87.09
2h-HCl	1:1	8	cis-	86.89
2i-HCl	1:1	12	cis-	83.99
2j-HCl	1:4	8	cis-	80.63
2k-HCl	1:8	24	cis-	71.03
2l-HCl	1:1	12	trans-	87.32

在 CIAT 反应初期,在瓶壁有紫色固体出现,认为可能是化合物的共轭体系延长导致。由此可知,结合文献可以进一步确认该转化可能的机理如图 5 - 7 所示。在 CIAT 过程中,C — N 键断裂后形成 C - sp² 杂化的过渡态中间体,之后在重新成键时,由于该碳原子为一平面结构,氮原子可以从不同方向进攻该碳原子,从而导致发生构型转化。

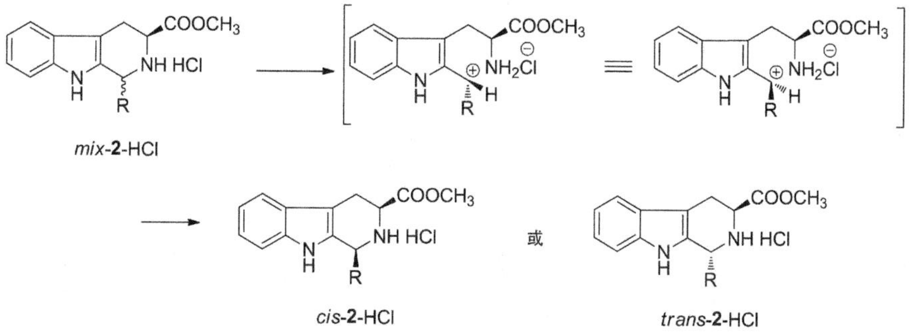

图 5 - 7　CIAT 可能的转化机理

在用硝基甲烷-甲苯混合液洗涤固体时,应用与 CIAT 过程一致的配比,从而达到最小的产物损失。

2. NBS 重排化的实验条件及反应机理讨论

在经过 Schotten - Baumann 反应后,对四氢-β-咔卟啉环进行了重排反应,分别得到一系列螺环化产物和吲哚-2-取代的开环化合物。由两个反应的 1-取代结构不难发现,当 1-位取代基无共轭效应的烷基时,反应朝向 NBS -螺环重排化反应进行;当 1-位取代基为具有共轭效应的芳基时,反应朝向 NBS -开环重排化反应进行。由此推断,NBS 重排反应的机理如图 5 - 8 所示。

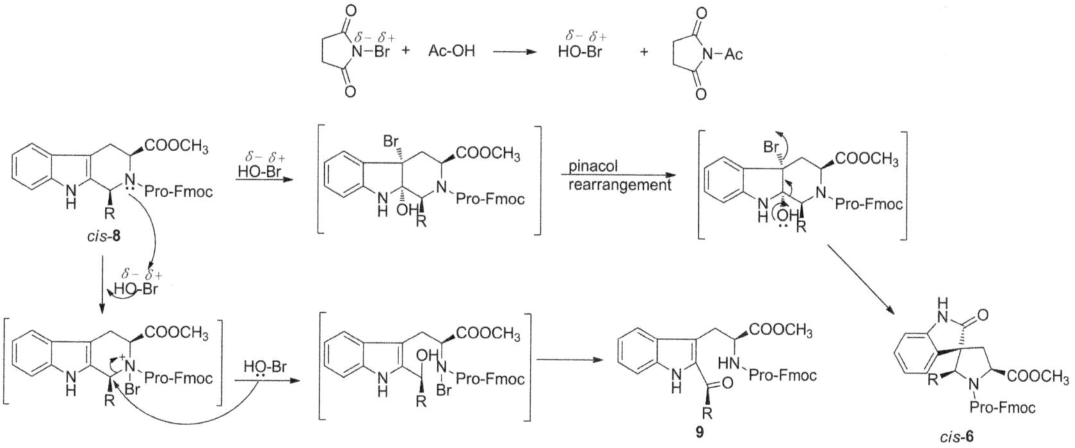

图 5 - 8　NBS 重排化可能的机理

由 NBS 与冰醋酸提供一个 HOBr,然后其异裂并进攻吲哚环 2,3 -位的双键,此后在该位置发生重排,当 1-位受共轭效应较小(R -为烷基时),1 - C 会重排至吲哚环的 3 -位形成螺环(类 pinacol 重排机理);当 1-位受共轭效应较小(R -为芳基时),由于共轭效应,C—N 键发生异裂使 1-位碳原子成 sp^2 杂化的碳正离子并与芳环共轭形成稳定中间体,而后 HO—Br 进攻 C^+,而后经过一系列迁移过程后形成开环化合物 **9**(亲加成机理)。

反应中,将溶剂水与四氢呋喃的配比调整为 1∶1(体积比),并严格控制反应初期的温度在 0℃左右,这样能够得到结构较为单一而减少副反应的发生。在反应结束后,用少量无水亚硫酸钠淬灭反应后并进行反应液的处理,使溶液不至于在高温和改变溶液性质的过程中发生继发反应。

3. 中间体及终产物结构表征分析

(1)1-芳基-1,2,3,4-四氢-β-咔啉-3-羧酸甲酯的结构表征分析如下:

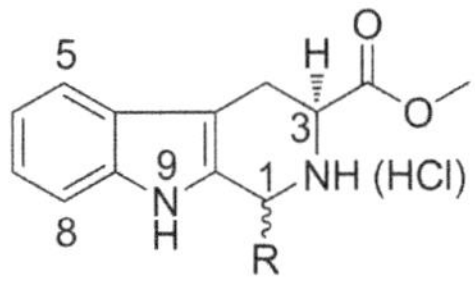

分析测试得到化合物 **2a~2l** 盐酸盐的核磁数据(见表 5-2)和熔点及元素分析数据(见表 5-3)。通过 ^{1}H NMR 数据可以看到,在 $\delta=7\sim9$ 处有一单峰即为吲哚环上的—NH 信号,而另一个—NH 信号则因干燥不彻底或被溶剂交换而不易得到。在 $\delta=6.5\sim8$ 处的信号多为芳环上的氢信号,且多呈现非单峰状态。当 R-为芳基时,在 $\delta=5.5$ 左右有一单峰即为 1-H 信号,此信号的出现表示四氢-β-咔啉环的形成;当 R-为烷基时,出现在 $\delta=4.0$ 左右且因与烷基邻位氢耦合会呈现 d 峰或 t 峰甚至 dd 峰。成环后,因为咔啉环具有刚性结构,故 C4 两个氢原子化学环境并不相同,因此就产生两个化学位移的峰,且耦合常数并不相同。另外,通过 ^{1}H-^{1}H NOESY 图谱可以判断 1-位的相对构型。由于原料 L-色氨酸为 S 构型,则可以间接决定其绝对构型。若存在 1-H 和 3-H 的相关性信号,则可确定该化合物是顺式构型(cis-),反之则为反式构型(trans-)。化合物的立体化学相关性如图 5-9 所示。

表 5-2 化合物 2a~2l (-HCl)的核磁数据

化合物	R 基	^{1}H NMR	^{13}C NMR	^{1}H-^{1}H NOESY
2a-HCl	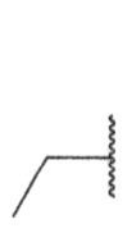	^{1}H NMR (400 MHz, DMSO-d_6)δ:11.33(s,1H),10.21(s,1H),9.87(s,1H),7.50(d,J=7.1 Hz,1H),7.39(d,J=7.4 Hz,1H),7.13(t,J=7.2 Hz,1H),7.05(t,J=6.9 Hz,1H),4.68(d,J=7.2 Hz,1H),4.56(t,J=5.2 Hz,1H),3.87(s,3H),3.28(dd,J=15.2,4.9 Hz,1H),3.16~3.01(m,1H),2.38~2.32(m,1H),2.09~2.05(m,1H),1.10(t,J=7.3 Hz,3H)	^{13}C NMR (101 MHz,DMSO-d_6)δ:169.53,136.96,130.27,126.02,122.36,119.62,118.55,111.94,105.28,55.44,55.31, 53.54, 46.85,24.31,10.04	1-H(3-H,4-H_a),3-H(1-H,4-H_a),4-H_a(4-H_b,1-H,3-H),4-H_b(4-H_a,3-H)

续　表

化合物	R 基	^{1}H NMR	^{13}C NMR	^{1}H –^{1}H NOESY
2b – HCl		^{1}H NMR（400 MHz, DMSO - d_6）δ：11.36（s,1H）,10.28（s, 1H）,9.94（s,1H）,7.49（d, $J=$ 7.8 Hz,1H）,7.39（d, $J=8.0$ Hz, 1H）,7.13（t, $J=7.5$ Hz,1H）, 7.03（t, $J=7.4$ Hz,1H）,4.72（d, $J=7.2$ Hz,1H）,4.52（t, $J=5.2$ Hz,1H）,3.86（s,3H）,3.28（dd, $J=15.6,4.7$ Hz,1H）,3.14～3.02 （m,1H）,2.31～2.22（m,1H）, 2.05～2.01（m,1H）,1.69～1.45 （m,2H）,1.00（t, $J=7.3$ Hz,3H）	^{13}C NMR（101 MHz, DMSO - d_6）δ：169.50, 136.94,130.50,126.02, 122.29,119.62,118.50, 111.94,105.09,55.42, 53.84, 53.48, 33.37, 22.74,18.46,14.32	1 - H（3 - H,4 - H_a）,3 - H（1 - H, 4 - H_a）,4 - H_a（4 - H_b,1 - H,3 - H）, 4 - H_b（4 - H_a,3 - H）
2c – HCl		^{1}H NMR（400 MHz, DMSO - d_6）δ：11.38（s,1H）,10.29（s, 1H）,9.94（s,1H）,7.49（d, $J=$ 7.8 Hz,1H）,7.39（d, $J=8.1$ Hz, 1H）,7.13（t, $J=7.5$ Hz,1H）, 7.03（t, $J=7.3$ Hz,1H）,4.71（t, $J=4.3$ Hz,1H）,4.52（d, $J=7.2$ Hz,1H）,3.86（s,3H）,3.28（dd, $J=15.6,4.5$ Hz,1H）,3.13～3.03 （m,1H）,2.33～2.28（m,1H）, 2.20～1.94（m,1H）,1.67～1.30 （m,4H,2$'$ - H）,0.95（t, $J=7.2$ Hz,3H）	^{13}C NMR（101 MHz, DMSO - d_6）δ：169.51, 136.94,130.51,126.02, 122.29,119.60,118.50, 111.95,105.08,55.43, 54.04, 53.47, 30.99, 27.05, 22.73, 22.57, 14.27	^{1}H –^{1}H NOESY data：1 - H（3 - H,4 - H_a）,3 - H （1 - H,4 - H_a）, 4 - H_a（4 - H_b,1 - H,3 - H）,4 - H_b （4 - H_a,3 - H）
2d – HCl		^{1}H NMR（400 MHz, DMSO - d_6）δ：11.27（s,1H）,10.20（br s, 1H）,9.96（br s,1H）,7.48（d, $J=$ 7.8 Hz,1H）,7.38（d, $J=8.0$ Hz, 1H）,7.13（t, $J=7.7$ Hz,1H）, 7.03（t, $J=7.3$ Hz,1H）,4.78（s, 1H）,4.53（t, $J=8.4$ Hz,1H）,3.86 （s,3H）,3.30（dd, $J=16.0,4.7$ Hz,1H）,3.03（ddd, $J=14.4,$ 11.9,1.64 Hz,1H）,3.11～2.00 （m,1H）,1.98～1.89（m,1H）, 1.06（d, $J=5.2$ Hz,3H）,1.00（d, $J=5.3$ Hz,3H）	^{13}C NMR（101 MHz, CDCl$_3$）δ：169.75, 136.90,130.73,126.02, 122.40,119.70,118.54, 111.99,104.94,55.39, 53.53, 52.00, 40.72, 40.19, 23.94, 22.97, 21.99	1 - H（3 - H,4 - H_a）,3 - H（1 - H,4 - H_a）,4 - H_a （4 - H_b,1 - H, 3 - H）,4 - H_b（4 - H_a,3 - H）

续　表

化合物	R 基	^{1}H NMR	^{13}C NMR	^{1}H-^{1}H NOESY
2e	H$_3$CO—⬡—‖	^{1}H NMR (400 MHz,CDCl$_3$) δ: 7.65 (br s,1H),7.46 (d,J=6.96 Hz,1H),7.14~7.10 (m,1H), 7.09~7.01 (m,4H),6.74 (d,J= 8.52 Hz,2H),5.22 (s,1H),3.85 (t,J=6.10 Hz,1H),3.68 (s, 3H),3.61 (s,3H),3.16 (dd,J= 15.36 Hz,5.24 Hz,1H),3.01 (dd, J=15.28 Hz,6.88 Hz,1H),2.38 (br s,1H)	^{13}C NMR (101 MHz, CDCl$_3$) δ: 174.22, 159.43,136.13,134.14, 133.63,129.60,127.02, 121.91,119.49,118.24, 114.05,110.93,108.34, 55.35, 54.31, 52.52, 52.16,24.68	1-H (4-H$_b$), 3-H (4-H$_a$),4-H$_a$(4-H$_b$,3-H),4-H$_b$(4-H$_a$,1-H)
2f	HO—⬡—‖	^{1}H NMR (400 MHz,DMSO-d_6) δ: 10.23 (s,1H),9.34 (s,1H),7.34 (d,J=7.6 Hz,1H), 7.13 (d,J=7.9 Hz,1H),7.06 (d, J=8.4 Hz,2H),6.89 (dt,J=14.7, 7.1 Hz,2H),6.67 (d,J=8.3 Hz, 2H),5.03 (s,1H),3.78 (dd,J= 11.0,4.0 Hz,1H),3.65 (s,1H), 2.94 (dd,J=14.6,3.1 Hz,1H), 2.73 (t,J=13.8 Hz,1H)	^{13}C NMR (101 MHz, DMSO-d_6) δ: 174.80, 158.88,138.09,137.71, 134.05,131.52,128.38, 122.41,120.15,119.32, 116.86,113.01,108.55, 59.05, 58.09, 53.59, 27.28	1-H (3-H,4-H$_b$),3-H (1-H,4-H$_a$),4-H$_a$(4-H$_b$,1-H,3-H),4-H$_b$(4-H$_a$,3-H)
2g	⬡—‖	^{1}H NMR (400 MHz,CDCl$_3$) δ: 7.58 (s,1H),7.57 (d,J=2.0 Hz, 1H),7.49 (s,2H),7.43~7.38 (m,14H),7.24 (dd,J=6.5,2.3 Hz,3H),7.21~7.13 (m,6H), 5.27 (s,3H),4.01 (dd,J=11.2, 4.2 Hz,3H),3.84 (s,9H),3.27 (ddd,J=15.1,4.1,1.6 Hz,3H), 3.14~2.95 (m,3H),2.48 (s,3H)	^{13}C NMR (101 MHz, CDCl$_3$) δ: 172.91, 140.40,135.82,134.38, 128.69,128.34,126.79, 121.66,119.34,117.92, 110.64,108.61,58.39, 56.59,52.00,25.41	1-H (3-H,4-H$_b$),3-H (1-H,4-H$_a$),4-H$_a$(4-H$_b$,1-H,3-H),4-H$_b$(4-H$_a$,3-H)
2h	O$_2$N—⬡—‖	^{1}H NMR (400 MHz,CDCl$_3$) δ: 8.13 (d,J=8.56 Hz,2H),7.51 (d,J =8.52 Hz,2H),7.47 (d,J=7.16 Hz,1H),7.38 (br s,1H),7.18~7.12 (m,1H),7.11~7.03 (m,2H),5.30 (s,1H),3.90 (dd,J=11.12,4.08 Hz, 1H),3.75 (s,3H),3.18 (dd,J= 14.24,2.64 Hz,1H),2.95 (dd,J= 15.12,11.24,2.16 Hz,1H),2.49 (br s,1H)	^{13}C NMR (101 MHz, CDCl$_3$) δ: 172.84, 148.16,147.97,136.28, 132.90,129.54,126.79, 124.08,122.39,119.90, 118.35,110.98,109.45, 57.99, 56.50, 52.38, 25.41	1-H (3-H,4-H$_a$),3-H (1-H,4-H$_a$),4-H$_a$(4-H$_b$,1-H,3-H),4-H$_b$(4-H$_a$,3-H)

续　表

化合物	R 基	¹H NMR	¹³C NMR	¹H –¹H NOESY
2i	H₃CO HO	¹H NMR (400 MHz,CDCl₃) δ：7.54 (m,1H),7.52 (br s,1H),7.24 (dd,J=6.64 Hz,1.40 Hz,1H),7.16~7.08 (m,2H),6.89~6.81 (m,3H),5.14 (s,1H),3.95 (dd,J=11.12 Hz,4.08 Hz,1H),3.80 (s,3H),3.76 (s,3H),3.21 (dd,J=15.08 Hz,2.56 Hz,1H),2.99 (ddd,J=14.92 Hz,11.32 Hz,2.04 Hz,1H)	¹³C NMR (101 MHz,CDCl₃) δ：173.19,146.99,145.88,136.01,134.94,132.44,127.11,121.83,121.47,119.54,118.16,114.23,110.91,110.56,108.61,58.61,56.90,55.94,52.22,25.55	1 – H (3 – H,4 – Hₐ),3 – H (1 – H,4 – Hₐ),4 – Hₐ (4 – H_b,1 – H,3 – H),4 – H_b (4 – Hₐ,3 – H)
2j	NO₂	¹H NMR (400 MHz,CDCl₃) δ：7.93~7.90 (m,1H),7.90 (dd,J=8.16,1.14 Hz),7.78 (d,J=7.28 Hz),7.53~7.60 (m,2H),7.45~7.53 (m),7.26 (s,1H),7.17 (m,2H),5.79 (s,1H),4.04 (dd,J=4.46,2.00 Hz,1H),3.86 (s,3H),3.31 (dd,J=13.56 Hz,2.00 Hz,1H),3.13 (dd,J=14.76 Hz,11.28 Hz,1H)	¹³C NMR (101 MHz,CDCl₃) δ：170.39,150.08,145.35,143.37,136.30,133.64,123.64,123.97,122.42,122.39,119.84,118.39,111.11,106.41,101.13,59.32,56.23,52.54,25.56	1 – H (3 – H,4 – Hₐ),3 – H (1 – H,4 – Hₐ),4 – Hₐ (4 – H_b,1 – H,3 – H),4 – H_b (4 – Hₐ,3 – H)
2k		¹H NMR (400 MHz,CDCl₃) δ：7.67 (br s,1H),7.58 (d,J=6.92 Hz,1H),7.30~7.12 (m,7H),5.39 (s,1H),4.00 (t,J=6.48 Hz,1H),3.74 (s,3H),3.21 (ddd,J=19.44,15.40,5.20 Hz,2H),2.97~2.89 (m,1H),2.40 (br s,1H),1.27 (d,J=6.88 Hz,6H)	¹³C NMR (101 MHz,CDCl₃) δ：174.11,148.80,139.29,136.08,133.39,128.29,126.96,126.73,121.81,119.40,118.15,110.83,108.34,54.62,52.46,52.03,33.78,24.65,23.93	1 – H (3 – H,4 – Hₐ),3 – H (1 – H,4 – Hₐ),4 – Hₐ (4 – H_b,1 – H,3 – H),4 – H_b (4 – Hₐ,3 – H)
2l		¹H NMR (400 MHz,DMSO – d₆) δ：10.57 (s,1H),7.28 (d,J=7.7 Hz,1H),7.18 (d,J=8.0 Hz,1H),6.92 (t,J=7.5 Hz,1H),6.84 (t,J=7.4 Hz,1H),4.03 (s,1H),3.87 (s,1H),3.49 (s,3H),2.82 (d,J=4.9 Hz,2H),2.59 (s,1H),2.23~2.02 (m,1H),0.96 (d,J=6.9 Hz,3H),0.63 (d,J=6.7 Hz,3H)	¹³C NMR (101 MHz,DMSO – d₆) δ：174.47,135.84,135.50,126.60,120.23,118.06,117.24,110.75,105.84,53.92,53.11,51.43,31.63,24.20,19.48,16.68	1 – H (4 – H_b),3 – H (4 – Hₐ),4 –Hₐ (4 – H_b,3 – H),4 – H_b (4 – Hₐ,1 – H)

表 5 - 3　化合物 2a～2l (－HCl)的熔点及元素分析数据

化合物	分子式	熔点/℃	元素分析结果/(%),分析值(计算值)		
			C	H	N
2a－HCl	$C_{15}H_{19}N_2O_2Cl$	146～149	61.11(61.12)	6.47(6.50)	9.47(9.50)
2b－HCl	$C_{16}H_{21}N_2O_2Cl$	155～156	62.21(62.23)	6.87(6.85)	9.08(9.07)
2c－HCl	$C_{17}H_{23}N_2O_2Cl$	161～163	63.23(63.25)	7.17(7.18)	8.69(8.68)
2d－HCl	$C_{17}H_{23}N_2O_2Cl$	153～154	63.24(63.25)	7.16(7.18)	8.70(8.68)
2e	$C_{20}H_{20}N_2O_3$	213～215	71.40(71.41)	6.00(5.99)	8.31(8.33)
2f	$C_{19}H_{18}N_2O_3$	225～227	70.68(70.70)	5.60(5.62)	8.71(8.70)
2g	$C_{19}H_{18}N_2O_2$	221～222	74.58(74.56)	6.00(6.03)	9.16(9.15)
2h	$C_{19}H_{17}N_3O_4$	172～173	64.99(64.95)	4.87(4.88)	11.97(11.96)
2i	$C_{20}H_{20}N_2O_4$	178～180	68.21(68.17)	5.71(5.72)	7.96(7.95)
2j	$C_{19}H_{17}N_3O_1$	176～177	64.92(64.95)	4.89(4.88)	12.01(11.96)
2k	$C_{22}H_{24}N_2O_2$	146～147	75.80(75.83)	6.89(6.94)	8.09(8.04)
2l	$C_{16}H_{20}N_2O_2$	145～147	70.57(70.56)	7.37(7.40)	10.29(10.29)

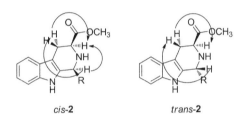

cis-2　　　　trans-2

图 5 - 9　化合物 2 的立体化学相关性

由表 5 - 2 ^{13}C NMR 数据可以看到,在 $\delta=170$ 以上出现一个甲酯羰基碳信号,于 $\delta=155\sim$ 100 处出现成簇的芳基碳信号。$\delta=54$ 附近出现的是 1 - C 信号(DEPT - 135 可以出现正向信号),而甲酯中甲氧基信号出现在 $\delta=52$ 左右。经过对比 DEPT - 135,可以将各类碳信号区分清楚。

(2)螺环吲哚二酮哌嗪终产物的结构表征分析如下:

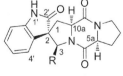

cis-7a～7d

分析测试得到化合物 7a～7d 的核磁数据(见表 5 - 4)和熔点及元素分析数据(见表5 - 5),^{13}C NMR 数据结合 DEPT - 135 可以看到,在 $\delta=56$ 左右出现一个季碳碳信号,即为 2 -螺碳原子的信号,由此可以判定已成功形成螺环结构,此处也为该类化合物的特征碳信号。在 $\delta=$ 190 以上处出现一个碳信号,这是 $2'$ - C 的信号,由于该位置酰胺基与苯环共轭,所以引起该碳化学位移偏向低场;于 $\delta = 170 \sim 160$ 处出现两个信号,即二酮哌嗪环生两个酰胺基的碳信号。$\delta = 140 \sim 110$ 出的 6 个碳信号为芳基碳信号。其余信号为其他饱和碳信号,可通过对比 DEPT - 135,HSQC 等图谱进一步确定其归属。

表 5 - 4　化合物 7a~7d 的核磁数据

化合物	R 基	^{1}H NMR	^{13}C NMR	^{1}H - ^{1}H NOESY
7a		^{1}H NMR (400 MHz, DMSO - d_6) δ: 10.59 (s,1H),7.36 (d,J = 7.08 Hz,1H),7.26 (t,J = 7.62 Hz, 1H),6.99 (t,J = 7.48 Hz,1H), 6.87(d,J = 7.64 Hz,1H),4.81 (t,J = 8.34 Hz,1H),4.40 (t,J = 7.86, 1H),3.78 (dd,J = 8.56,3.08 Hz, 1H),2.51 (m,3H),2.29~2.16 (m, 2H),2.05~1.95 (m,1H),1.92~ 1.80 (m,3H),1.72~1.63 (m,1H), 0.44 (t,J = 7.32 Hz,3H)	^{13}C NMR (101 MHz, DMSO - d_6) δ: 180.75, 168.34,166.54,142.64, 129.18,127.81,125.78, 122.10,110.10,63.66, 60.99, 58.45, 54.95 ($spiro$ - C),45.02,34.13, 27.90,23.70,23.65,11.21	1 - H$_a$ (1 - H$_b$),1 - H$_b$(1 - H$_a$,10a - H,3 - H),10a - H (1 - H$_b$,3 - H),3 - H (1 - H$_b$,10a - H),3a - H (4$'$- H),4$'$- H (3a - H)
7b		^{1}H NMR (400 MHz, DMSO - d_6) δ: 11.75 (s,1H),7.76 (d,J = 8.2 Hz,1H),7.47 (d,J = 8.3 Hz, 1H),7.31 (t,J = 7.6 Hz,1H),7.09 (t,J = 7.3 Hz,1H),4.41~4.35 (m,1H),4.15 (t,J = 7.6 Hz,1H), 3.66 (dd,J = 14.1,4.9 Hz,1H), 3.61~3.53 (m,1H),3.30 (dd,J = 14.2,7.8 Hz,1H),3.02 (td,J = 7.1,2.9 Hz,1H),2.10~2.02 (m, 1H),1.79~1.73 (m,1H),1.68 (dd,J = 14.7,7.4 Hz,1H),0.97 (t, J = 7.4 Hz,1H)	^{13}C NMR (101 MHz, DMSO - d_6) δ: 195.61, 170.00,166.10,136.75, 133.03,125.95,120.38, 117.84,113.05,58.88, 57.70 ($spiro$ - C),56.39, 45.29, 42.14, 27.89, 25.46, 24.43, 22.74, 17.54,14.15	1 - H$_a$ (1 - H$_b$),1 - H$_b$(1 - H$_a$,10a - H,3 - H),10a - H (1 - H$_b$,3 - H),3 - H (1 - H$_b$,10a - H),3a - H (4$'$- H),4$'$- H (3a - H)
7c		^{1}H NMR (400 MHz, DMSO - d_6) δ: 11.74 (s,1H),7.76 (d,J = 8.2 Hz,1H),7.47 (d,J = 8.3 Hz, 1H),7.31 (t,J = 7.6 Hz,1H),7.09 (t,J = 7.5 Hz,1H),4.37 (d,J = 6.0 Hz,1H),4.15 (t,J = 7.6 Hz,1H), 3.66 (dd,J = 14.1,4.8 Hz,1H), 3.43~3.27 (m,4H),3.09~3.00 (m,2H),2.09~2.02 (m,1H), 1.79~1.70 (m,3H),1.70~1.58 (m, 2H),1.38 (dq,J = 14.5,7.3 Hz,2H), 0.93 (t,J = 7.3 Hz,3H)	^{13}C NMR (101 MHz, DMSO - d_6) δ: 195.69, 169.99,166.10,133.03, 127.74,125.95,120.38, 117.84,113.04,58.88, 56.40 ($spiro$ - C),45.29, 41.11, 27.89, 26.14, 25.50, 25.47, 25.46, 22.74,22.29,14.37	1 - H$_a$ (1 - H$_b$),1 - H$_b$(1 - H$_a$,10a - H,3 - H),10a - H (1 - H$_b$,3 - H),3 - H (1 - H$_b$,10a - H),3a - H (4$'$- H),4$'$- H (3a - H)

续　表

化合物	R 基	^{1}H NMR	^{13}C NMR	^{1}H -^{1}H NOESY
7d		^{1}H NMR（400 MHz，DMSO - d_6）δ：11.14（s,1H），7.57（d,$J=$7.7 Hz,1H），7.37（d,$J=$8.0 Hz,1H），7.10～7.08（m,1H），7.04～6.99（m,1H），5.36（dd,$J=$8.8,4.3 Hz,1H），4.30～4.23（m,2H），3.51～3.27（m,4H），2.89（dd,$J=$15.6,11.9 Hz,1H），1.94～1.83（m,3H），1.61～1.54（m,1H），1.50～1.40（m,2H），0.98（d,$J=$6.2 Hz,3H），0.75（d,$J=$6.3 Hz,3H）	^{13}C NMR（101 MHz，DMSO - d_6）δ：182.39，169.57，166.14，135.54，126.33，121.31，119.27，118.31，111.86，58.96，56.48（$spiro$ - C），50.21，46.61，45.29，28.34，24.71,24.14,22.40,21.47	1 - H_a（1 - H_b），1 - H_b（1 - H_a，10a - H，3 - H），10a - H（1 - H_b，3 - H），3 - H（1 - H_b，10a - H），3a - H（$4'$ - H），$4'$ - H（3a - H）

表 5 - 5　化合物 7a～7d 的熔点及元素分析数据

化合物	分子式	熔点/℃	元素分析结果/（%），分析值（计算值）		
			C	H	N
7a	$C_{19}H_{21}N_3O_3$	133～134	67.25(67.24)	6.25(6.24)	12.37(12.38)
7b	$C_{20}H_{23}N_3O_3$	144～145	67.95(67.97)	6.55(6.56)	11.92(11.89)
7c	$C_{21}H_{25}N_3O_3$	157～159	68.65(68.64)	6.85(6.86)	11.42(11.44)
7d	$C_{21}H_{25}N_3O_3$	150～151	68.63(68.64)	6.88(6.86)	11.45(11.44)

由表 5 - 4 ^{1}H NMR 数据可以看到，在 $\delta=11$ 以上有一单峰即为吲哚环上的 $1'$ - NH 信号。在 $\delta=8$～6.5 出的信号为芳环上的氢信号，且多呈现非单峰状态。在 $\delta=4.3$ 左右有一 dd 或 t 峰即为 3 -位氢信号，此信号和螺碳信号的出现共同表示螺环的形成。成环后，因为此处五元环具有刚性结构，故 1 -位两个氢原子化学环境并不相同，因此就产生两个化学位移的峰，且耦合常数并不相同。另外，通过 ^{1}H -^{1}H NOESY 图谱可以判断 3 -位的相对构型。由于原料 L -色氨酸为 S 构型，则可以间接决定其绝对构型。若存在 10a - H 和 3 - H 的相关性信号，则可确定该化合物是顺式构型（cis -），反之则为反式构型（trans -）；3a -位原本应为两个相同化学环境的质子。但是，由于 5 -位羰基氧的强吸电子性和空间关系，其中一个 3a - H 与氧可形成氢键，而另一个质子则表现不同化学位移（略高场）；若存在 3a - H（高场）与 $4'$ - H 的相关信号，则可确定螺环的苯环与 R -基处于同侧。上述 4 个化合物均出现（10a - H，3 - H）和（3a - H，$4'$ - H）的相关信号，故可确定，2 -，3 -，5a -，10a -位均为 S 构型。化合物的立体化学相关性如图 5 - 10 所示。

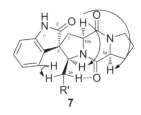

7

图 5 - 10　化合物 7 的立体化学相关性

（3）以芳香醛为底物的开环吲哚二酮哌嗪类化合物的结构表征分析如下：

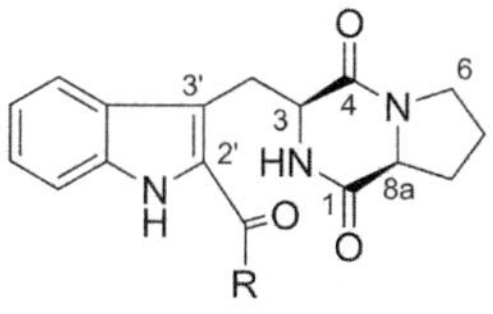

10e~10h

分析测试得到化合物 **10e～10h** 的核磁数据（见表 5－6）和熔点及元素分析数据（见表 5－7），^{13}C NMR 数据结合 DEPT－135 可以看到，在 $\delta=110$ 以下并未出现季碳碳信号，故可以判定未形成螺环结构。在 $\delta=190～185$ 处出现一个碳信号，这是与 R－基相连的羰基碳信号，由于该位置羰基两端分别于芳基相连且共轭，所以引起该碳化学位移偏向低场；于 $\delta=170～160$ 处出现两个信号，即二酮哌嗪环生两个酰胺基的碳信号。$\delta=140～110$ 出的碳信号为芳基碳信号。其余信号为其他饱和碳信号，可通过对比 DEPT－135，HSQC 等图谱进一步确定其归属。

表 5－6　化合物 10e～10h 的核磁数据

化合物	R 基	^{1}H NMR	^{13}C NMR
10e	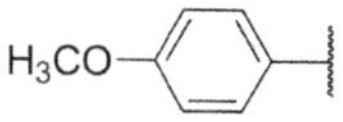 H$_3$CO—C$_6$H$_4$—	^{1}H NMR (400 MHz,CDCl$_3$) δ：9.22 (s,1H)，8.15 (s,1H)，7.90 (d,$J=8.2$ Hz,1H)，7.68 (d,$J=8.3$ Hz,2H)，7.51 (d,$J=8.3$ Hz,1H)，7.47～7.38 (m,1H)，7.27～7.21 (m,1H)，6.93 (d,$J=8.8$ Hz,2H)，4.30 (dd,$J=8.3,2.9$ Hz,1H)，3.96 (t,$J=7.5$ Hz,1H)，3.89 (s,3H)，3.72 (d,$J=5.3$ Hz,2H)，3.58 (dd,$J=8.3,5.3$ Hz,2H)，3.44 (dd,$J=14.5,8.6$ Hz,1H)，2.26 (ddd,$J=12.2,10.5,7.7$ Hz,1H)，2.01～1.84 (m,3H)	^{13}C NMR (101 MHz,CDCl$_3$) δ：187.58，169.79，165.93，163.63，136.49，132.91，132.40，130.31，127.50，126.30，121.15，121.04，119.56，113.96，112.44，59.07，56.55，55.61，45.38，27.94，24.83，22.79
10f	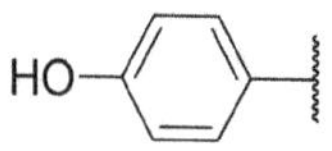 HO—C$_6$H$_4$—	^{1}H NMR (400 MHz,CDCl$_3$) δ：8.76 (s,1H)，8.23 (dq,$J=8.7,2.0$ Hz,2H)，7.82～7.75 (m,3H)，7.37～7.33 (m,2H)，7.10 (s,1H)，4.26 (dd,$J=8.4,3.8$ Hz,1H)，4.01 (q,$J=7.1$ Hz,1H)，3.86～3.82 (m,2H)，3.45 (dd,$J=10.4,5.6$ Hz,2H)，3.35 (dd,$J=14.5,8.5$ Hz,1H)，2.20～2.10 (m,1H)，1.89～1.67 (m,3H)，1.15 (t,$J=7.1$ Hz,2H)	^{13}C NMR (101 MHz,CDCl$_3$) δ：185.73，167.93，164.07，134.63，131.06，130.55，128.46，125.69，124.44，119.30，119.19，117.70，112.11，110.58，57.22，54.70，53.75，43.53，26.09，22.98，20.93
10g	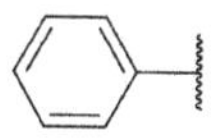 C$_6$H$_5$—	^{1}H NMR (400 MHz,CDCl$_3$) δ：9.42 (s,1H,indole－NH)，7.92 (d,$J=8.2$ Hz,1H)，7.90 (d,$J=5.6$ Hz,1H)，7.62～7.55 (m,3H)，7.53 (d,$J=8.3$ Hz,1H)，7.46～7.40 (m,3H)，7.26 (td,$J=7.6,0.6$ Hz,1H)，4.28 (dd,$J=8.2,3.2$ Hz,1H)，3.93 (t,$J=7.6$ Hz,1H)，3.87 (dd,$J=14.5,3.9$ Hz,1H)，3.62～3.52 (m,2H)，3.47 (dd,$J=14.5,12.4$ Hz,1H)，2.28～2.20 (m,1H)，2.00～1.80 (m,3H)	^{13}C NMR (101 MHz,CDCl$_3$) δ：189.0，169.9，165.8，137.8，136.8，132.9，132.5，129.9，128.7，127.6，126.7，121.3，121.2，120.3，112.6，59.0，56.6，45.4，27.9，24.9，22.7

续　表

化合物	R 基	^{1}H NMR	^{13}C NMR
10h	O$_2$N—苯环—	^{1}H NMR (400 MHz,CDCl$_3$) δ: 9.22 (s,1H), 8.15 (s,1H),7.90 (d,$J=8.2$ Hz,1H),7.68 (d, $J=8.3$ Hz,2H),7.51 (d,$J=8.3$ Hz,1H),7.47 ~7.38 (m,1H),7.27~7.21 (m,1H),6.93 (d,$J=8.8$ Hz,2H),4.30 (dd,$J=8.3$,2.9 Hz,1H), 3.96 (t,$J=7.5$ Hz,1H),3.89 (s,3H),3.72 (d, $J=5.3$ Hz,2H),3.58 (dd,$J=8.3$,5.3 Hz,2H), 3.44 (dd,$J=14.5$,8.6 Hz,1H),2.26 (ddd,$J=$ 12.2,10.5,7.7 Hz,1H),2.01~1.84 (m,3H)	^{13}C NMR (101 MHz,CDCl$_3$) δ: 187.84, 170.04, 166.18, 136.74, 133.17, 132.66, 130.57, 127.78, 126.55, 121.41, 121.30, 119.81, 114.22, 112.69, 59.33, 56.81, 55.86, 45.64, 28.20, 25.09, 23.04

表 5-7　化合物 10e～10h 的熔点及元素分析数据

化合物	分子式	熔点/℃	元素分析结果/(%),分析值(计算值)		
			C	H	N
10e	C$_{24}$H$_{23}$N$_3$O$_4$	181～183	69.07(69.05)	5.52(5.55)	10.06(10.07)
10f	C$_{23}$H$_{21}$N$_3$O$_4$	173～174	68.47(68.47)	5.23(5.25)	10.45(10.42)
10g	C$_{23}$H$_{21}$N$_3$O$_3$	175～177	71.33(71.30)	5.44(5.46)	10.85(10.85)
10h	C$_{23}$H$_{20}$N$_4$O$_5$	186～187	63.90(63.88)	4.64(4.66)	12.99(12.96)

由表 5-6 ^{1}H NMR 数据可以看到,在 $\delta=8.5$ 以上有一单峰即为吲哚环上的 $1'$-NH 信号;2-NH 信号则会由于溶剂和水的因素不易出现。在 $\delta=8$~6.5 出的信号为芳环上的请信号,且多呈现非单峰状态。在 $\delta=5.2$ 左右并未出现单峰氢信号,同样表示螺环并未形成。由于吲哚单元与二酮哌嗪单元见不再出现刚性结构,故 4-位两个氢原子化学环境相同,产生一个包含两个氢原子的 d 峰信号。另外,由于原料 L-色氨酸和 Fmoc-L-脯氨酸均为 S-构型,且反应中未发生围绕环二肽结构的构型反转现象,则可以确定 3-位和 8a-位均为 S-构型。

5.3.2　芳基取代的螺环吲哚二酮哌嗪的全合成

通过分析 5.3.1 节中 NBS 重排化的机理,NBS 重排化受底物中 1-位的共轭效应影响较大,当共轭效应较弱时,发生类 pinacol 重排反应;当共轭效应较强时,则会发生亲核加成,从而导致不同产物的产生。其中,通过芳醛缩合得到的 β-咔卟啉中间体,最终不能得到其相应的螺环中间体,因而也不能得到目标产物,而得到吲哚-2-取代的开环化合物。另外,该路线不能原位构建单一立体手性结构,必须借助 CIAT 的后处理方法,这导致中间体的产率有所下降。因此,为了获得结构特异性的螺吲哚酮吡咯烷中间体,得到芳香烃取代的螺环吲哚二酮哌嗪衍生物。综合上述两方面原因,考虑选择 1,3-偶极环加成反应,利用该反应的立体选择性,更简捷、高效地构建吡咯环,从而得到结构多样的螺吲哚酮吡咯烷中间体,开发更为简捷、高效的合成螺环吲哚二酮哌嗪衍生物的路线(见图 5-11)。

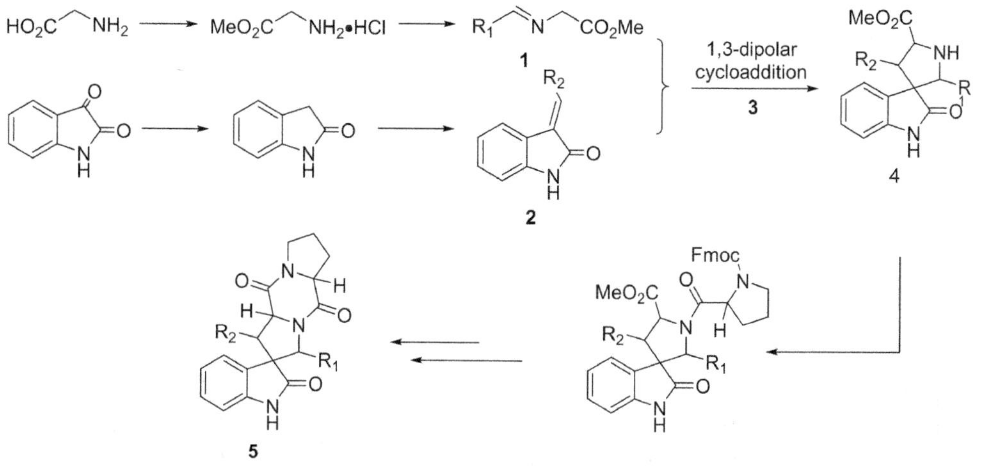

图 5 - 11　1,3 -偶极环加成合成 spirotryprostatin 类化合物的路线

1,3 -偶极子与各种亲偶极体的 1,3 -偶极环加成反应是合成五元氮杂环最有效的方法，1,3 -偶极环加成反应具有底物多样性和丰富的立体选择性。考虑首先构建螺吲哚酮吡咯烷结构，根据文献报道的 1,3 -偶极环加成方法，利用其控制反应的立体选择性，得到立体选择性好的螺吲哚酮吡咯烷结构。因此，选择亚甲胺叶立德作为 1,3 -偶极反应的偶极子，其廉价易得，制备方法简单，是［3＋2］环加成合成吡咯烷结构的最佳底物之一。选用甘氨酸甲酯与芳香醛合成得到亚胺，再经过脱水缩合反应是得到典型的亚甲胺叶立德（偶极子）的重要方法。1,3 -偶极环加成的另一个重要底物——亲偶极体，是一个重键体系，通常是烯或者炔。因此，考虑以 3 -芳亚基吲哚酮化合物为亲偶极体。这样，亚甲胺叶立德偶极子与具有芳环取代的亲偶极子的双键发生［3＋2］环加成反应，可以在一步形成两组碳-碳键构成吡咯环的同时，构建螺-碳原子，并引入芳环取代，得到取代各异的螺吲哚酮吡咯烷中间体。随后利用 N - Fmoc - L -脯氨酸酰氯与螺吲哚酮吡咯烷中间体发生 Schotten - Baumann 反应得到二肽中间体，再脱保护关环得到目标产物。该方案不仅可以开辟新的 spirotryprostatin 衍生物合成途径，亦为合成螺吲哚酮吡咯烷化合物提供了新的方法。

（一）亚甲胺叶立德 α -亚胺酯偶极体的合成

1. 偶极体 1a～1p 的合成路线

1,3 -偶极环加成中常用到叶立德，而由亚胺衍生物制备得到亚甲胺叶立德是其中重要的一种方法。利用氨基酸酯和各种醛类化合物脱水缩合即可得到常用型亚甲胺叶立德。该方法原料简便易得、步骤简单、条件温和且适用于各种含不同官能团的原料。除获取方法简便外，这类亚甲胺叶立德在合成中也具有反应活性高、底物适用范围广、反应产物更易实现后续衍生转化等优点。因此，以甘氨酸为原料，利用该方法合成可得到一系列 α -亚胺酯的亚甲胺叶立德（azomethine yildes）。其反应路线如图 5 - 12 所示。

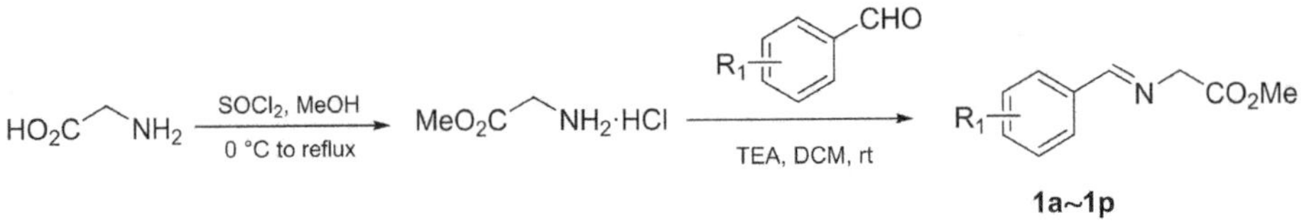

1a R=H；**1b** R=4-Cl；**1c** R=2-Cl；**1d** R=4-OMe；**1e** R=2-Br-5-Cl；

图 5-12　亚甲胺叶立德偶极体合成总路线

（1）甘氨酸甲酯盐酸盐的合成。甘氨酸甲酯盐酸盐的制备方法如下：向充分干燥并真空冷却的 250 mL 三口烧瓶中加入 50 mL 无水甲醇，安装顶端连接 $CaCl_2$ 干燥管的冷凝回流装置，置于 0 ℃ 冰浴，磁力搅拌下，恒压分液漏斗缓慢逐滴滴加 3.6 mL（50 mmol）氯化亚砜（滴速为 1 滴/3 s），待滴加完成，冰浴继续反应 1 h，之后撤去冰浴升温至室温，继续反应 40 min。加入甘氨酸 2.26 g（30 mmol），回流搅拌 4 h，待其冷却至室温，减压抽去溶剂和未反应的氯化亚砜，得淡黄色固体，加入 15～20 mL 乙醚，静置，抽滤上层清液，乙醚重复洗涤 3 次，真空干燥得到白色片状固体（即为甘氨酸甲酯盐酸盐）。

甘氨酸甲酯盐酸盐是白色片状固体，其质量为 3.5 g，产率为 93%。^{1}H NMR（400 MHz，DMSO-d_6）δ：8.46（s，3H，NH），3.80（s，2H，CH_2），3.74（s，3H，OCH_3）。^{13}C NMR（100 MHz，DMSO-d_6）δ：167.98，52.45，39.43。

（2）亚甲胺叶立德偶极体 α-亚胺酯 **1a**～**1e** 的合成。亚甲胺叶立德偶极体 α-亚胺酯的制备方法如下：将 50 mL DCM 溶剂加入充分干燥的 150 mL 三口烧瓶，再加入 1.78 g（14.8 mmol）无水硫酸镁，之后依次加入 1.85 g（14.8 mmol）甘氨酸甲酯盐酸盐和 2.0 mL 三乙胺，将此悬浊液室温搅拌 1 h，然后加入相应的芳香醛（15 mmol），继续于室温搅拌 24 h。待反应结束后，过滤除去无水硫酸镁，加入 30 mL 水静置分层、用（10 mL×3）DCM 萃取水相，将得到的有机相进行合并，用饱和 $NaHCO_3$ 溶液去除碱性杂质，水洗除去水溶性杂质，最后用饱和 NaCl 溶液盐析，经无水 $MgSO_4$ 干燥处理，即得产物亚甲胺叶立德偶极体。

2. 偶极体 1a～1e 的结构及实验结果

（1）N-苯基亚甲基-甘氨酸甲酯（**1a**）参照上述通用的制备方法，使用苯甲醛（1.59 g）与甘氨酸甲酯盐酸盐反应制备，得到黄色油状液体（1.61 g），产率为 91%。

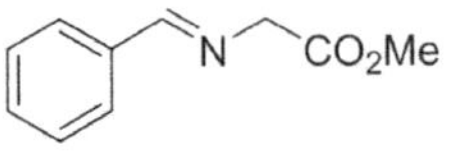

（2）N-（4-氯苯基亚甲基）-甘氨酸甲酯（**1b**）参照上述通用的制备方法，使用对氯苯甲醛（2.10 g）与甘氨酸甲酯盐酸盐反应制备，得到黄绿色油状液体（1.86 g），产率为 88%。

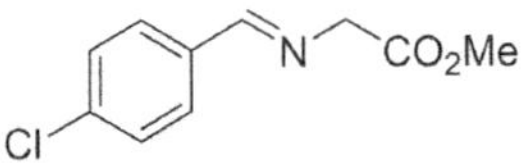

（3）N-（2-氯苯基亚甲基）-甘氨酸甲酯（**1c**）参照上述通用的制备方法，使用邻氯苯甲醛（2.10 g）与甘氨酸甲酯盐酸盐反应制备，得到黄色油状液体（1.58 g），产率为 83%。

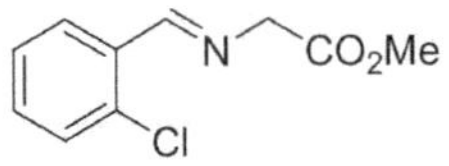

（4）N-（4-甲氧基苯基亚甲基）-甘氨酸甲酯（**1d**）参照上述通用的制备方法，使用对甲氧

基苯甲醛(2.04 g)与甘氨酸甲酯盐酸盐反应制备,得到白色油状液体(1.84 g),产率为 89%。

（5）N-(2-溴-5-氯苯基亚甲基)-甘氨酸甲酯(**1e**)参照上述通用的制备方法,使用 2-溴-5 氯苯甲醛(3.27 g)与甘氨酸甲酯盐酸盐反应制备,得到黄色油状液体(2.34 g),产率为 81%。

3. 偶极体 1b 的谱图解析

以化合物 N-(4-氯苯基亚甲基)-甘氨酸甲酯 **1b** 为例,进行谱图解析。从 ^{1}H NMR 谱图（见图 5-13）中可以看出,双键氢信号在 8.29 ppm 处,为一单峰,由于苯环与碳氮双键的共轭作用,电子云密度降低,屏蔽作用减弱,质子共振吸收移向低场,因此该氢化学位移值加大。7.75 ppm 与 7.74 ppm 出现相互耦合的两组 d 峰,耦合常数 $J=8.5$ Hz,因此为苯环上氢信号,其中 7.75 ppm 处出现的双峰,为苯环 2,6 位氢信号,环外双键的共轭作用,使这两个氢信号偏向低场,化学位移值较大。7.43 ppm 处的双重峰为苯环 3,5 位氢信号。位于 4.44 ppm 的信号则是亚甲基两个氢信号,3.81 ppm 处单峰为甲氧基氢信号。^{13}C NMR 谱中（见图 5-14）,170.37 ppm 是酯羰基上碳的信号,164.04 ppm 是双键碳信号。由于苯环上两组磁等价的碳原子,137.28～128.93 ppm 之间的 4 个碳信号为苯环上碳信号,61.82 ppm 和 52.16 ppm 则分别为亚甲基碳信号和甲基碳信号。

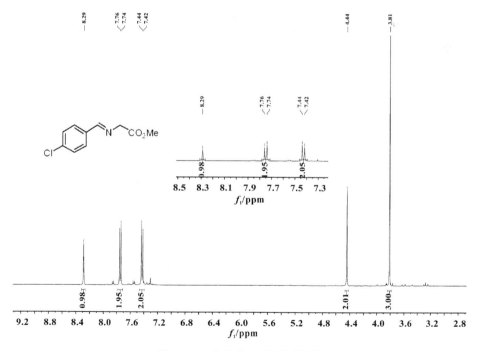

图 5-13　化合物 1b 的核磁氢谱

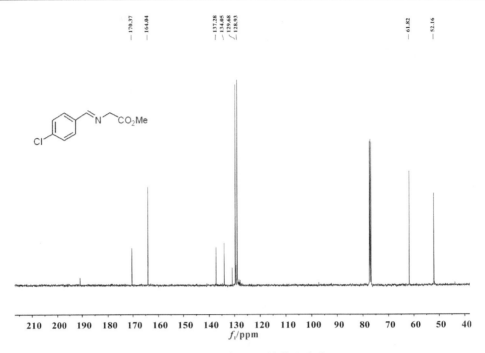

图 5-14 化合物 1b 的核磁碳谱

(二)3-芳亚甲基吲哚 2-酮类亲偶极体的合成

当前,合成 3-取代亚甲基吲哚-2-酮类化合物的方法主要有 Knoevenagel 缩合,微波促进 Knoevenagel 缩合,相转移催化,酶催化和功能离子液体法。综合文献报道,采用较为简便的 Knoevenagel 缩合的合成方法,利用廉价易得的 2-吲哚酮与芳醛缩合得到一系列 3-芳亚甲基吲哚 2-酮类亲偶极体。实验路线如图 5-15 所示。

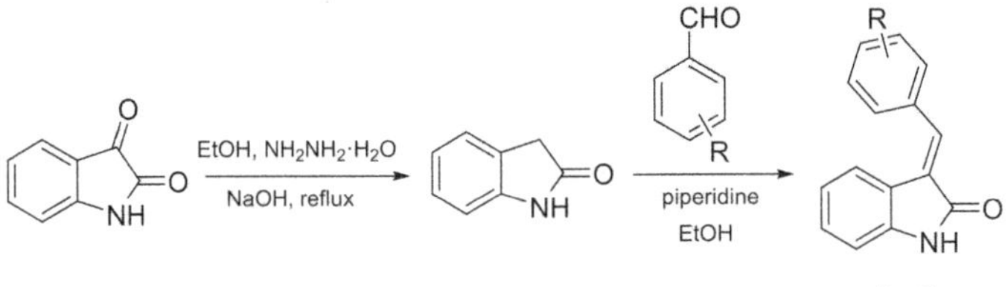

2a R=H;**2b** R=4-Cl;**2c** R=4-Br;**2d** R=4-F;**2e** R=4-Me;**2f** R=4-OMe;**2g** R=3,4-(Me)₂;
2h R=2-Cl;**2i** R=2-Br;**2j** R=2-F;**2k** R=3-Cl;**2l** R=3-Br;**2m** R=3-F;**2n** R=2-Br,5-OMe

图 5-15 氧化吲哚衍生物 2a～2n 的合成路线

1.2-吲哚酮的合成

实验方法:向充分干燥并真空冷却的 100 mL 圆底烧瓶中加入 50 mL 无水甲醇,安装顶端连接 CaCl₂ 干燥管的冷凝回流装置,加入 5.0 g(34 mmol)靛红和 13.85 mL(40 mmol)水合肼,磁力搅拌下回流反应 3 h。之后停止加热恢复至室温,再置于 0℃冰浴。加入 4 g(100 mmol) NaOH,升温回流后继续反应 1 h。反应停止后,冷却至室温,加入 100 mL 水,2 mol/L HCl 溶液,调节 pH=2,静置分层。DCM(20 mL×3)萃取水相,合并有机相,饱和 NaHCO$_3$溶液、水、饱和 NaCl 溶液洗涤。用无水硫酸镁干燥,减压抽滤,减压蒸馏滤液得到粗产品,经无水乙醇重结晶,真空干燥后得到白色固体,即为 1,3-二氢吲哚-2-酮,它可直接用于下步反应。

2-吲哚酮是白色固体(3.89 g),产率为 86%,熔点为 125~127℃。^{1}H NMR(400 MHz, CDCl$_3$)δ:8.22(s,1H,NH),7.30-7.16(m,2H,ArH),7.02(t,$J=7.5$ Hz,1H,ArH),6.88(d,$J=7.7$ Hz,1H,ArH),3.54(s,2H,CH$_2$);^{13}C NMR(100 MHz,CDCl$_3$)δ:176.7,141.8,127.4,124.8,124.2,121.9,109.1,76.7,35.6。

2. 3-芳亚甲基吲哚 2-酮类亲偶极体的合成

实验考察了反应溶剂与不同的碱性试剂等条件(见表 5-8),薄层色谱检测结果表明,碱性试剂选择哌啶时原料反应彻底,产物立体选择性好,主要得到 E 式构型的产物,极少量副产物可通过重结晶方法除去。而选择其他碱性试剂,TCL 检测杂点多,得到了较多 Z 式构型的副产物,产率低。另外,考察了甲醇、乙醇、二氯甲烷等溶剂,反应的结果差别不大。因此,选择较为环保且常用的乙醇作为溶剂。

表 5-8　不同碱和溶剂对反应的影响

序　号	溶　质	溶　剂	时间/h	产率/(%)
1	碳酸钠	乙醇	4	NR
2	三乙胺	乙醇	4	76
3	哌啶	乙醇	4	80
4	氢氧化钠	乙醇	4	60
5	哌啶	乙醇	8	85
6	哌啶	甲醇	8	60
7	哌啶	二氯甲烷	8	75
8	哌啶	苯	8	60
9	哌啶	甲苯	8	57
10	哌啶	DMF	8	40

3-芳亚甲基吲哚 2-酮化合物合成方法如下:向充分干燥并真空冷却的 250 mL 单口烧瓶中依次加入 100 mL 无水乙醇、1.33 g(10 mmol)2-吲哚酮,相应的芳香醛(12 mmol),哌啶 1 mL。安装顶端连接 CaCl$_2$ 干燥管的冷凝回流装置,升温至 80℃回流,反应 8 h。反应停止后,冷却至室温,减压蒸馏出少量乙醇,待旋蒸瓶中析出大量粗产品,冷却至室温,静置过夜,待产物结晶析出。之后,过滤析出晶体,用无水乙醇(20 mL×3)清洗沉淀,真空干燥后得到产物。

3. 亲偶极体 2a~2n 的结构及实验结果

参照上述制备方法,使用苯甲醛 1.27 g(12mmol)与甘氨酸甲酯盐酸盐反应制备,得到 1.99 g 黄色针状晶体(E)-3-苯亚甲基-2-吲哚酮 **2a**,其产率为 90%,其熔点为 177~179℃。

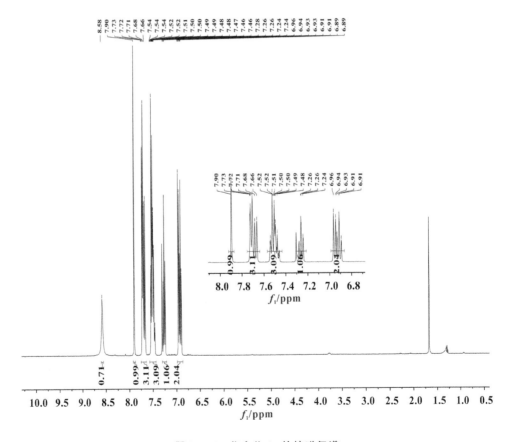

（E）- 3 -苯亚甲基- 2 -吲哚酮　2a

使用对氯苯甲醛、对溴苯甲醛、对氟苯甲醛、对甲基苯甲醛、对甲氧基苯甲醛、对 3,4 -二甲基苯甲醛、邻氯苯甲醛、邻溴苯甲醛、邻氟苯甲醛、间氯苯甲醛、间溴苯甲醛、间氟苯甲醛、间 2 -溴- 5 甲氧基苯甲醛与甘氨酸甲酯盐酸盐反应都得到了相应的吲哚酮衍生物（**2b～2n**），且产率都在 80％以上。

4. 亲偶极体 2a 的谱图解析

以化合物（E）- 3 -苯亚甲基- 2 -吲哚酮 **2a** 为例，对该类化合物进行谱图解析，**2a** 的[1]H NMR，^{13}C NMR 如图 5 - 16 和图 5 - 17 所示。

图 5 - 16　化合物 2a 的核磁氢谱

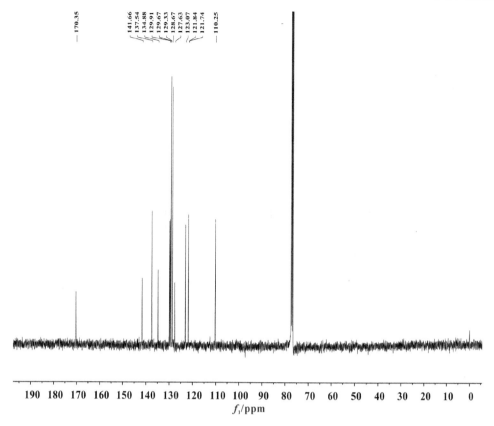

图 5 - 17　化合物 2a 的核磁碳谱

从 ^{1}H NMR 谱图(见图 5 - 16)中可以看出在 8.58 ppm 处有一单峰,为吲哚环上 N — H 的氢信号,吲哚环上苯环的共轭效应使得 N — H 的位移偏向了低场,化学位移值较大。在 7.90 ppm 处的单峰,为双键上的氢信号,证明了双键的形成。位于 7.73～6.89 ppm 的信号则 是两个苯环的氢信号。^{13}C NMR 谱(见图 5 - 17)中,170.4 ppm 是吲哚羰基碳的信号,通过 HSQC 可以判断,141.7 ppm 是双键次甲基的碳信号,相邻的苯环和羰基共轭效应使其位移偏 向低场,化学位移值增大,其余碳信号为两个苯环的碳信号。

由于 3 -芳亚甲基- 2 -吲哚酮类化合物结构中存在双键,因此该类化合物存在 E 式和 Z 式两种异构体,通过二维核磁共振谱图分析化合物的顺反异构情况。二维 NOE 谱简称 NOESY,它反映了有机化合物中不同碳氢核之间的相互关系,且不受氢核间化学键的数量影 响,因此对确定有机化合物的构型有着重要意义。在此,需要分析该类化合物吲哚苯环的 4 - H 与双键上氢和取代基苯环上 6′- H 的相关性。以化合物(E)- 3 -(4 -氯苯基亚甲基)- 2 -吲 哚酮(2b)为例分析该类化合物的立体构型。从化合物的 [1]H -^{1}H NOESY 谱图(见图 5 - 18)可 以看出,吲哚苯环的位于 7.64 ppm 处的 4 - H 与取代基苯环上位于 7.46 ppm 处的 6′- H 产生 了较强的 NOE 效应,在谱图上形成了一个交叉峰。而 4 - H 与双键氢未有任何相关性。据 此,推断化合物 2b 为 E 式构型(见图 5 - 19)。通过 [1]H -^{1}H NOESY 谱图进一步确定了所得 化合物 2a～2n 的几何构型,结果显示这 14 个化合物皆为 E 式构型。

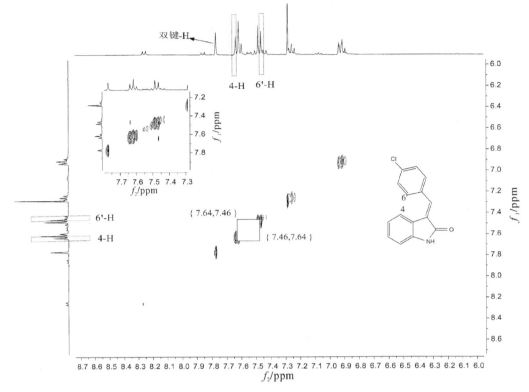

图 5 - 18 化合物 2b 的 $^1H-^1H$ NOESY 谱

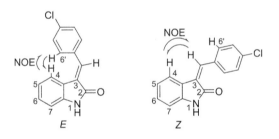

图 5 - 19 NOE 确定化合物 2b 几何构型

(三)螺吲哚酮吡咯烷中间体的合成

不对称催化亚甲胺叶立德 1,3 -偶极环加成在对映选择性构建吡咯烷骨架时是非常有效且原子经济性的,通常以手性双齿配体和单齿配体的 Cu(Ⅰ/Ⅱ),Ag(Ⅰ),Zn(Ⅱ),Ni(Ⅱ),Ca(Ⅱ)和 Co(Ⅱ)等配合物为催化剂,达到高对映选择性的合成该类化合物吡咯烷骨架(见图 5 - 20)。现已有大量关于这类手性金属配合物催化的亚甲胺叶立德与烯烃的不对称[3+2]环加成反应的报道。手性配体可以通过 O,N,P,S 等原子与金属的协同作用形成手性催化剂,达到对反应的对映选择性进行调控的目的。这些手性配体包括二茂铁膦氮配体、二茂铁硫膦配体、Binap 配体、Quinap 配体、Segphos 配体、双噁唑啉配体等(见图 5 - 21)。

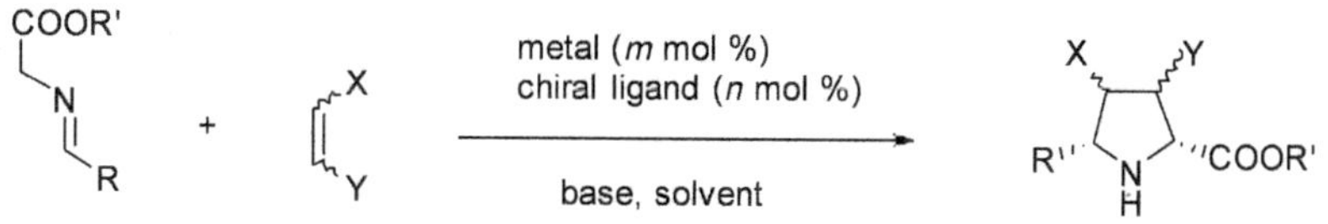

图 5 - 20　亚甲胺叶立德作为偶极体参与的 1,3 -偶极环加成反应

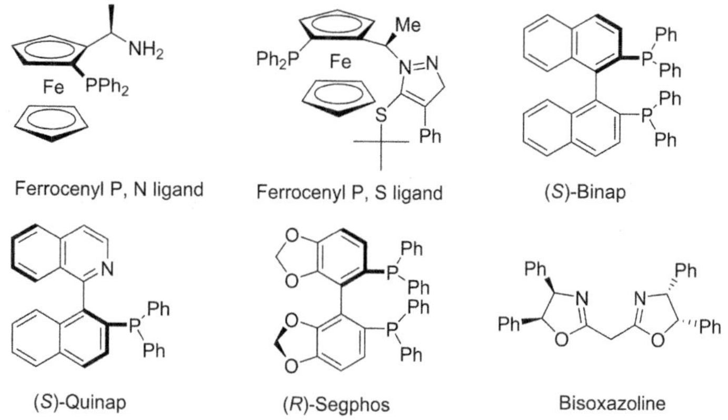

图 5 - 21　常用 1,3 -偶极环加成反应的手性配体

　　由于该反应的高效性和高对映选择性,亚甲胺叶立德偶极体 α -亚胺酯通过金属配合物催化的[3+2]环加成反应已被应用于螺吲哚酮吡咯烷的合成。2010 年,Waldmann 等报道了由 N,P -二茂铁配体和 CuPF₆(CH₃CN)₄ 的催化剂体系,高对映选择性合成了螺[二氢吲哚- 3,3′-吡咯烷]- 2 -酮类化合物[见式(5 - 43)]。2011 年,王春江课题组利用 AgOAc/TF - BiphamPhos 配合物,将氮原子上无保护基的 3 -亚烷基吲哚酮与亚甲胺叶立德催化不对称[3+2]环加成反应,得到了手性螺吲哚酮吡咯烷类化合物[见式(5 - 44)]。2012 年,Arai 课题组[51]利用醋酸镍与手性配体络合的催化剂 imidazoline - aminophenol[Ni(OAc)₂]非对映选择性合成了 exo′ 结构的螺吲哚酮吡咯烷[见式(5 - 45)]。

　　2015 年,Arai 小组又采用二(咪唑烷)吡啶(PyBidine)- Cu(OTf)₂ 络合物催化亚胺酯与亚烷基吲哚酮发生 1,3 -偶极环加成反应,得到另一种构型的螺吲哚酮吡咯烷化合物[见式(5 - 46)]。2016 年,Zhang 等利用一种手性硫脲季铵盐作为相转移催化剂也得到了螺吲哚酮吡咯烷化合物[见式(5 - 47)]。

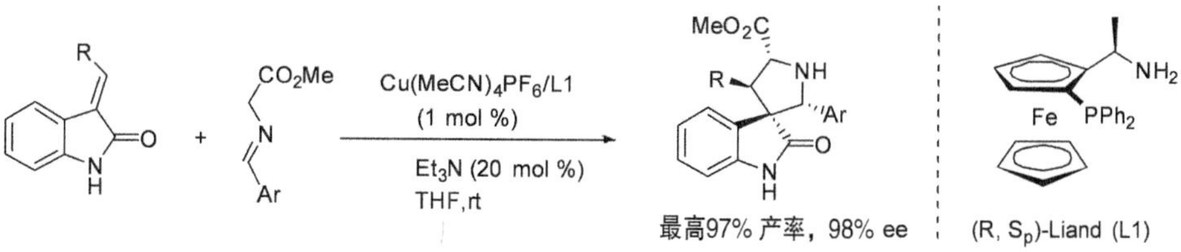

(5 - 43)

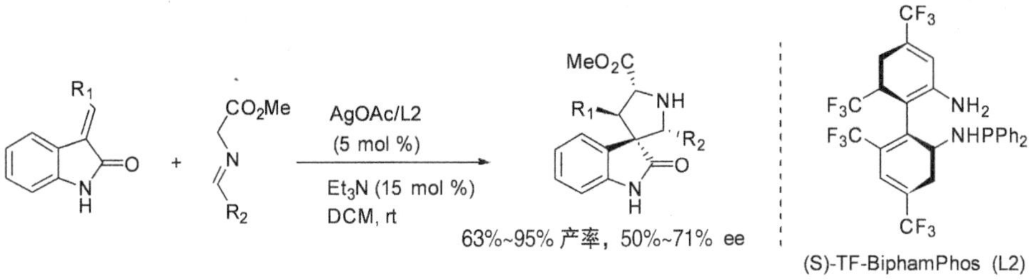

MeO$_2$C

R$_1$ + CO$_2$Me AgOAc/L2 (5 mol %) Et$_3$N (15 mol %) DCM, rt

63%~95% 产率, 50%~71% ee

(S)-TF-BiphamPhos (L2) （5－44）

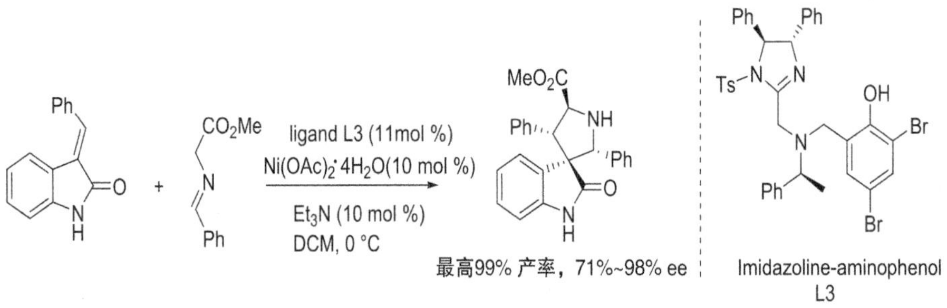

Ph + CO$_2$Me ligand L3 (11mol %) Ni(OAc)$_2$·4H$_2$O (10 mol %) Et$_3$N (10 mol %) DCM, 0 °C

最高99% 产率, 71%~98% ee

Imidazoline-aminophenol L3 （5－45）

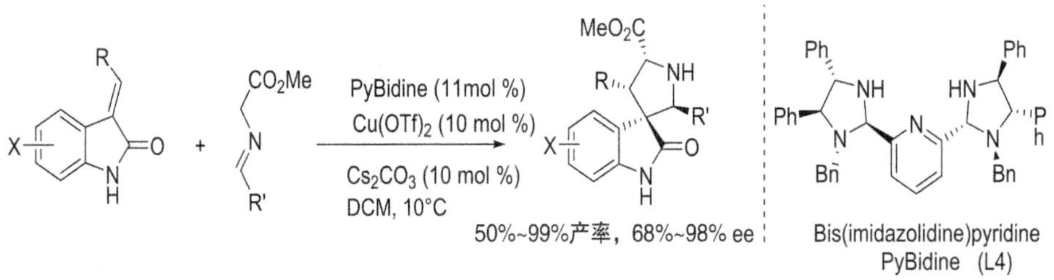

R + CO$_2$Me PyBidine (11mol %) Cu(OTf)$_2$ (10 mol %) Cs$_2$CO$_3$ (10 mol %) DCM, 10°C

50%~99%产率, 68%~98% ee

Bis(imidazolidine)pyridine PyBidine (L4) （5－46）

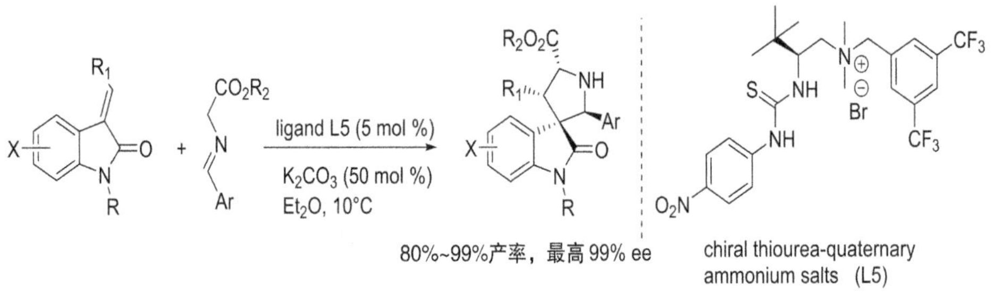

R$_1$ + CO$_2$R$_2$ ligand L5 (5 mol %) K$_2$CO$_3$ (50 mol %) Et$_2$O, 10°C

80%~99%产率, 最高99% ee

chiral thiourea-quaternary ammonium salts (L5) （5－47）

根据上述文献综述,1,3-偶极环加成反应应用于[3＋2]成环反应构建吡咯烷结构具有广泛研究,但是,α-亚胺酯叶立德与亚烷基吲哚酮通过手性金属配合物催化的1,3-偶极环加成反应构建螺吲哚酮吡咯烷结构的研究,文献报道较少。尽管亚甲胺叶立德[3＋2]环加成反应构建螺吲哚酮吡咯烷类化合物的研究已经取得了一些进展,但仍有部分类型催化体系活性较低,或立体选择性差,或手性配体昂贵,因此开发新型适用于[3＋2]环加成反应构建螺吲哚酮吡咯烷的手性配体仍值得深入研究。

1.手性配体的筛选

在调研文献的基础上,以 3 -芳亚甲基吲哚 2 -酮亲偶极体 **2a** 与亚甲胺叶立德偶极体 α -亚胺酯 **1a** 为底物进行了 1,3 -偶极环加成反应,对反应中的手性配体及金属盐进行了筛选,并且对反应的溶剂、温度等一系列反应条件进行了探讨。

以亚甲胺叶立德 N -苯基亚甲基-甘氨酸甲酯 **1a** 106.3 mg(0.6 mmol)为偶极体,(E)-3 -苯亚甲基-2 -吲哚酮 **2a** 110.6 mg(0.5 mmol)为亲偶极体,用 AgOAc 42.1 mg(物质的量分数为 5%)作为金属配体,手性配体 **3a~3h**(物质的量分数为 5%),在三乙胺 15%(物质的量分数)的催化下发生 1,3 -偶极环加成反应。反应体系进行氩气保护,室温下反应,考察了四氢呋喃、二氯甲烷、甲苯溶剂体系,利用薄层色谱 TLC 监测反应进度,计算反应的分离产率及对映体过量百分率(enantiomeric excess,ee%)。首先进行了 1,3 偶极环加成反应手性配体的筛选试验(见图 5 - 22 和图 5 - 23)。

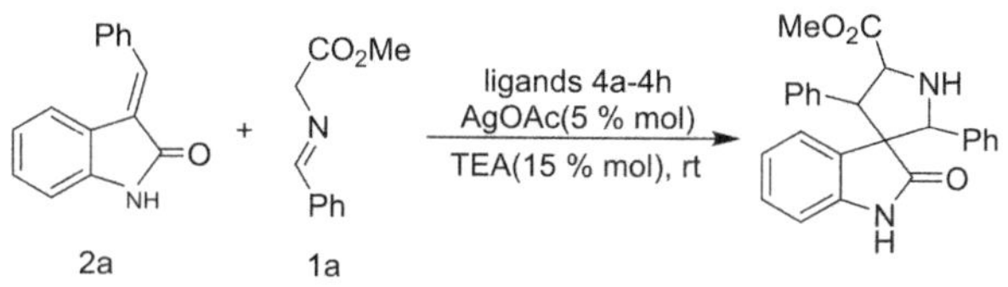

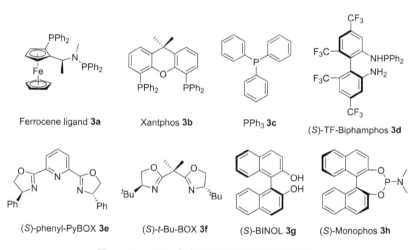

图 5 - 22　1,3 -偶极环加成方案

Ferrocene ligand **3a**　　　Xantphos **3b**　　　PPh₃ **3c**　　　(S)-TF-Biphamphos **3d**

(S)-phenyl-PyBOX **3e**　　　(S)-t-Bu-BOX **3f**　　　(S)-BINOL **3g**　　　(S)-Monophos **3h**

图 5 - 23　1,3 -偶极环加成反应的手性配体

表 5 - 9　1,3 -偶极环加成反应条件优化

序　号	配　体	溶　剂	产率/(%)	ee/(%)[a]
1	**3a**	THF	30	48
2	**3b**	THF	trance	n.d.
3	**3c**	THF	trance	n.d.
4	**3d**	THF	52	21

续　表

序　号	配　体	溶　剂	产率/(%)	ee/(%)[a]
5	**3e**	THF	11	23
6	**3f**	THF	43	88
7	**3g**	THF	trance	n.d.
8	**3h**	THF	62	92
9	**3d**	DCM	38	82
10	**3d**	Toluene	10	31
11	**3f**	DCM	26	79
12	**3h**	DCM	15	75
13	**3d**	Toluene	11	n.d.
14	**3f**	Toluene	trance	n.d.
15	**3h**	Toluene	10	77
16	**3f**[b]	THF	trance	n.d.
17	[c]	THF	trance	n.d.
18	[d]	THF	trance	n.d.

n.d.：未检测；

[a]：利用手性高效液相色谱法检测. [b]：反应无 AgOAc. [c]：反应无手性配体. [d]：反应无催化剂。

在以上反应条件下,从表 5-9 可以看出,采用手性配体 **3d**(序号 9),**3f**(序号 6),**3h**(序号 8)在金属配体 AgOAc 的辅助下都获得了中等至良好的收率,ee 值达到 71% 以上。因此,初步筛选了这 3 种手性配体,并分别进行了金属配体、催化剂用量、反应时间等因素的筛选与优化。

以亚甲胺叶立德 N-苯基亚甲基-甘氨酸甲酯 **1a** 与(E)-3-苯亚甲基-2-吲哚酮在手性金属配合物催化下发生了 1,3-偶极环加成反应,初步筛选出手性配体(S)-TF-BiphamPhos **3d**,(S)-t-Bu-Box **3f**,(S)-MonoPhos **3h**,及金属配体 AgOAc。对上述 3 种手性配体的催化条件分别又进行了探讨。

2.基于 3 种手性配体的 1,3-偶极环加成反应

Ⅰ 基于(S)-TF-Biphamphos 3d 的环加成反应如下：

(1)合成路线。以 N-苯基亚甲基-甘氨酸甲酯 **1a** 亚甲胺叶立德为偶极体,(E)-3-苯亚甲基-2-吲哚酮 **2a** 为亲偶极体,在手性配体(S)-TF-BiphamPhos **3d** 与金属配体 AgOAc 的催化体系下发生 1,3-偶极环加成反应,得到了一系列螺吲哚酮吡咯烷化合物。

具体合成方法如下：反应体系氩气保护,向充分干燥并真空冷却的 25 mL 单口烧瓶中依次加入 5 mL DCM,手性配体(S)-TF-BiphamPhos **3d** 39 mg(物质的量分数为 5%),AgOAc 4.2 mg(物质的量分数为 5%),先将催化体系在室温磁力搅拌 1 h,使其形成配合物催化体系。继续氩气保护下,加入碱 Et₃N 7.6 mg(物质的量分数为 15%),亲偶极体(E)-3-苯亚甲基-2-吲哚酮 **2a** 221 mg(1 mmol),偶极体 N-苯基亚甲基-甘氨酸甲酯 **1a** 212(1.2

mmol)于室温下继续反应 8 h,此时反应液的颜色由之前的黄色变为灰黑色,TLC 检测反应进度($V_{石油醚}$：$V_{乙酸乙酯}$＝10：4),当(E)-3-苯亚甲基-2-吲哚酮 **2a** 原料在薄板的点完全消失时,对比原料点在其下方得到一个新点,证明反应已经完全,此时停止反应。减压抽滤反应残渣,再减压蒸馏滤液,硅胶拌样,经中性氧化铝柱层析分离(洗脱剂 $V_{石油醚}$：$V_{乙酸乙酯}$＝10：3),得到白色固体 **4da**。通过这种方法得到了一系列螺吲哚酮吡咯烷化合物 **4d**(见图 5-24)。

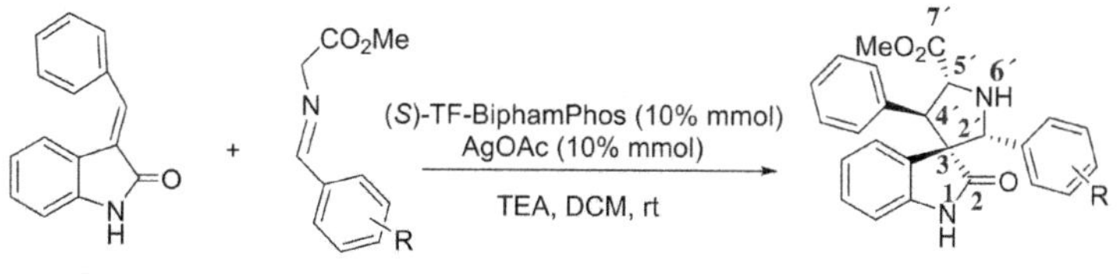

1a R＝H；**1b** R＝4-Cl；**1c** R＝2-Cl；**1d** R＝4-OMe；**1e** R＝2-Br-5Cl；**1f** R＝4-Br；**1g** R＝4-F；
1h R＝2-Br；**1i** R＝2-F；**1g** R＝3-Cl；**1k** R＝3-Br；**1l** R＝3-F

图 5-24　化合物 **4d** 的合成路线

(2)螺吲哚酮吡咯烷中间体 **4da**~**4dl** 的结构及实验结果如下:

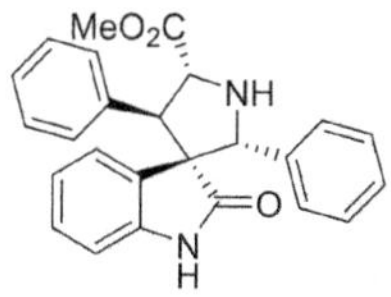

1)methyl(2′R,3S,4′R,5′R)-2-oxo-2′,4′-diphenylspiro[indoline-3,3′-pyrrolidine]-5′-carboxylate(**4da**)参照上述通用的制备方法,以吲哚酮衍生物 **2a** 221 mg(1 mmol)和叶立德 **1a** 212 mg(1.2 mmol)为底物,反应制备螺吲哚酮吡咯烷 **4da**,得到白色粉末(303 mg),其产率为 72%,熔点为 177~179℃,其核磁表征见表 5-10。ESI-HRMS(m/z)检测结果,$C_{25}H_{22}N_2O_3Na$[M＋Na]$^+$计算值:421.152 3,实验值:421.152 9。

表 5-10　化合物 **4da** 的核磁表征

位　置	δ_H mult.,J/Hz (400 MHz,CDCl$_3$)	δ_C (100 MHz,CDCl$_3$)
1	7.98 (s,1H) NH	
2		179.2
3		71.7
2′	5.04 (s,1H) CH	65.5
4′	4.66 (d,7.5,1H) CH	56.6
5′	4.78 (d,7.5,1H) CH	59.9
6′		172.4
7′	3.84 (s,3H,OCH$_3$)	52.1

续　表

位　置	δ_H mult., J/Hz (400 MHz,CDCl₃)	δ_C (100 MHz,CDCl₃)
Ph	7.32 (t,7.7,2H)ArH； 7.26 (d,7.0,2H)ArH； 7.10 (m,6H)ArH； 6.97 (d,7.4,1H)ArH； 6.70 (t,7.6,1H)ArH； 6.60 (d,7.6 Hz,1H)ArH； 6.07 (d,7.3 Hz,1H)ArH	140.5,138.5,134.7,128.4, 128.1,127.7,127.6,127.1, 125.9,124.7,122.1,108.9

2）**methyl（2′R，3S，4′R，5′R）- 2′-（4 - chlorophenyl）- 2 - oxo - 4′- phenylspiro［indoline - 3,3′- pyrrolidine］- 5′- carboxylate（4db）** 参照上述通用的制备方法，以吲哚酮衍生物 **2a** 221 mg（1 mmol）和叶立德 **1b** 253 mg（1.2 mmol）为底物，反应制备螺吲哚酮吡咯烷 **4db**，得到白色固体（295 mg），其产率为68%，熔点为137～139℃。其核磁表征见表5-11。ESI - HRMS（m/z）检测结果，$C_{25}H_{22}ClN_2O_3$［M＋H］⁺计算值：433.131 3，实验值：433.132 9。

表 5 - 11　化合物 4db 的核磁表征

位　置	δ_H mult., J/Hz (400 MHz,CDCl₃)	δ_C (100 MHz,CDCl₃)
1	7.43 (s,1H) NH	
2		178.2
3		70.9
2′	4.73 (s,1H) CH	65.2
4′	4.19 (d,4.9,1H) CH	55.7
5′	4.63 (d,4.9,1H) CH	63.1
6′		171.8
7′	3.86 (s,3H,OCH₃)	52.3
Ph	7.33 (t,7.2,3H)ArH； 7.24 (d,7.7,2H)ArH； 7.08 (dd,18.6,8.1,3H)ArH； 6.92 (d,8.5,2H)ArH； 6.71 (t,7.6,1H)ArH； 6.61 (d,7.7,1H)．ArH； 6.04 (t,7.3,1H)ArH	140.2,136.4,136.4,133.6, 133.1,129.7,128.3,128.1, 127.9,127.3,126.3,124.6, 121.9,109.1

3）methyl（2′R,3S,4′R,5′R)-2′-(2-chlorophenyl)-2-oxo-4′-phenylspiro[indoline-3,3′-pyrrolidine]-5′-carboxylate(4dc) 参照上述通用的制备方法,以吲哚酮衍生物 2a 221 mg（1 mmol）和叶立德 1c 253 mg（1.2 mmol）为底物,反应制备螺吲哚酮吡咯烷 4dc,得到白色固体(287 mg),其产率为 63%,熔点为 204~206℃,其核磁表征见表 5-12。ESI-HRMS（m/z）检测结果,$C_{25}H_{21}ClN_2O_3Na$ [M+Na]$^+$ 计算值：455.113 3,实验值：455.113 8。

表 5-12　化合物 4dc 的核磁表征

位　　置	δ_H mult., J/Hz (400 MHz, CDCl$_3$)	δ_C (100 MHz, CDCl$_3$)
1	8.12 (s,1H) NH	
2		177.1
3		65.9
2′	5.31 (s,1H) CH	59.9
4′	4.13 (d,1.5,1H) CH	56.1
5′	4.77 (d,1.5,1H) CH	63.2
6′		172.9
7′	3.74 (s,3H,OCH$_3$)	51.9
Ph	8.08 (s,1H)ArH;	170.7, 139.8, 136.2, 134.7,
	7.39~7.30 (m,1H)ArH;	133.1, 129.0, 128.8, 128.4,
	7.21~7.09 (m,6H)ArH;	128.2, 127.7, 127.5, 127.0,
	7.05 (d,7.8,3H)ArH;	126.4, 124.6, 121.5, 108.9
	6.97~6.91 (m,1H)ArH;	
	6.58 (d,7.7,1H)ArH	

4）methyl（2′R,3S,4′R,5′R)-2′-(4-methoxyphenyl)-2-oxo-4′-phenylspiro[indoline-3,3′-pyrrolidine]-5′-carboxylate(4dd) 参照上述通用的制备方法,以吲哚酮衍生物 2a(221 mg,1 mmol）和叶立德 1d(248 mg,1.2 mmol）为底物,反应制备螺吲哚酮吡咯烷 4dd,得到白色固体(329 mg),其产率为 73%,熔点为 164~166℃,其核磁表征见表 5-13。ESI-HRMS（m/z）检测结果,$C_{26}H_{24}N_2O_4Na$ [M+Na]$^+$ 计算值：451.162 8,实验值：451.163 5。

表 5-13 化合物 4dd 的核磁表征

位　　置	δ_H mult., J/Hz (400 MHz,CDCl$_3$)	δ_C (100 MHz,CDCl$_3$)
1		
2		179.3
3		71.6
2′	4.89 (s,1H) CH	65.6
4′	4.18 (d,4.2,1H) CH	56.7
5′	4.84 (d,4.2,1H) CH	63.5
6′		172.6
7′	3.88 (s,3H) OCH$_3$	52.0
7 - Ar - OMe	3.70 (s,3H) OCH$_3$	54.5
Ph	7.34 (p,6.7,5.9,5H)ArH;	158.6,140.5,138.6,131.9,
	7.20 (s,1H)ArH;	128.4,128.3,127.9,127.7,
	7.14 (s,1H)ArH;	127.1,127.0,124.6,122.0,
	7.04 (t,7.4,1H)ArH;	112.9,109.2
	6.94 (d,8.7,2H)ArH;	
	6.67 (dd,7.7,4.7,3H)ArH;	
	6.60 (d,7.9,1H)ArH;	
	5.90 (d,7.7,1H)ArH	

5）methyl（2′S,3S,4′R,5′R）- 2′-（2 - bromo - 5 - chlorophenyl）- 2 - oxo - 4′- phenylspiro［indoline - 3,3′- pyrrolidine］- 5′- carboxylate（4de）参照上述通用的制备方法，以吲哚酮衍生物 2a 221 mg（1 mmol）和叶立德 1e 347 mg（1.2 mmol）为底物，反应制备螺吲哚酮吡咯烷 4de，得到白色固体（353 mg），其产率为 69％，熔点为 194～196℃，其核磁表征见表 5 - 14。ESI - HRMS（m/z）检测结果，C$_{25}$H$_{21}$BrClN$_2$O$_3$［M＋H］$^+$计算值：511.041 9，实验值：511.042 3。

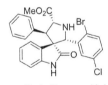

表 5 - 14 化合物 4de 的核磁表征

位　　置	δ_H mult., J/Hz (400 MHz,CDCl$_3$)	δ_C (100 MHz,CDCl$_3$)
1	8.25 (s,1H) NH	
2		175.5
3		76.7
2′	5.20 (s,1H) CH	62.8
4′	4.18 (d,10.1,1H) CH	55.7
5′	4.83 (d,10.1,1H) CH	67.7

续　表

位　置	δ_H mult., J / Hz (400 MHz, CDCl$_3$)	δ_C (100 MHz, CDCl$_3$)
$6'$		172.6
$7'$	3.76 (s, 3H) OCH$_3$	52.0
Ph	7.72 (s, 1H) ArH;	140.6, 139.5, 133.3, 133.1,
	7.33 (dd, 8.4, 2.9 Hz, 1H) ArH;	132.5, 130.1, 129.5, 128.6,
	7.26 (d, 7.0, 1H) ArH	128.2, 128.0, 127.5, 127.2

参照上述通用的制备方法,以吲哚酮衍生物 **2a** 和叶立德 **1f**、**1g**、**1h**、**1i**、**1j**、**1k**、**1l** 发生反应,分别得到了相应的螺吲哚酮吡咯烷中间体(**4df**、**4dg**、**4dh**、**4di**、**4dj**、**4dk**、**4dl**),其产率均在 60% 以上。

(3) 螺吲哚酮吡咯烷中间体 4dc 的谱图解析

1)核磁谱图:以化合物($2'R$,$3S$,$4'R$,$5'R$)-$2'$-(4-溴苯)-2-羰基-$4'$-苯螺[吲哚-3,$3'$-吡咯烷]-$5'$-羧酸甲酯 **4df** 为例,进行谱图解析。从 ^{1}H NMR 谱图(见图 5-25)可以看出,吲哚环 1-NH 为活泼氢,化学位移值较大,可判断为 7.92 ppm 处的单峰,而 $6'$-NH 的氢由于太活泼,通常和溶液中的活泼氢快速交换而不能得到其氢信号。7.32～6.10 ppm 出现的多重峰为芳香氢信号,积分得氢个数为 13,可推测为 $2'$-位、$4'$-位取代基苯环及吲哚苯环氢信号。4.71 ppm 的单峰为 $2'$-位叔碳氢信号,苯环共轭效应使得该处氢的化学位移偏向低场。$5'$-位和 $4'$-位叔碳,由于相互耦合作用,表现为形成两组 d 峰信号,因此可推测为耦合常数 $J = 5.2$ Hz 的 4.6 ppm 和 4.2 ppm 两组氢信号,这两处氢的化学位移都偏向低场是由于受苯环的共轭效应和酯基诱导效应。$7'$-位甲氧基的特征峰为 3.8 ppm 处的单峰。

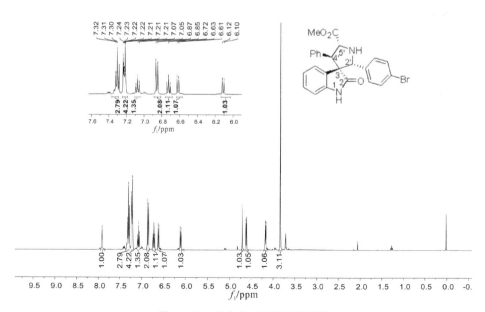

图 5-25　化合物 4df 的核磁氢谱

从 ¹³C NMR(见图 5 - 26)和 DEPT - 135 的对比图(见图 5 - 27)可以推测出,DEPT - 135 谱图中季碳不出峰,因此 ¹³C NMR 谱图中 63.44 ppm 处的碳信号为 3 -位螺碳的季碳信号。¹³C NMR 谱图中,178.77 ppm,172.57 ppm 的化学位移分别对应吲哚上 2 -位羰基碳与 6′-位碳信号,71.28 ppm 和 56.47 ppm 分别是 2′-位和 4′-位叔碳信号,7′-位甲氧基碳的特征峰信号为 52.08 ppm,其余碳信号则是两个苯环上的碳信号。

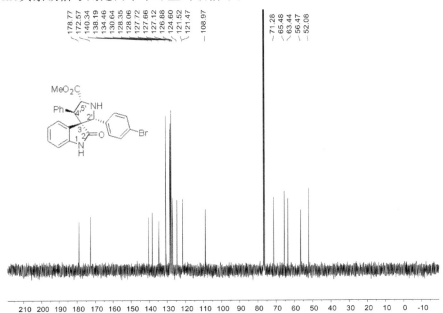

图 5 - 26　化合物 4df 的核磁碳谱

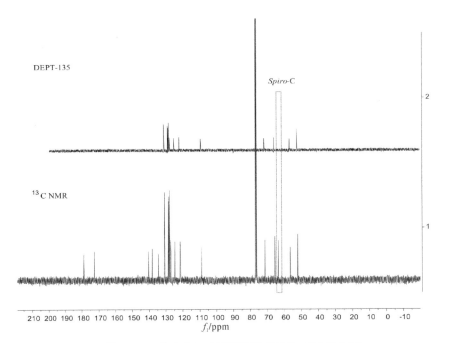

图 5 - 27　化合物 4df 的碳谱和 DEPT - 135 对比图

2)X 射线单晶衍射实验:为了确定化合物的绝对构型,对化合物 **4df** 进行了 X 射线单晶衍射实验(见图 5 - 28)。本实验采用溶剂挥发的方法制备单品,将样品先用少量二氯甲烷溶解,再逐滴滴加正己烷直到溶液开始出现浑浊,返滴氯仿使溶液刚好澄清,然后将试剂瓶用保鲜膜封口,并留有小孔,然后静置,让溶液慢慢挥发,直至晶体析出。选取符合测试尺寸大小的化合物 **4df** 的单晶置于单晶 X 射线衍射仪上。用经过石墨单色器单色化的 MoKα 射线($\lambda = 0.071$ 073 nm),50 kV,30 mA 以 XSCANS 程序寻找衍射峰后并精确测定出晶胞参数。以 $\omega - 2\theta$ 扫描方式,收集衍射数据,全部强度数据经 Lp 校正和吸收校正(MULTI - SCAN 程序 $SADABS$)。配体 H_2tud 的晶体结构采用程序 SHELXL - 97 由直接法解得。全部非氢原子经 Fourier 合成及差值电子密度函数修正,全部氢原子坐标从差值电子密度函数并结合几何分析获得。全部非氢原子坐标、各向异性温度因子和氢原子坐标及各向同性温度因子经最小二乘法修正至收敛;所有解析均采用 SHELXS - 97 和 SHELXL - 97 解析程序包完成。化合物 **4df** 的晶体学数据列于表 5 - 15。

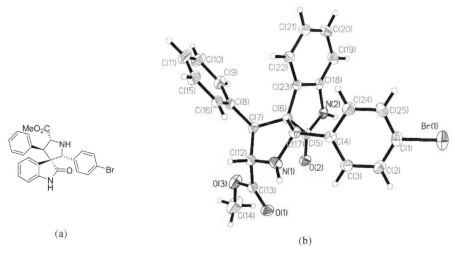

(a)　　　　　　　　　　(b)

图 5 - 28　4df 的 X 射线单晶衍射实验结果

(a) 化合物 **4df** 的结构;(b) 化合物 **4df** 的 X 射线衍射图,椭球率为 30%

表 5 - 15　化合物的晶体学数据表

	4df	**4fg**	**4ha**
化学式	$C_{25}H_{21}BrN_2O_3$	$C_{25}H_{21}ClN_2O_3$	$C_{25}H_{22}N_2O_3$
相对分子质量	477.35	433.89	398.44
晶形	块状	块状	块状
晶体颜色	无色	无色	无色
温度/K	293(2)	276(2)	273(2)
晶系	正交晶系	单斜晶系	单斜晶系
空间群	P2(1)2(1)2(1)	P2(1)/c	P2(1)/n
$a/Å$	10.295(4)	12.216 1(5)	10.276(2)
$b/Å$	11.247(3)	16.389 7(7)	12.966(3)

续　表

	4df	4fg	4ha
$c/Å$	18.818(7)	12.391 4(5)	17.121(3)
$\alpha(°)$	90	90	90
$\beta(°)$	90	108.917(3)	105.479(13)
$\gamma(°)$	90	90	90
$V/Å^3$	2 179.0(13)	2 346.98(17)	2 198.4(7)
密度/$(mg \cdot m^{-3})$	1.455	1.276	1.204
μ/mm^{-1}	1.916	0.196	0.080
$F(000)$	976	944	840
衍射点收集	23 119	24 769	25 016
R_{int}	0.027 9	0.087 7	0.103 4
参数	298	299	273
Goof	1.035	1.024	1.947
$R_1{}^a, wR_2{}^b[I > 2\sigma(I)]$	0.037 2,0.092 6	0.092 9,0.270 8	0.242 8,0.584 5
R_1, wR_2	0.052 8,0.099 0	0.161 9,0.344 8	0.329 3,0.623 3

$^a R_1 = \Sigma(|F_o| - |F_c|)/\Sigma|F_o|$; $^b wR_2 = [\Sigma w(F_o{}^2 - F_c{}^2)^2/\Sigma w(F_o{}^2)^2]^{1/2}$

单晶数据显示该类化合物螺环吡咯烷的立体构型为$(2'R,3S,4'R,5'R)$。其中偶极体的苯环即 $2'$-苯环与偶极体的甲氧基即 $5'-CO_2Me$ 部分都位于新形成的吡咯环的同侧,同时与亲偶极体的吲哚羰基朝向一致,而吲哚酮的取代芳基即位于 $4'$-位的芳基则位于吡咯环的另一侧。

(4)(S)- TF - BiphamPhos/AgOAc 催化 1,3 -偶极环加成的反应机理推测。该反应机理可以用过渡态来解释,首先由手性配体(S)- TF - Bipham - Phos,Ag(Ⅰ),亚甲胺叶立德相配位,从而定向形成了一个四面体络合物,然后亲偶极体不饱和键从亚甲胺叶立德位阻较小的一面进攻,形成了五元环过渡态,同时,吲哚酮的羰基还可与手性配体的 NH_2 形成氢键,从而稳定了过渡态,如图 5 - 29 所示,这样,两种反应的底物只能从一个特定的方向结合,从而为对映选择性提供了条件,最终得到了具有较高立体选择性的产物。

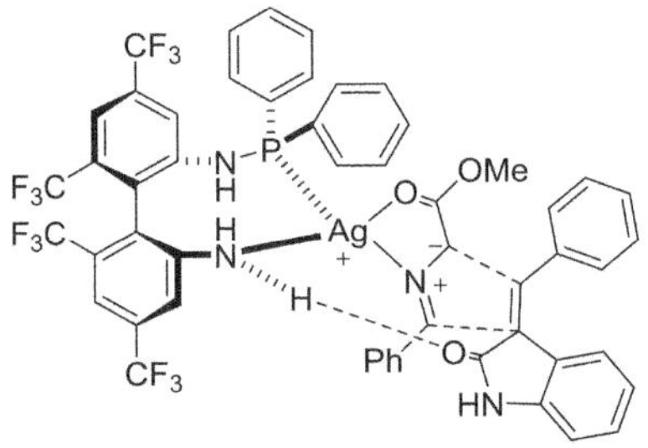

图 5 - 29　(S)- TF - Bipham - Phos/AgOAc 催化的可能机理

Ⅱ 基于手性配体(S)-t-Bu-BOX **3f** 的 1,3-偶极环加成反应如下：

（1）合成路线。在考察 1,3 偶极环加成手性配体的过程中，还发现了双噁唑啉配体(S)-t-Bu-BOX **3f** 对产物的手性结构具有较好催化选择性。因此，以 N-苯基亚甲基-甘氨酸甲酯 **1a** 亚甲胺叶立德为偶极体，(E)-3-芳亚甲基-2-吲哚酮 **2** 为亲偶极体，经反应条件筛选，在手性配体(S)-t-Bu-BOX **3f** 与金属配体 AgOAc 的催化体系下发生 1,3-偶极环加成反应，得到了一系列螺吲哚酮吡咯烷化合物（见图 5-30）。

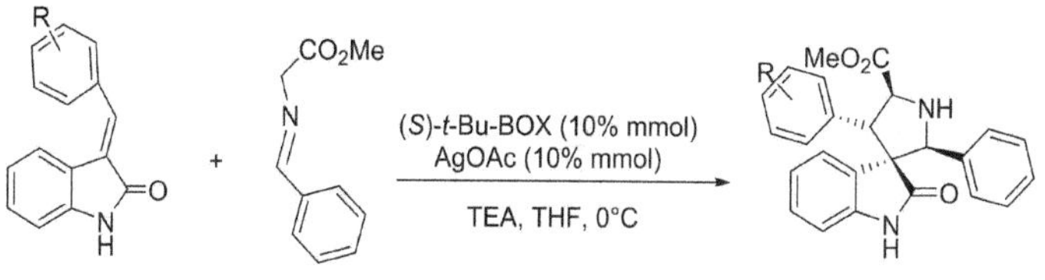

图 5-30　基于手性配体(S)-t-Bu-BOX **3f** 的 1,3-偶极环加成方案

合成方法如下：反应体系氩气保护，向充分干燥并真空冷却的 10 mL 反应管中依次加入 1 mL THF，16.2 mg（物质的量分数为 10%）手性配体(S)-t-Bu-BOX，8.4 mg（物质的量分数为 10%）金属盐 AgOAc，在 0℃冰浴下磁力搅拌 1 h，继续氩气保护下，加入(E)-3-苯亚甲基-2-吲哚酮 **2a**（110.6 mg，0.5 mmol）和 N-苯基亚甲基-甘氨酸甲酯 **1a**（106.3 mg，0.6 mmol），5.1 mg（物质的量分数为 10%）三乙胺，于冰浴下继续反应 8 h，反应液的颜色由黄色变为灰黑色，TLC（$V_{石油醚}$：$V_{乙酸乙酯}$＝10：4）检测反应进度，(E)-3-苯亚甲基-2-吲哚酮 **2a** 原料在薄板的点完全消失，当对比原料点在其下方得到一个新点时，证明反应已经完全，此时停止反应。减压抽滤反应残渣，减压蒸馏滤液，硅胶拌样，硅胶柱层析分离，洗脱剂（$V_{石油醚}$：$V_{乙酸乙酯}$＝10：3），得到白色固体 **4fa**。通过这种方法又得到了一系列螺吲哚酮吡咯烷化合物 **4fa**～**4fl**。

（2）螺吲哚酮吡咯烷中间体 **4fa**～**4fl** 的结构及实验结果。

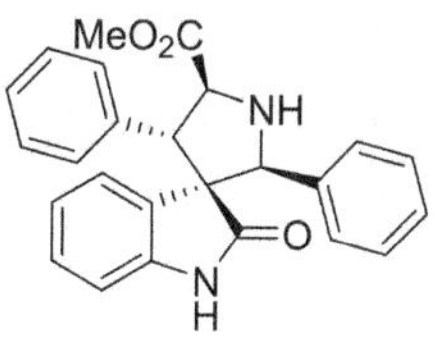

参照上述通用的制备方法，以(E)-3-苯亚甲基-2-吲哚酮 **2a** 110.6 mg（0.5 mmol）和 N-苯基亚甲基-甘氨酸甲酯 **1a** 106.3 mg（0.6 mmol）为底物，反应制备得到了螺吲哚酮吡咯烷：(2′S,3R,4′S,5′S)-2-羰基-2′,4′-二苯基螺[吲哚-3,3′-吡咯烷]-5′-羧酸甲酯（**4fa**），为白色粉末（126.5 mg），其产率 60%，熔点为 170～172℃。很显然这种螺环中间体的手性结构与配体(S)-TF-BiphamPhos **3d** 催化得到的螺环中间体 **4da** 有很大不同。

参照上述通用的制备方法,以(E)-3-(4-氯苯基亚甲基)-2-吲哚酮 **2b**,(E)-3-(4-溴苯基亚甲基)-2-吲哚酮 **2c**,(E)-3-(4-氟苯基亚甲基)-2-吲哚酮 **2d**,(E)-3-(4-甲氧基苯基亚甲基)-2-吲哚酮 **2f**,(E)-3-(3,4-二甲基苯基亚甲基)-2-吲哚酮 **2g**,(E)-3-(2-氯苯基亚甲基)-2-吲哚酮 **2h**,(E)-3-(2-氟苯基亚甲基)-2-吲哚酮 **2j**,(E)-3-(3-氟苯基亚甲基)-2-吲哚酮 **2m**,(E)-3-(2-溴-5-甲氧基苯基亚甲基)-2-吲哚酮 **2n** 分别和 N-苯基亚甲基-甘氨酸甲酯 **1a** 反应,分别以较高产率得到了螺吲哚酮吡咯烷中间体(**4fb**~**4fj**)。另外,(E)-3-(4-氟苯基亚甲基)-2-吲哚酮 **2d** 和 N-(4-氟苯基亚甲基)-甘氨酸甲酯 **1d**,以及(E)-3-(2-氯苯基亚甲基)-2-吲哚酮 **2h** 和 N-(4-氯苯基亚甲基)-甘氨酸甲酯 **1b** 反应分别得到了相应的螺吲哚酮吡咯烷中间体(**4fk** 与 **4fl**)。

(3)手性配体(S)-t-Bu-BOX/AgOAc 催化 1,3-偶极环加成的反应机理推测。该反应的机理也可以用四面体过渡态理论来解释(见图 5-31),手性配体(S)-t-Bu-BOX 首先与 Ag(Ⅰ)形成手性配合物,再与亚甲胺叶立德相配位,从而定向形成了一个四面体络合物,然后亲偶极体从位阻较小的一面进攻。由于吲哚酮的羰基不能与配体(S)-t-Bu-BOX 形成氢键,这有别于亲偶极体与(S)-TF-BiphamPhos 配体的配位情形(吲哚酮的羰基可与手性配体的 NH$_2$ 形成氢键),可能由于氢键的存在使得吲哚酮的羰基在空间的朝向发生了一定变化,而得到了立体构型为($2'R$,$3S$,$4'R$,$5'R$)的螺吲哚酮吡咯烷,如化合物 **4fa**。但是由于配体(S)-t-Bu-BOX 上的叔丁基取代,富电子的作用与空间位阻作用对羰基氧产生了一定的斥力,使得过渡态的构型与之前(S)-TF-BiphamPhos 配体的有所不同,这样,得到了另一种构型的螺吲哚酮吡咯烷,绝对构型将通过 X 射线单晶衍射实验来分析。

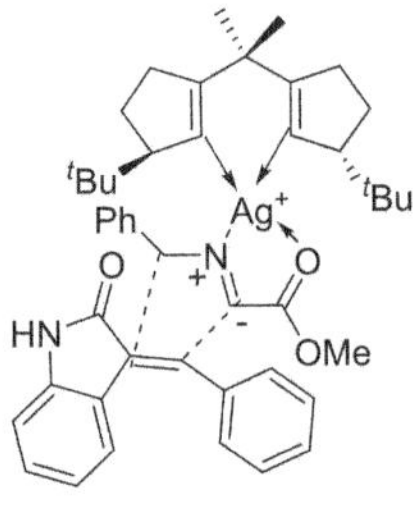

图 5-31 (S)-t-Bu-BOX/AgOAc 体系催化的可能机理

通过解析化合物的单晶结构来确定化合物的绝对构型,选取化合物 **4fg** 进行了 X 射线单晶衍射实验,方法如化合物 **4dc**。单晶数据结果见表 5-15,分析显示该类化合物的立体构型为($2'S$,$3R$,$4'S$,$5'S$)[见图 5-32(b)],其中偶极体的苯环即处于 $2'$-位的苯环与吲哚羰基都位于新形成的吡咯环的同侧,这导致吲哚酮的取代芳基即位于 $4'$-位的芳基位于吡咯环的另一侧,而偶极体的-CO$_2$Me 即 $5'$-CO$_2$Me 则与偶极体的苯环在同侧。这与(S)-TF-BiphamPhos/AgOAc 手性配体催化得到的($2'S$,$3R$,$4'S$,$5'S$)的螺吲哚酮吡咯烷的构型是不一样的,可能的原因在反应形成机理部分做了初步分析。

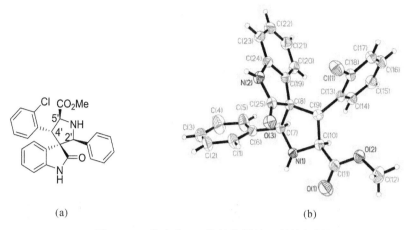

图 5 - 32　化合物 **4fg** 的结构及其 X 射线衍射图

Ⅲ 基于手性配体(S)- MonoPhos **3h** 的 1,3 -偶极环加成反应如下：

合成路线见图 5 - 33。以 *N* -苯基亚甲基-甘氨酸甲酯 **1a** 亚甲胺叶立德为偶极体,(*E*)- 3 - 芳亚甲基- 2 -吲哚酮 **2** 为亲偶极体,在手性配体(*S*)- MonoPhos **3h** 与金属配体 AgOAc 的催化体系下发生 1,3 -偶极环加成反应,得到了一系列螺吲哚酮吡咯烷化合物。

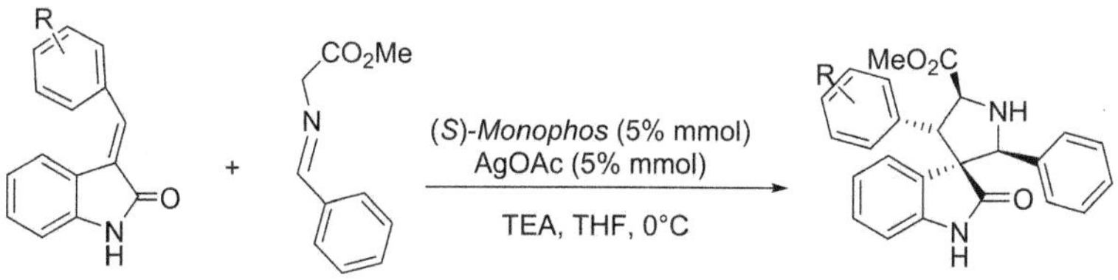

图 5 - 33　化合物 **4h** 的合成路线

该类化合物与手性配体(*S*)- *t* - Bu - BOX 所催化得到的螺环中间体 **4fa** 手性结构一样,因此不再赘述。该反应的机理也可以用四面体过渡态理论来解释(见图 5 - 34),手性配体(*S*)- MonoPhos 首先与 Ag(Ⅰ)形成手性配合物,再与亚甲胺叶立德相配位,从而定向形成了一个四面体络合物,然后亲偶极体从位阻较小的一面进攻。受到空间位阻影响,亲偶极体的芳香取代基团靠近偶极体的—CO_2Me 一侧。可能是由于(*S*)- MonoPhos 配体的氧原子与吲哚酮的羰基存在一定斥力,使得酮羰基的方向发生了扭转,位于形成的吡咯环上方,这与配体(*S*)- *t* - Bu - BOX 体系催化的过渡态相类似,而有别于(*S*)- TF - BiphamPhos 催化体系,因而得到了立体构型为($2'R$,$3S$,$4'R$,$5'R$)的螺吲哚酮吡咯烷化合物 **4h**。化合物的绝对构型通过 X 射线单晶衍射实验来分析,化合物 **4ha** 的单晶数据见表 5 - 15。

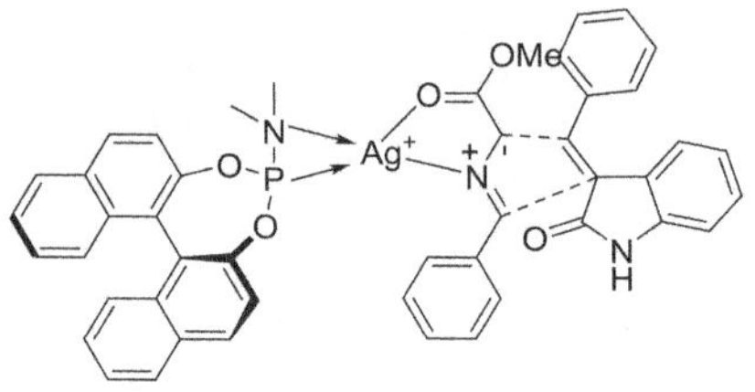

图 5 - 34 (S)-MonoPhos /AgOAc 体系催化的可能机理

(四)N -(9 -芴甲氧羰基)-L -脯氨酰氯(Fmoc - L - Pro - Cl)的制备

Fmoc - L - Pro - Cl 的合成路线如图 5 - 35 所示。请参阅本书第 4.2.3 节的制备方法。

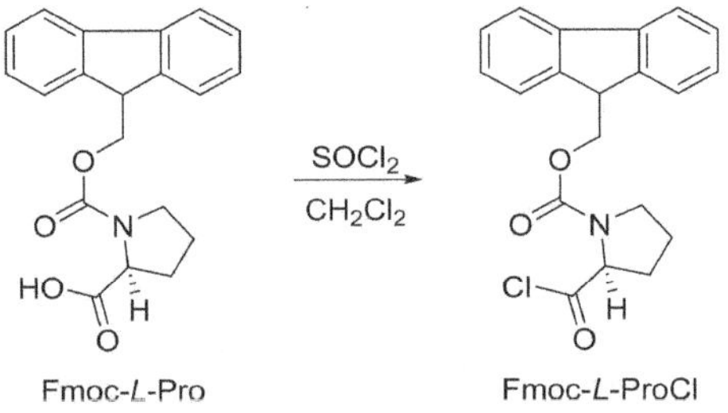

图 5 - 35　Fmoc - L - Pro - Cl 的合成路线

(五)C 3 位芳基取代的螺环吲哚二酮哌嗪的合成及表征

通过上述(一)至(三)节一系列实验,最终得到了两种手性结构的螺吲哚酮吡咯烷中间体。选取其中的 **4d** 中间体继续进行反应,构建二酮哌嗪骨架。利用上一小节中制备的 N - Fmoc - L -脯氨酸酰氯与螺吲哚酮吡咯烷中间体 **4d** 发生 Schotten - Baumann 反应得到二肽中间体,再脱保护关环得到目标产物。

合成方法如下:在充分干燥且真空冷却的 25 mL 单口烧瓶中依次加入 5 mL DCM 和 5 mL 饱和 Na_2CO_3,得到两相反应体系。向该体系中加入螺吲哚酮吡咯烷化合物 **4d**(0.1 mmol),室温下磁力搅拌,然后用恒压滴液漏斗滴加溶于 2 mL 二氯甲烷的 Fmoc - L - Pro - Cl 43 mg(0.12 mmol),控制滴速为 20～30 滴/min,滴加完毕后于室温下继续反应 4 h,反应完毕后静置分层,用 DCM 萃取(3 mL×3)水相,再合并有机相,经饱和 NaCl 溶液洗涤,用无水硫酸镁干燥(见图 5 - 36)。

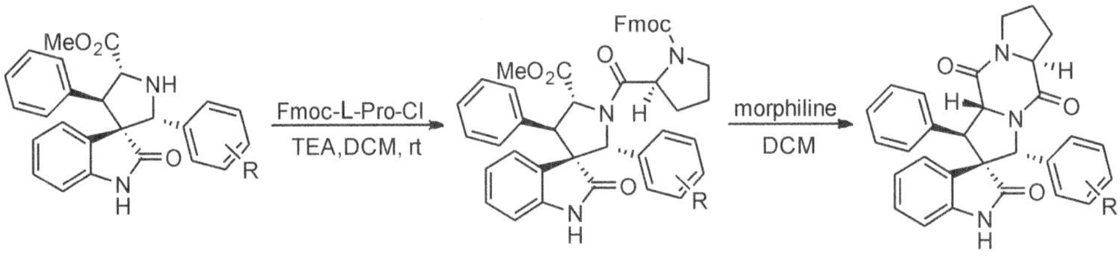

图 5 - 36　目标产物 5a～5e 的合成路线

第一步反应过滤后的产品可不用处理,直接加入 0.12 mmol 哌啶进行下步脱保护基关环反应。室温反应 1 h,反应完成后,溶剂经减压蒸馏除去,以中性氧化铝柱层析进行产品纯化分离[洗脱剂($V_{石油醚}$∶$V_{乙酸乙酯}$＝2∶1)],产品浓缩干燥后再重结晶,终产物纯品为白色固体。

最终得到了 5 个螺环吲哚二酮哌嗪化合物 **5a,5b,5c,5d,5e**。利用上述(三)中得到的两种螺吲哚酮吡咯烷中间体 **4f** 与 **4h**,继续发生环化反应构建螺环吲哚二酮哌嗪化合物的反应,也是值得研究的,可以得到与上述 5 种螺环吲哚二酮哌嗪化合物不同手性结构的目标产物,这对研究该类化合物的生物活性是非常有必要的。

(六)螺环吲哚二酮哌嗪终产物及表征数据

螺环吲哚二酮哌嗪终产物化学结构如图 5-37 所示。

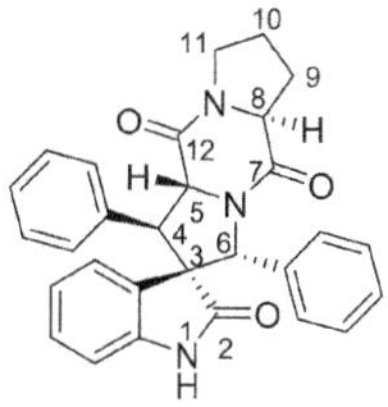

图 5-37　螺环吲哚二酮哌嗪终产物

(1)(1R,2S,3R,5aS,10aR)-1,3-diphenyl-1,5a,6,7,8,10a-hexahydro-3H,5H,10H-spiro[dipyrrolo[1,2-a;1′,2′-d]pyrazine-2,3′-indoline]-2′,5,10-trione(5a) 参照上述通用的制备方法,以螺环中间体 **4da** 40 mg(0.1 mmol)与 N-(9-芴甲氧羰基)-L-脯氨酰氯 43 mg(0.12 mmol)进行 Schotten-Baumann 反应得到二肽中间体,再脱保护关环得到白色固体 25 mg,即为目标产物 spirotryprostatin 类化合物 **5a**,其产率为 54%,熔点为 189～191℃。其核磁表征结果见表 5-16。ESI-HRMS(m/z)检测结果,$C_{29}H_{25}N_3O_3Na$([M+Na]$^+$)计算值:486.178 8,实验值:486.177 5。

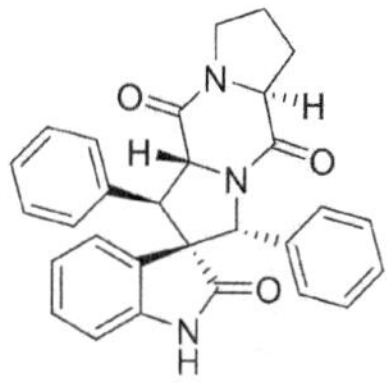

5a

表 5-16　化合物 5a 的核磁表征

位　置	δ_H mult.,J/Hz (400 MHz,DMSO)	δ_C(100 MHz,DMSO)
1	8.08 (s,1H) NH	
2		171.7
3		58.6
4	3.77 (d,8.0,1H) CH	47.9
5	3.99 (d,8.0,1H) CH	59.2

续　表

位　置	δ_H mult., J/Hz (400 MHz,DMSO)	δ_C(100 MHz,DMSO)
6	4.22 (s,1H) CH	60.2
7		165.9
8	4.49~4.42 (m,1H) CH	65.7
9/10	2.32 (dt,16.5,6.8,2H) CH₂;	24.9,21.9
	2.11 (m,8.9,8.0,2H) CH₂;	
11	3.58~3.49 (m,2H) CH₂	43.3
12		164.2
Ph	7.42,(d,7.1,1H) ArH;	
	7.33,(t,6.7,4H) ArH;	
	7.06~6.95 (m,3H)ArH;	139.2,138.6,132.5,131.0,
	6.91 (t,7.5,2H)ArH;	129.0,128.2,126.9,126.8,
	6.84,(d,8.6,2H) ArH;	126.5,126.1,125.7,125.4,
	6.56 (d,8.7,2H)ArH;	122.6,120.0
	5.43 (s,1H)ArH;	
	5.03 (d,J=11.4 Hz,1H,ArH)	

（2）（**1R,2S,3R,5aS,10aR**）-**1**-苯基-**3**-（**4**-氯苯基）-**5a,6,7,8**-四氢-**1H**-螺[二吡咯并[**1,2-a:1′,2′-d**]吡嗪-**2,3′**-二氢吲哚]-**2′,5,10(3H,10aH)**-三酮（**5b**）参照上述通用的制备方法，以**4db** 43 mg(0.1 mmol)与N-（9-芴甲氧羰基）-L-脯氨酰氯 43 mg(0.12 mmol)进行 Schotten-Baumann 反应得到二肽中间体，再脱保护关环得到白色固体(30 mg)，即为目标产物 spirotryprostatin 类化合物**5b**，其产率为 60%，熔点为 170~172℃。其核磁表征结果见表 5-17。ESI-HRMS(m/z)检测结果，$C_{29}H_{24}ClN_3O_3Na$([M+Na]⁺)计算值：520.140 4，实验值：520.140 0。

5b

表 5-17　化合物 5b 的核磁表征

位　置	δ_H mult., J/Hz (400 MHz,DMSO)	δ_C(100 MHz,DMSO)
1	10.37 (s,1H) NH	
2		173.7
3		60.6
4	4.12 (d,11.4,1H) CH	49.9

续　表

位　置	δ_H mult., J/Hz (400 MHz, DMSO)	δ_C (100 MHz, DMSO)
5	5.68 (d, 11.5, 1H) CH	61.1
6	5.16 (s, 1H) CH	62.1
7		167.8
8	4.81 (t, 7.6, 1H) CH	67.8
9 or 10	2.20 (m, 2H) CH$_2$	27.0 23.8
	1.88 (m, 2H) CH$_2$	
11	3.57 (m, 2H) CH$_2$	45.2
12		166.0
Ph	7.66 (d, 7.4, 1H) ArH;	141.1, 137.1, 134.5, 132.2,
	7.36 (d, 8.3, 2H) ArH;	131.1, 128.9, 128.4, 128.3,
	7.22~6.86 (m, 9H) ArH;	128.0, 127.4, 124.6, 122.0
	6.63 (d, 7.7, 1H) ArH	

（3）（1R, 2S, 3R, 5aS, 10aR）- 3 -（4 - chlorophenyl）- 1 - phenyl - 1, 5a, 6, 7, 8, 10a - hexahydro - 3H, 5H, 10H - spiro[dipyrrolo[1, 2 - a:1′, 2′ - d]pyrazine - 2, 3′ - indoline]- 2′, 5, 10 - trione(5c)参照上述通用的制备方法，以螺环中间体 **4de** 43 mg(0.1 mmol)与 N -(9 -芴甲氧羰基)- L -脯氨酰氯 43 mg(0.12 mmol)进行 Schotten - Baumann 反应得到二肽中间体，再脱保护关环得到白色固体 28 mg，即为目标产物 spirotryprostatin 类化合物 **5c**，其产率为 56%，熔点为 173~175℃。其核磁表征结果见表 5 - 18。ESI - HRMS（m/z）检测结果，C$_{29}$H$_{24}$ClN$_3$O$_3$Na（[M+Na]$^+$）计算值：520.140 4，实验值：520.143 2。

5c

表 5 - 18　化合物 5c 的核磁表征

位　置	δ_H mult., J/Hz (400 MHz, DMSO)	δ_C (100 MHz, DMSO)
1	10.37 (s, 1H) NH	
2		173.3
3		60.2
4	4.13 (d, 11.4, 1H) CH	49.6
5	5.67 (d, 11.4, 1H) CH	60.8
6	5.19 (s, 1H) CH	61.8

续　表

位　置	δ_H mult.,J/Hz (400 MHz,DMSO)	δ_C (100 MHz,DMSO)
7		167.5
8	4.82 (t,7.6,1H) CH	67.4
9 or 10	2.04 (d,7.9,1H) CH₂	26.6,23.5
	3.38 (m,1H) CH₂	
	1.86 (dt,12.1,7.2,2H) CH₂	
11	2.21 (dd,12.5,6.2,1H) CH₂	45.0
	3.60~3.53 (m,1H) CH₂	
12		165.8
Ph	7.65 (d,7.4,1H)ArH;	140.9,140.3,134.1,132.6,
	7.33 (d,6.3,2H)ArH;	130.6,129.8,128.6,128.4,
	7.14 (t,7.4,2H)ArH;	128.1,127.7,127.4,127.2,
	7.08~6.93 (m,8H)ArH;	127.1,124.2,121.6,109.5
	6.63 (d,7.6,1H)ArH	

(4)(1R,2S,3R,5aS,10aR)- 3 -(4 - methoxyphenyl)- 1 - phenyl - 1,5a,6,7,8,10a - hexahydro - 3H,5H,10H - spiro[dipyrrolo[1,2 - a:1′,2′- d]pyrazine - 2,3′- indoline]- 2′,5, 10 - trione(5d) 参照上述通用的制备方法,以螺环中间体 **4dk** 43 mg(0.1 mmol)与 N -(9 - 芴甲氧羰基)- L -脯氨酰氯 43 mg(0.12 mmol)进行 Schotten - Baumann 反应得到二肽中间体,再脱保护关环得到白色固体 28 mg,即为目标产物 spirotryprostatin 类化合物 **5d**,其产率为57%,熔点为 178~180℃。其核磁表征结果见表 5 - 19。ESI - HRMS（m/z）检测结果,C₃₀H₂₇N₃O₄K（[M＋K]⁺）计算值:532.163 3,实验值:532.164 2。

5d

表 5 - 19　化合物 5d 的核磁表征

位　置	δ_H mult.,J/Hz (400 MHz,DMSO)	δ_C (100 MHz,DMSO)
1	10.29 (s,1H) NH	
2		173.4
3		54.9
4	4.17 (d,11.8,1H) CH	49.2
5	4.79 (d,11.8,1H) CH	60.8

续　表

位　置	δ_H mult., J/Hz (400 MHz,DMSO)	δ_C(100 MHz,DMSO)
6	5.07 (s,1H) CH	61.9
7		167.3
8	3.64 (dd,8.5,5.2,1H) CH	68.0
9/10	2.06~2.00 (m,1H) CH₂;	26.6，23.5
	3.56~3.49 (m,1H) CH₂;	
	1.95~1.78 (m,2H) CH₂	
11	2.20 (m,10.9,5.9,2H) CH₂	44.8
12		165.8
6 - Ar - OMe	3.75 (s,3H,OCH₃) ArH;	51.2
Ph	7.64 (d,7.4,1H)ArH;	140.8，134.4，131.1，
	7.23~7.10 (m,2H)ArH;	129.5，128.4，128.27，128.2，
	7.10~7.02 (m,3H)ArH;	127.5，127.1，
	6.99 (dt,6.6,3.8,2H)ArH	124.1，121.5，113.3
	6.85 (s,3H)ArH;	109.4
Ph	6.63 (d,7.4,1H)ArH;	
	5.64 (d,11.5,1H)ArH	

（5）（1*R*，2*S*，3*S*，5a*S*，10a*R*）- 3 -（2 - bromo - 5 - chlorophenyl）- 1 - phenyl - 1，5a，6，7，8，10a - hexahydro - 3*H*，5*H*，10*H* - spiro[dipyrrolo[1，2 - a：1′，2′- d]pyrazine - 2，3′- indoline]-2′，5，10 - trione(**5e**)参照上述通用的制备方法，以螺环中间体 **4dl** 51 mg（0.1 mmol）与 *N* -（9 -芴甲氧羰基）- L -脯氨酰氯 43 mg(0.12 mmol)进行 Schotten - Baumann 反应得到二肽中间体，再脱保护关环得到白色固体(31 mg)，即为目标产物 spirotryprostatin 类化合物 **5e**，其产率为 54%，熔点为 156~158℃。其核磁表征结果见表 5 - 20。ESI - HRMS（*m*/*z*）检测结果，$C_{29}H_{23}BrClN_3O_3Na$（[M＋Na]⁺）计算值：598.050 4，实验值：598.050 7。

5e

表 5－20　化合物 5e 的核磁表征

位　　置	δ_H mult., J/Hz (400 MHz,DMSO)	δ_C (100 MHz,DMSO)
1	10.44（s,1H）NH	
2		173.4
3		50.8
4	4.00（d,11.5,1H）CH	45.1
5	5.68（d,11.5,1H）CH	60.7
6	5.39（s,1H）CH	63.2
7		167.7
8	4.86（t,7.5,1H）CH	66.7
9 / 10	2.34～2.17（m,1H）CH₂； 2.05（m,13.9,6.7,1H）CH₂； 1.95（m,13.7,6.7,1H）CH₂； 1.83（m,12.3,5.5,1H）CH₂	26.6，23.6
11	3.58（d,3.5,1H）CH₂； 3.54～3.51（m,1H）CH₂	42.8
12		165.8
Ph	7.71（d, 7.3,1H）ArH； 7.62（d,8.5,1H）ArH； 7.37（d,2.5,1H）ArH； 7.35（d,2.5,1H）ArH 7.16（t,8.2,1H）ArH； 7.10～7.01（m,4H）ArH； 6.93（dd,6.5,2.9,2H）ArH； 6.73（d,2.5,1H）ArH； 6.61（d,7.6,1H）ArH	141.0，138.0，134.0， 133.3，132.4，129.8，129.3， 128.9，128.1，127.6，127.2， 126.5，124.1，121.7，109.4

（七）反应机理及谱图解析

1. 9-芴基甲氧基羰基保护基反应机理探讨

9-芴基甲氧基羰基保护基（9 - fluorenylmethyloxycarbonyl，Fmoc）常用于通过形成氨基甲酸酯来保护氨基，保护基对酸性条件、氧化条件比较稳定、但是在温和的碱性条件下会发生脱保护，该法最常用于肽固相合成方法中。保护反应可以是无机碱形成的两相溶剂体系，反应中产生的酸由无机碱来中和，有机相中包含反应物和产物，即为 Schotten - Baumann 反应条件。本合成实验中 N -（9-芴甲氧羰基）- L -脯氨酰氯（Fmoc - L - Pro - Cl）与螺吲哚酮吡咯

烷在 $NaCO_3$ 与水的两相体系下发生亲核加成,得到二肽中间体,保护机理如图 5 - 38 所示,脱保护机理如图 5 - 39 所示。

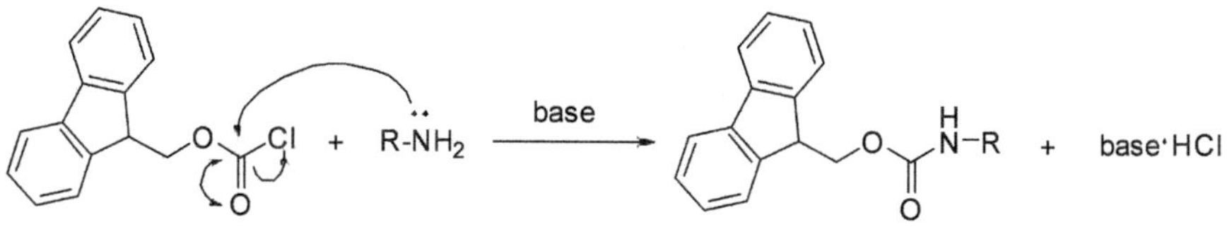

图 5 - 38　Fmoc - L - Pro - Cl 的保护机理

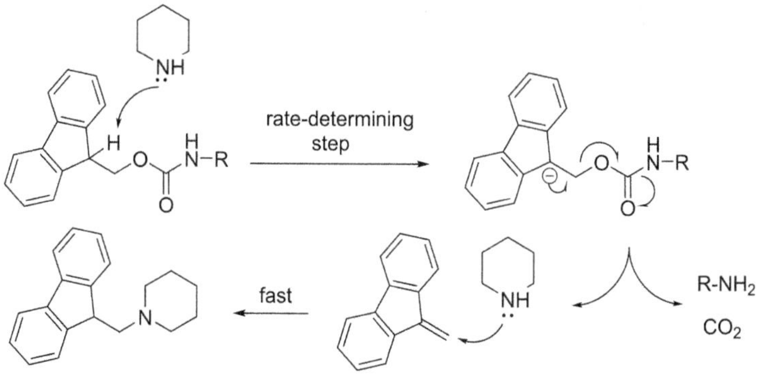

图 5 - 39　9 -芴基甲氧基羰基保护基的脱保护机理

由于 9 位的质子酸性比较高,在温和的碱性条件下会发生 E1cb 离去的消去反应,得到不饱和双键。由于作为副产物的二苯并富烯(DBF)可以再次充当亲电试剂并引起副反应,因此经常需要选择使用能够捕获它的碱。故本实验利用哌啶作为脱保护剂,捕获消去产物。另外,在进行终产物分离提纯时,得到了 DBF 与哌嗪亲核加成的产物,并通过核磁分析证明了其结构。^{1}H NMR (400 MHz,DMSO - d_6) δ:7.86 (d,J = 7.5 Hz,2H),7.68 (d,J = 7.4 Hz,2H),7.38 (t,J = 7.3 Hz,2H),7.30 (t,J = 7.4 Hz,2H),4.11 (t,J = 8.1 Hz,1H),2.51 (s,4H),1.61 (p,J = 5.5 Hz,4H),1.47 (q,J = 6.1 Hz,2H)。^{13}C NMR (100 MHz,DMSO - d_6) δ:146.2,140.4,127.0,127.0,125.4,119.8,62.5,54.3,44.1,25.7,24.2。

2. 终产物 5c 的谱图解析

(1)核磁谱图:利用[1]H NMR,^{13}C NMR, DEPT - 135 和 HRMS 对合成的 spirotryprostatin 类终产物进行了全面的表征。这里以化合物(1R,2S,3R,5aS,10aR)-1 -苯基-3 -(2 -氯苯基)-5a,6,7,8 -四氢-1H -螺[二吡咯并[1,2 - a;1′,2′- d]吡嗪-2,3′-二氢吲哚]-2′,5,10(3H,10aH)-三酮 **5c** 为例对其谱图进行解析,其[1]H NMR,^{13}C NMR 如图 5 - 40 和图 5 - 41 所示。分析 spirotryprostatin 类终产物与螺吲哚酮吡咯烷在结构上的差异,是前者增加了一个二酮哌嗪并吡咯单元。因此,对比之前对于吲哚酮吡咯烷结构的解析,在此主要归属二酮哌嗪并吡咯单元的核磁信号。在化合物 **5c** 的 ^{1}H NMR 谱图(见图 5-40)中,吡咯单元 9 位和 10 位的亚甲基氢信号是 1.88 ppm 和 2.0 ppm 左右的 m 峰信,由于受邻近酰胺基团的影响,11 位亚甲基上的氢偏向低场,化学位移值增加,为 3.60 ppm 附近的 m 峰。受临近酰胺及羰基的影响,8 位上次甲基上的氢信号偏向低场,9 位两个氢对其又产生耦合裂分,因此 4.82 ppm 的 t 峰信号即为 8 氢信号。因为 4.13 ppm 和 5.67 ppm 处的两个 d 峰相互耦合,耦合常数 $J=11.4$ Hz,则推测分别是 4 位和 5 位上的氢信号。5.19 ppm 处的单峰是推测为 6 位上的氢信号。根据之前对螺吲哚酮吡咯烷化合物的结构分析,很容易推测出,6.63~7.65 ppm 之间的多重峰氢信号,积分为 13,则是 3 个苯环上的氢信号峰。吲哚上—NH 的信号为 10.37 ppm 处的单峰。

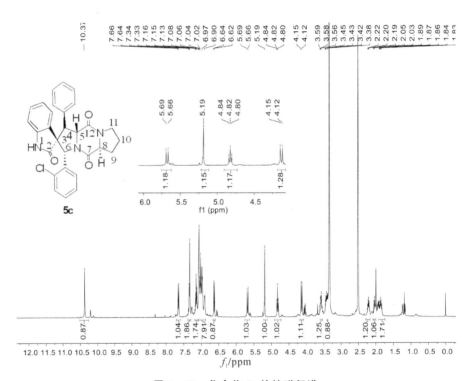

图 5-40　化合物 **5c** 的核磁氢谱

进一步结合 HSQC、DEPT-135(见图 5-41),将 ^{13}C NMR(见图 5-42)进行归属,23.50 ppm,26.57 ppm,44.96 ppm 分别为 10 位、9 位、11 位碳信号,49.54 ppm,60.22 ppm 分别为 4 位、8 位碳信号,5 位碳信号为 60.79 ppm,从图 5-42 可推测出,3 位螺碳信号和 6 位碳信号,分别位于 61.79 ppm 和 67.37 ppm 处,位于低场处的 167.51 ppm 为二酮哌嗪环上 7 位的羰基信号,165.80 ppm 为 12 位羰基碳信号,吲哚环上羰基碳信号在较低场,为 173.33 ppm,在 109.49~140.84 ppm 之间的 16 个碳信号恰好为芳香碳信号。通过上述分析化合物所有的原子都进行了归属表征,证实为目标化合物 spirotryprostatin 终产物。

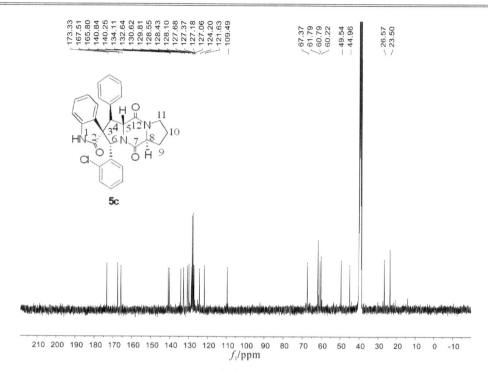

图 5-41　化合物 5c 的核磁碳谱

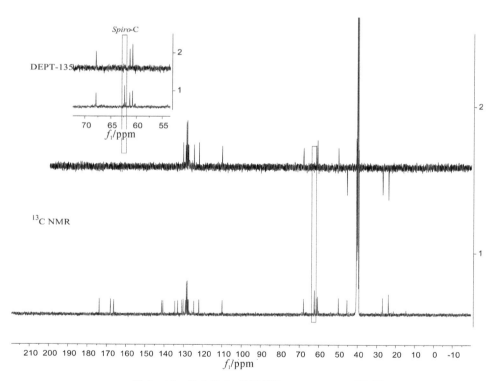

图 5-42　化合物 5c 的碳谱和 DEPT-135 对比图

（2）X 射线单晶衍射实验：单晶的检测及分析方法同上述（三）化合物 **4dc**，**4fg**，**4ha**，化合物 **5d** 的晶体学数据见表 5-21。化合物 **5d** 的晶体结构见图 5-43。新形成的二酮哌嗪环上的两个氢分别位于环平面的两侧，其余基团的空间朝向仍保持为形成螺吲哚酮吡咯烷结构时的方向。

表 5-21　化合物 5d 的晶体学数据表

化学式	$C_{30}H_{26}N_3O_4$
相对分子质量	492.54
晶形	块状
晶体颜色	无色
温度/K	293(2)
晶系	单斜晶系
空间群	P2(1)/c
$a/\text{Å}$	11.787(2)
$b/\text{Å}$	15.068(3)
$c/\text{Å}$	14.632(3)
$\alpha/(°)$	90
$\beta/(°)$	106.340(12)
$\gamma/(°)$	90
$V/\text{Å}^3$	2 493.8(8)
Z	4
密度/$(mg \cdot m^{-3})$	1.312
μ/mm^{-1}	0.088
$F(000)$	1 036
衍射点收集	8 469
R_{int}	0.097 3
参数	335
Goof	1.159
$R_1{}^a$, $wR_2{}^b[I>2\sigma(I)]$	0.062 1,0.142 5
R_1, wR_2(all data)	0.163 0,0.160 4

$^a R_1 = \Sigma(|F_o|-|F_c|)/\Sigma|F_o|$; $^b wR_2 = [\Sigma w(F_o{}^2-F_c{}^2)^2/\Sigma w(F_o{}^2)^2]^{1/2}$。

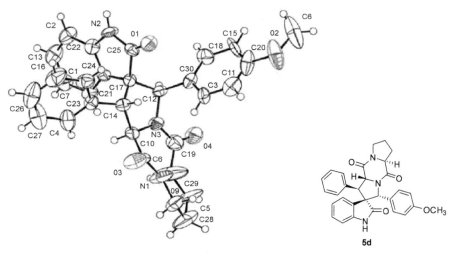

图 5 - 43　化合物 5d 的 X 射线衍射图(椭球率 30%)

　　综上所述,在构建螺环吲哚二酮哌嗪结构中的螺原子时必须考虑其五元氮杂环上的取代基类型,从而选择不同的合成路线。而不同的合成路线及催化配体又对螺原子的手性结构产生不同的影响,这也是这类化合物合成设计中需要关注的问题。对比其他两类吲哚二酮哌嗪生物碱的合成,螺环吲哚二酮哌嗪生物碱的合成方法更为复杂,需要较昂贵的手性配体以及对手性产物的后处理转化,因此继续对这类反应进行开发,获得更优的反应路线,仍是值得探索的问题。

第6章 吲哚二酮哌嗪生物活性

吲哚二酮哌嗪生物碱(Indole DKPs)具有多种生物活性,如抗肿瘤、抗癌、抑菌、免疫调节、抗氧化及杀虫等。

6.1 吲哚二酮哌嗪生物活性分类

本节主要介绍各种已发现且具有生物活性的天然产物吲哚二酮哌嗪化合物,并提供其化学结构式与相关活性资料,为该类天然产物在有机合成方面的应用提供理论基础。

6.1.1 抗癌与抗肿瘤活性

癌症是以细胞出现异常增殖和转移为特点的一大类疾病。在城镇居民中,癌症已成为死因的首位。尽管世界各国科学家多年来从多种学科领域对如何攻克癌症这一世界难题开展深入研究,提出了多种治疗方法,有一定的治疗效果,但通常带来严重的系统毒性、癌症的转移和复发,距离癌症的根治仍有相当的距离。因此,对具有更好治疗效果的抗肿瘤药物的研究仍然是当今药物研发的热点和难点。

具有生物活性的吲哚二酮哌嗪生物碱 1～33 的结构如图 6-1 所示。

抗癌和抗肿瘤活性的研究是 Indole DKPs 活性研究的热点。Indole DKPs 抗癌活性最早始于 20 世纪 70 年代,sporidesmins 类化合物分离于纸皮思霉 *Pithomyces chartarum*,该类化合物能够显著抑制 HeLa(人宫颈癌细胞)生长,其中活性最好的是 sporidesmin E **3**,其次是 sporidesmin **1**,sporidesmin G **4**,sporidesmins H **5** 和 sporidesmins J **6**。sporidesmins 类化合物也属于多硫代吲哚二酮哌嗪类化合物(Epipolythiodioxopiperazines,ETPs)。该类化合物具有广泛的生物活性,如 chaetocochin C **42** 具有细胞毒活性,chetoseminudin A **8** 具有免疫调节活性。

从毛壳属真菌 *Chaetomium nigricolor* 和 *C. retardatum* 中分离得到多个 ETPs 类 Indole DKPs 化合物 chetomin **7**,chetracin A **10**,chaetocin **11**,chaetocin B **12**,chaetocin C **13** 和 11α,$11'\alpha$-dihydroxychaetocin **14**,这些化合物均对 HeLa 具有显著的细胞毒活性。分离自毛壳属真菌 *Chaetomium* sp. M336 的化合物 6-formamide-chetomin **9** 对 HeLa(人宫颈癌细胞)、SGC-7901(人胃癌细胞)和 A549(人肺腺癌细胞)都有显著的细胞毒活性。从三角藻 *Leptosphaaeria* sp.次生代谢产物中分离出 ETPs 化合物 chaetocin **11** 和 leptosins A-F **24**～**29**。从水藻 *Sargassum tortile* 的内生真菌 *Leptosphaeria* sp. OUPS-4 中得到了 leptosins

K，K$_1$，K$_2$ 30～32。细胞毒活性测试结果显示，leptosins 类化合物均对 P388（小鼠淋巴细胞性白血病细胞）显示出潜在的细胞毒活性。leptosins A 24，C 26 还对 Sarcoma－180（小鼠腹水肿瘤细胞）的抗肿瘤活性显著。化合物 leptosins K，K$_1$，K$_2$ 30～32 对 P388 也有较显著的细胞毒活性。

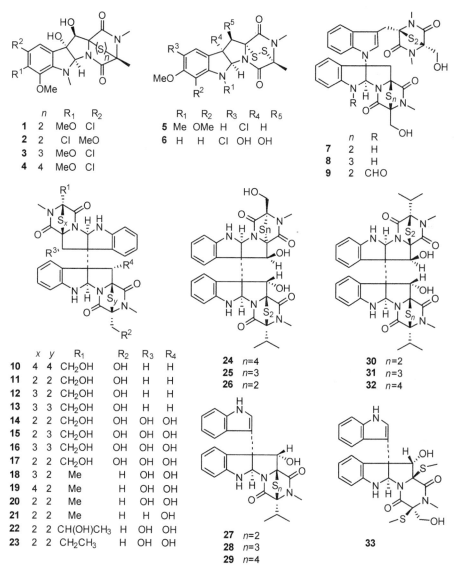

	n	R_1	R_2
1	2	MeO	Cl
2	2	Cl	MeO
3	3	MeO	Cl
4	4	MeO	Cl

	R_1	R_2	R_3	R_4	R_5
5	Me	OMe	H	Cl	H
6	H	H	Cl	OH	OH

	n	R
7	2	H
8	3	H
9	2	CHO

	x	y	R_1	R_2	R_3	R_4
10	4	4	CH$_2$OH	OH	H	H
11	2	2	CH$_2$OH	OH	H	H
12	3	2	CH$_2$OH	OH	H	H
13	3	3	CH$_2$OH	OH	H	H
14	2	2	CH$_2$OH	OH	OH	OH
15	2	3	CH$_2$OH	OH	OH	OH
16	3	3	CH$_2$OH	OH	OH	OH
17	2	2	CH$_2$OH	OH	OH	OH
18	3	2	Me	H	H	H
19	4	2	Me	H	H	H
20	2	2	Me	H	H	H
21	2	2	Me	H	H	OH
22	2	2	CH(OH)CH$_3$	H	OH	OH
23	2	2	CH$_2$CH$_3$	H	OH	OH

24	$n=4$
25	$n=3$
26	$n=2$

30	$n=2$
31	$n=3$
32	$n=4$

27	$n=2$
28	$n=3$
29	$n=4$

33

图 6－1　具有生物活性的吲哚二酮哌嗪生物碱 1～33 的结构

从粉红黏帚霉属 *Gliocladium* sp.（SCF－1168）真菌发酵培养液中分离得到的 3 个 ETPs 化合物 verticillin A 20，sch52900 22 和 sch52901 23，均表现出抑制血清刺激转录人类 c－Fos 基因启动子。由此表明，这类化合物潜在的抗肿瘤活性是通过在早期细胞繁殖阶段阻断基因信号的传导来实现的。

具有生物活性的吲哚二酮哌嗪生物碱 34～51 的结构如图 6－2 所示。

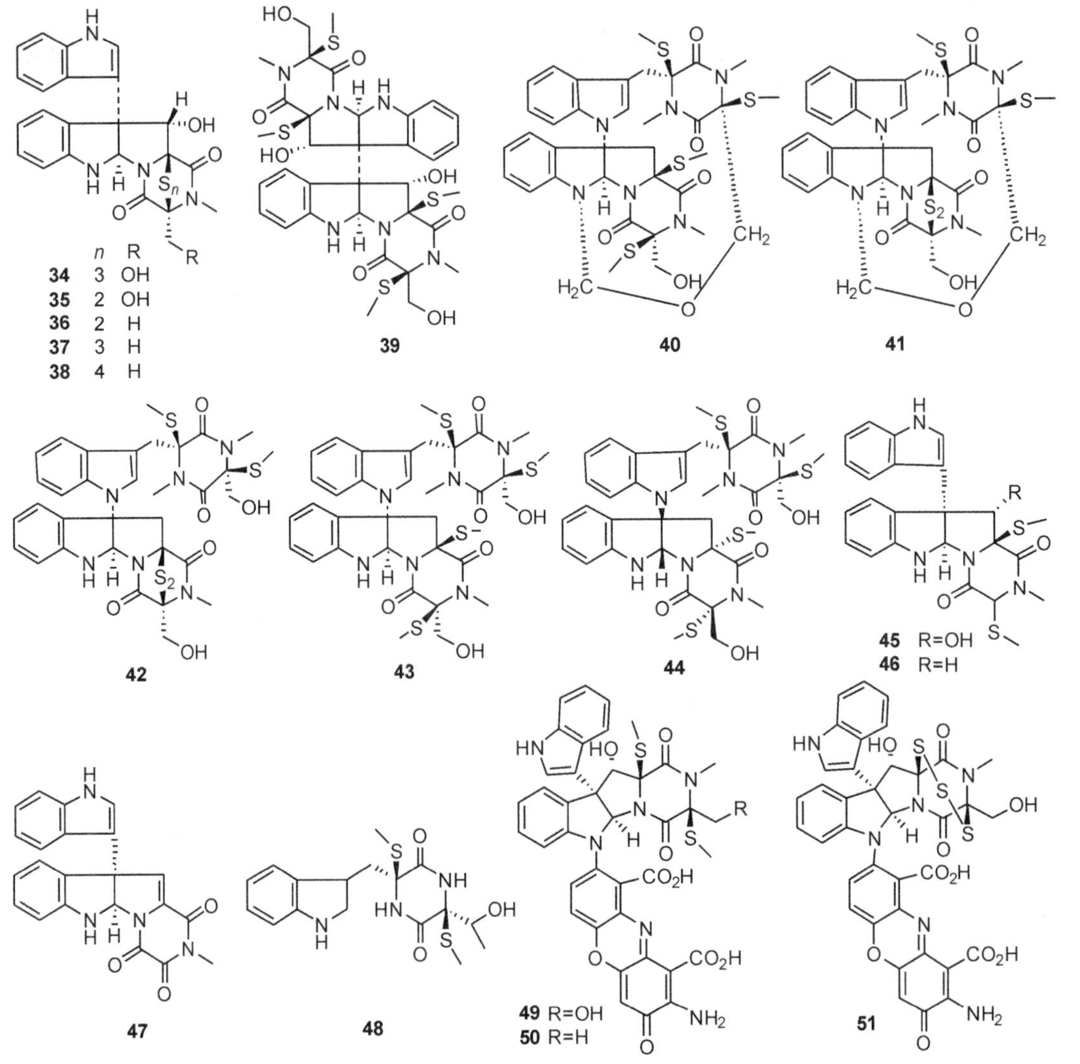

图 6-2 具有生物活性的吲哚二酮哌嗪生物碱 34~51 的结构

从真菌 *Cladobotryum* sp.中分离得到的 melinacidin Ⅳ **17** 对 P388 有显著细胞毒活性。之后,从真菌 *Tilachlidium* sp. (CANU-T988)中及分离得到 ETPs 化合物 T988 A-C **34**,**33**,**35**,这 3 种化合物也显示出对 P388 的潜在细胞毒活性。

从真菌 *Oidiodendron truncatum* GW3-13 中分离得到了 3 个 ETPs 类化合物 chetracins B **15**,C **16** 和 melinacidin Ⅳ **17** 以及化合物 T988 A **34**,T988 C **35**,chetracin D **39** 等总共 13 个 Indole DKPs。采用噻唑蓝(MTT)比色法对这 13 个化合物进行人癌细胞(HTC-8 人回盲肠癌细胞,BEL-7402 人肝癌细胞,BGC-823 人胃癌细胞,A549,A2780 人卵巢癌细胞)的细胞毒活性筛选,检测结果显示,这些化合物均具有潜在细胞毒活性。

从毛壳霉属真菌 *Chaetomium cochliodes* 中分离得到 5 个 ETPs 化合物 chaetocochins A-C **40**~**42**,dethio-tetra (methylthio) chetomin **43** 和 chetomin **7**,其中 chaetocochins A **40**,B **41** 都含有一个 14 元环结构。活性筛选实验表明,chaetocochins A **40**,C **42** 和化合物 dethio-tetra（methylthio）chetomin **43** 均对人癌细胞（Bre－04 乳腺癌细胞、Lu－04 肺癌细胞、N－04 神经癌细胞）具有细胞毒活性。

Wang 等从毛壳属真菌 *Chaetomium* sp. 88194 分离得到了 Indole DKPs 化合物 chaetocochins G **44**，oidioperazines E，chetoseminudin E 和 chetoseminudins C。生物活性实验表明，chaetocochin G **44** 对 MCF－7（人乳腺癌细胞）具有显著的细胞毒活性。进一步的实验研究发现，该化合物对 MCF－7 在 G2/M 期的细胞增殖具有抑制作用。

从源自海洋的一株粘帚霉 *Gliocladium* sp.真菌中分离得到的 4 个 Indole DKPs 化合物 gliocladins A－C **45**～**47** 和 glioperazaine **48** 均对 P388 有细胞毒活性。

从海洋真菌病原菌 *Plectosphaerella cucumerina* 中分离得到 3 个结构新颖的 Indole DKPs 化合物 plectosphaeroic acids A－C **49**～**51**。这 3 个化合物均是很好的 IDO（吲哚胺 2,3－双加氧酶）体外抑制剂。研究证实，IDO 已经成为恶性肿瘤多维治疗模式下的一个新靶点。

具有生物活性的吲哚二酮哌嗪化合物 **52**～**62** 的结构如图 6－3 所示。

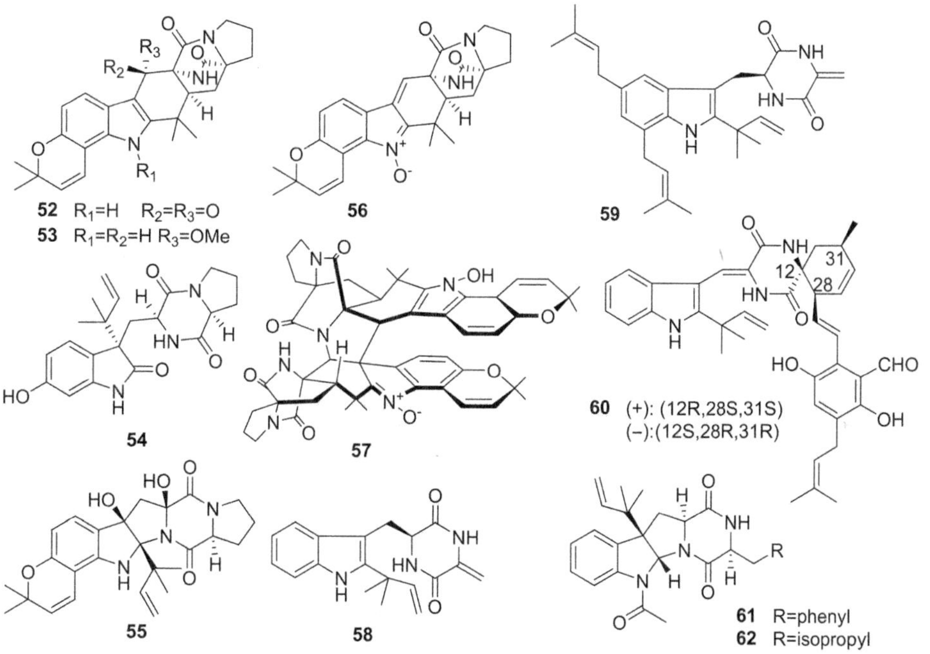

图 6－3　具有生物活性的吲哚二酮哌嗪化合物 52～62 的结构

近年来，从海洋生物贻贝类 *Mytilus edulis* 的次生代谢产物中总共分离得到了 14 个 notoamides 类化合物 notoamide A－K，notoamide S，notoamide U 和 3－epi－notoamide C 以及化合物 sclerotiamide，stephacidin A 和 deoxybrevianamide E。这些化合物都是 L－色氨酸和 L－脯氨酸衍生 Indole DKPs，在其吲哚部位多含有一个异戊烯单元。对这些化合物进行了细胞毒活性测试。实验结果显示，notoamide Ⅰ **52** 对 HeLa 具有一定细胞毒活性，notoamides F，J，K **53**～**55** 的活性较弱。此前，从曲霉 *Aspergrillus ochraceus* 中分离得到的化合物 CJ－17,665 **56** 与 notoamides 类化合物具有相似的结构，该化合物对 HeLa 也具有较显著的细胞毒活性。

从赭曲霉 *Aspergillu ochraceus* WC76466 中分离得到 stephacidin A 和 stephacidin B 两

种抗肿瘤生物碱,stephacidin B **57** 是 Indole DKPs,stephacidin B **57** 相比 stephacidin A 更具有潜在的选择性抗肿瘤活性,对 LNCaP(雄激素依赖性前列腺癌细胞株)的抑制 IC_{50} 达到 0.06 $\mu mol/L$。stephacidin B **57** 亦被报道能够抑制 MALME-3M(肺转移性恶性黑色素瘤)和人乳腺癌细胞($\beta T-549$,T-470)的生长。二聚体 stephacidin B **57** 和其单体 avrainvillamide(也被称为 CJ-17,665 **56**)也被发现对人癌细胞(LNCaP,$\beta T-549$,T-470 和 MALME-3M)均具有一定的细胞生长抑制活性。

从红树属植物根际土壤内生真菌 *Aspergillus effuses* H1-1 中分离得到 5 个 Indole DKPs,在细胞存活率(SRB)实验中显示出,dihydroneochinulin B **58** 对 BEL-7402 和 A549 有一定细胞毒活性,但对供试细胞 P-388 和 HL-60 未检测出生物活性。而 didehydroechinulin B **59** 对 BEL-7402,A549 和 HL-60 均有显著的抑制活性。还发现 cryptoechinuline D **60** 对 P-388 具有显著的抑制活性。从曲霉 *Penicillium fructigenum* TAKEUCHI 中分离得到 fructigenines A **61**,B **62**,其中 fructigenine A **61** 对 L-5178Y(小鼠淋巴瘤细胞)有一定细胞生长抑制活性。以上这些化合物都在吲哚部位含有一个或多个异戊烯单元。

具有生物活性的吲哚二酮哌嗪化合物 **63**～**82** 的结构如图 6-4 所示。

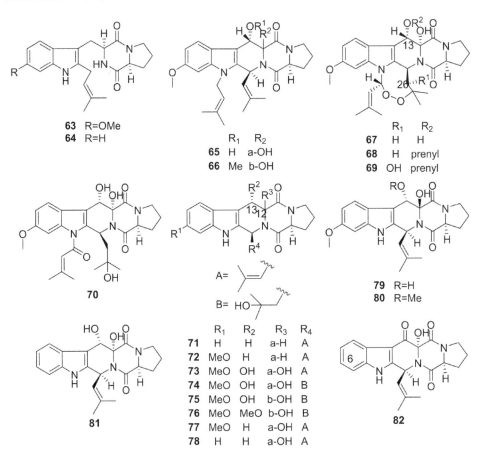

图 6-4　具有生物活性的吲哚二酮哌嗪化合物 **63**～**82** 的结构

具有生物活性的吲哚二酮哌嗪生物碱 **83**～**100** 的结构如图 6 - 5 所示。

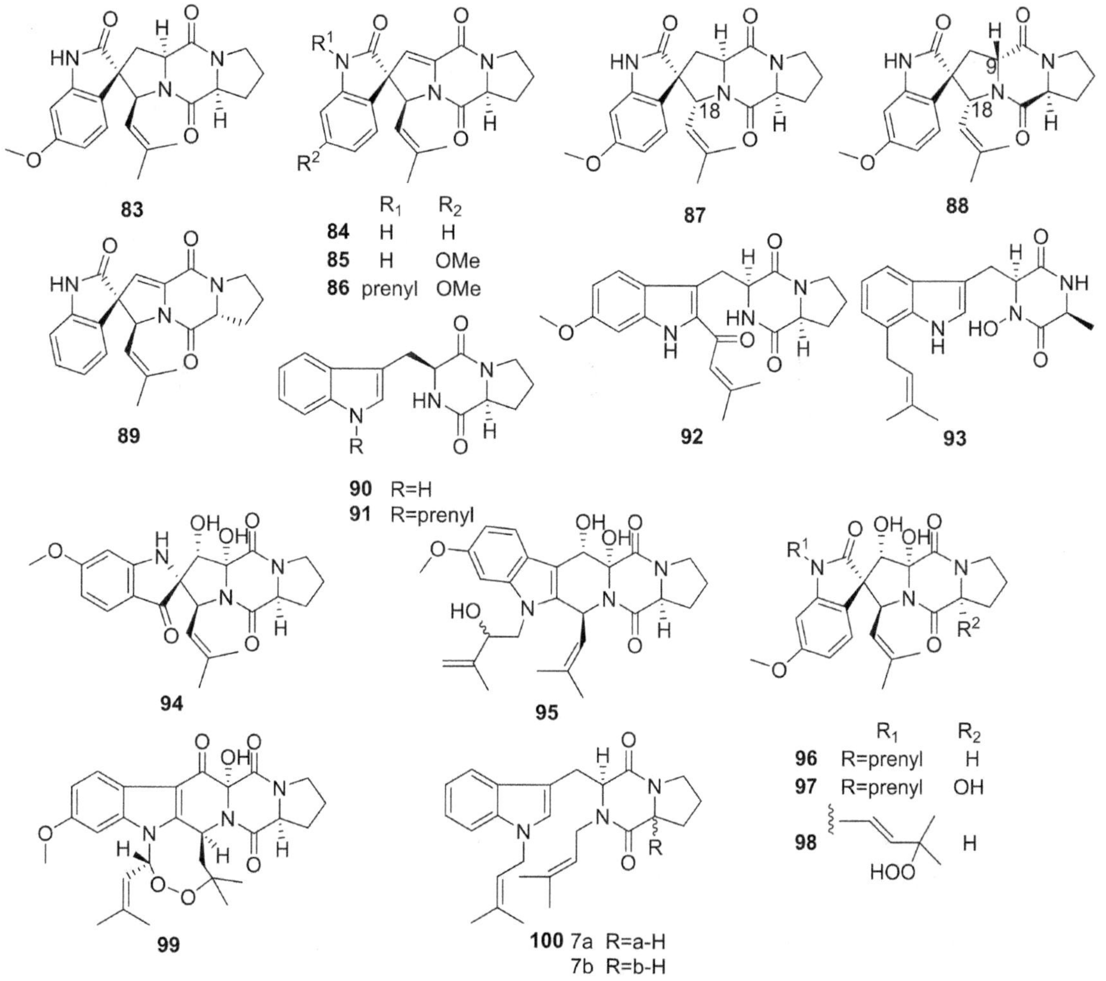

图 6 - 5　具有生物活性的吲哚二酮哌嗪生物碱 **83**～**100** 的结构

1995—1997 年从海底沉积物真菌烟曲霉 *Aspergillus fumigatus* 中先后分离得到了两个开环 tryprostatins 化合物 tryprostatins A **63**，B **64**；9 个闭环 cyclotryprostatins 化合物 cyclotryprostatins A － D **79** ～ **82**，verruculogen **67**，fumitremorgin B **65**，C **72**，demethoxyfumitremorgin C **71** 以及 12，13 - dihydroxyfumitremorgin C **73**；2 个螺环 spirotryprostatins 化合物 spirotryprostatins A **83**，B **84**。该类化合物均具有较强的细胞周期抑制活性。

从海洋真菌 *Aspergillus fumigatus* YK － 7 分离得到多个 Indole DKPs，其中 fumitremorgin B **65**，prenylcyclotryprostatin B **66**，9 - hydroxyfumitremorgin C **77** 对 U937（人组织细胞淋巴瘤细胞）具有细胞生长抑制活性，IC_{50} 分别为 25.3 μmol/L，18.2 μmol/L，14.1 μmol/L。

分离自青霉属真菌 *Penicillium brefeldianum* 的 fumitremorgin B **65**，prenylcyclotryprostatin B **66**，verruculogen **67**，fumitremorgin A **68**，spirotryprostatin F **86** 均

对 HepG2(人肝癌细胞)和 MDA-MB-231(人乳腺癌细胞)有细胞毒活性。

从曲霉 *Aspergillus fumigatus* 中分离得到的 Indole DKPs 有 asperfumigatin **70**，demethoxyfumitremorgin C **71**，fumitremorgin C **72**，12，13-dihydroxyfumitremorgin C **73**，verruculogen TR-2 **74**，20-hydroxycyclotryprostatin B **76**，13-dehydroxycyclotryprostatin C **78**，cyclotryprostatin C **81**，spirotryprostatin B **84**，brevianamide F **90**。经 MTT 法检测发现，这些化合物对 PC3 均具有细胞毒活性，IC_{50} 在 19.9～40 $\mu mol/L$ 之间，阳性对照 cisplatin 的 IC_{50} 为 9.1 $\mu mol/L$。其中化合物 fumitremorgin C **72** 是抗癌药物米托蒽醌的一种专用乳腺癌耐药蛋白的化疗增敏剂，但是它对 PC3D(多药耐药细胞)，A549 和 NCI-H460(人肺癌细胞)活性作用不明显。

近年来从海洋真菌分离得到多个 Indole DKPs。2006 年，从青岛近海海泥样品中分离出真菌 A-f-11 发酵物，从其活性部位得到 tryprostatin B **64**，fumitremorgin B **65**，demethoxyfumitremorgin C **71**，fumitremorgin C **72**，cyclotryprostatin B **80** 和 N-Prenyl-cyclo-L-tryptophyl-L-proline **91**。采用 SRB 法测试抗肿瘤活性，实验结果表明这些化合物对 K562(人慢性髓性白血病细胞)有较弱的细胞毒活性。2007 年，又从真菌变色曲霉 *Aspergillus variecolor* 分离得到 23 个结构相似的开环 tryprostatins 化合物，对 DPPH 自由基清除表现出一定活性。2008 年，从海洋真菌菌株 *Aspergillus sudowi* PFW1-13 中分离得到了 9 个 Indole DKPs，其中 6-methoxyspirotryprostatin B **85**，18-oxotryprostatin A **92**，14-hydroxyterezine **93** 对 A549 具有一定细胞毒活性，并且化合物 6-methoxyspirotryprostatin B **85** 对 HL-60 也具有细胞毒活性。同年，又从海参的内生真菌 *Aspergillus fumigatus* 中分离得到了 19 个 Indole DKPs，对其中新发现的 7 个 Indole DKPs 进行细胞毒活性测试，发现 compound 1 **94** 仅对 HL-60 有弱的细胞毒活性，而其他化合物 fumitremorgin B 的两个衍生物(5 和 6)**95**，spirotryprostatins C-E **96**～**98**，13-oxoverruculogen **99** 对 HL-60，A549，MOLT-4(人急性淋巴母细胞白血病细胞)和 BEL-7402 均有细胞毒活性。

具有生物活性的吲哚二酮哌嗪化合物 **101**～**117** 的结构如图 6-6 所示。

从瘿青霉 *Penicillium fellutanum* VKM-3020 中分离得到 4 个由两分子 L-色氨酸形成的 Indole DKPs 化合物 fellutanines A-D **101**-**104**。其中，fellutanine D **104** 对 L-929(小鼠成纤维细胞)，K562，HeLa 均有细胞毒活性，而 fellutanines A-C **101**-**103** 的活性相对较弱。从曲霉 *Aspergillus taichungensis* ZHN-7-07 中分离得到 okaramines S-U，J **105**-**108**。经细胞毒活性检测发现仅 okaramine S **105** 对 HL-60 和 K562 具有细胞毒活性。从海洋真菌黑曲霉 *Aspergillus niger* 衍生物中分离得到 asperazine **109**，该化合物的体外测试表现出对人白血病细胞的选择性细胞毒性作用。

许多天然的或人工合成的吲哚类化合物都具有一定的抗肿瘤作用，但其病理学和生理学作用机制却有所不同，一般都是通过抑制肿瘤细胞增殖，促进凋亡，影响细胞周期及细胞因子的释放等途径来发挥其抗肿瘤的作用。科学家从分子水平上对吲哚类化合物的抗肿瘤作用及其作用机制却知之甚少，因此，应用化学热力学解决药物与生物大分子相互作用的能量学、熵信息学研究是亟待化学工作者进行探讨的。

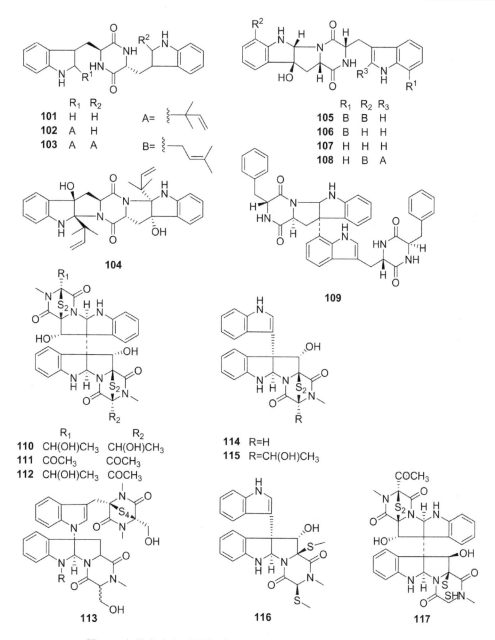

图 6 - 6　具有生物活性的吲哚二酮哌嗪化合物 101～117 的结构

6.1.2　抑菌活性

近年来,抗菌药物的广泛应用,使得很多真菌和细菌逐渐对抗菌药物产生了耐药性。因此,寻找抗菌谱广、结构简单、低毒高效的抗菌药物是极为迫切的任务,以下是 Indole DKPs 在抑菌活性方面的研究进展。

早在 20 世纪六七十年代,melinacidins 就被发现是一种抑菌剂,在枯草芽孢杆菌的细胞中它能阻断烟酸和烟酸酰胺的合成。从昆虫病原真菌 *Acrostalagmus cinnabarinus* 中分离得到的 melinacidins 类化合物对 G⁺（革兰氏阳性菌）有较好的抑菌作用。

从水生真菌 *Delitschia corticola* YMF 1.01111 中分离得到 sporidesmin A **2**，抑菌实验表明 sporidesmin A **2** 比同时得到的其他非 Indole DKPs 类化合物对真菌 *Gibberella saubinetii*（小麦赤霉菌）、*Exserohilum turcicum*（玉米大斑病菌）、*Alternaria* sp.（链格孢菌）、*Rhizoctonia solani*（立枯丝核菌）、*Sclerotium* sp.（小核菌）、*Colletotrichum* sp.（炭疽病菌）、*Phyllosticta* sp.（叶点霉菌）、*Fusarium* sp.（镰刀菌）和细菌 *Bacillus cereus*（蜡样芽孢杆菌）、*Brevibacillus laterosporus*（侧孢短芽孢杆菌）、*E. coli*、*S. aureus* 都显示出了显著的抑制活性。

化合物 chetomin **7**，chetracin A **10**，chaetocin **11**，chaetocins B **12**，C **13** 和 11α,11′α-dihydroxychaetocin **14** 对 G⁻菌（*E. coli* NIHJ）无活性，而对 G⁺菌（*S. aureus* FDA 209P）具有显著活性，其中具有三硫桥单元的化合物 chaetocins B **12**，C **13** 活性最好，其次是具有二硫桥或者四硫桥的化合物 chaetocin **11**，11α,11′α-dihydroxychaetocin **14** 和 chetracin A **10**。Hauser 等发现 11,11′-dihydroxychaetocin **14** 对 *S. aureus*，*Streptococcus*（链球菌）和 *B. subtilis*（枯草芽孢杆菌）都有显著的抑菌活性。

从菌株 *Westerdykella reniformis* sp. nov.中分离得到次生代谢产物 melinacidin IV **17** 和 chetracin B **15**，这两个化合物对 G⁺耐药菌 methicillin-resistant *S. aureus*，MRSA（耐甲氧西林金黄色葡萄球菌）和 vancomycin-resistant *Enterococcus faecium*，VRE（耐万古霉素肠球菌）均有显著的抑菌活性，但对 G⁻菌 *Proteus vulgaris* 活性不明显。

化合物 avrainvillamide **56** 对 MRSA、*Streptococcus pyogenes*（化脓性链球菌）和 *Enterococcus faecalis*（粪肠球菌）均具有较好的抑菌活性，但同样对 G⁻菌 *E. coli* 没有显示出抑菌活性。

从链孢粘帚霉 *Gliocladium catenulatum* 中分离得到的化合物 verticillins D-F **110~112** 对 *B. subtilis*（ATCC 6051）和 *S. aureus*（ATCC 14053）都显示了抑制作用。

从毛壳属真菌 *Chaetomium globosum* 中分离得到 chetomin **7**，chetoseminudin A **8**，chaetocochin J **113**，chaetocochin D 和 chaetocochins G-I，其中 chetomin **7**，chetoseminudin A **8**，chaetocochin J **113** 对 *B. subtilis* 表现出抑菌活性，但这 3 个化合物对 G⁻菌 *E. coli* 没有抑菌活性。化合物 6-formamide-chetomin **9** 对 *E. coli*、*S. aureus*、*S. typhimurium* ATCC 6539（沙门氏菌）和 *E. faecalis* 均具有显著的抑菌活性。

从真菌 *Bionectra byssicola* F120 菌丝发酵液中分离得到 3 个 ETPs 化合物 verticillin D **110** 和 bionectins A-C **114~116**，其中 bionectins A **114**，B **115** 在二酮哌嗪部分有一个二硫桥单元，而化合物 bionectin C **116** 在二酮哌嗪部分有两个硫甲基。bionectins A **114**，B **115** 对 MRSA 和 QRSA（喹诺酮耐药的金黄色葡萄球菌）有较高抑菌活性，而化合物 bionectin C **116** 没有显示出抑菌活性，化合物 verticillin D **110** 抑菌活性最为显著。同年，从该真菌中分离得到 verticillin G **117**，同时还得到了 verticillin D **110**。生物活性显示这两个化合物对 *S. aureus* RN4220，*S. aureus* 503，MRSA3167，MRSA3506 以及 QRSA3505，QRSA3519 菌种都有显著的抑菌作用，其中 verticillin G**117** 对 QRSA 具有显著的抑菌效果，verticillin D**110** 对 MRSA 具有显著的抑菌效果。

对来自海洋真菌烟曲霉 *Aspergillus fumigatus* MR2012 次生代谢产物进行分离时，利用

Boc₂O(二碳酸二叔丁酯)化学反应处理得到 fumitremorgin C **72** 和 tryprostatin B **64** 的混合物,然后经 HPLC 分离得到这两个化合物的半合成衍生物,抑菌活性测试显示这两个化合物的衍生物都对 G⁺菌(*S. aureus* 和 *B. subtilis*)具有显著的潜在活性,但是对 G⁻菌(*E. Coli*)的活性较弱。合成得到的 demethoxyfumitremorgin C **71** 类似物也对 *S. aureus* S1 显示出一定的抑制作用。

近年来从无花果内生真菌溜曲霉 *Aspergillus tamarii* 分离得到 12 个 Indole DKPs,其中化合物 fumitremorgin B **65** 和 fumitremorgin C **72** 抑制真菌 *Pyricularia oryzae*(稻瘟病菌)、*Fusarium graminearum*(禾谷镰孢菌)、*Botrytis cinerea*(灰葡萄孢菌)、*Phytophthora capsici*(辣椒疫霉菌)的活性显著,MIC 接近阳性对照制霉菌素 nystatin。提取自黄芪的青霉属内生真菌 AR15 的次生代谢产物 fumitremorgin B **65**,verruculogen **67**,cyclotryprostatin A **79** 对黄芪白粉病原真菌的 MIC 分别是 3.13,1.56,6.25 μg/mL,相当或高于阳性对照 nystatin(MIC 为 6.25 μg/mL)。

以上对吲哚二酮哌嗪生物碱抑菌活性的研究数据表明,该类生物碱具有良好甚至优异的抑菌性能,是很好的制备抑菌药物的前体化合物。然而,随着细菌耐药性的增加,出现了如耐甲氧西林金黄色葡萄球菌、鲍曼不动杆菌等多重耐药细菌,目前需积极筛选新的抗生素,或者寻找可替代的干预策略来消除细菌的耐药性。尽管天然生物碱具有广谱抗生素的特点,且不良反应较少,耐药倾向较低,但是生物碱的生物利用度也是人们普遍关注的问题。一般来说,生物碱的碱基是亲脂性的,能够与酸形成盐并溶于水,通过易化扩散由胃肠道吸收,不同生物碱的平均生物利用度为 0.27%～64.6%。由生物碱、磷脂、疏水组分和表面活性剂组成的制剂在体内可自发形成微乳和亚微乳,从而提高了生物碱的口服吸收,但该方式的生物利用度较低。

根据生物碱抗菌活性的特点,开发临床抗菌药物,目前的研究大多是在体外进行的,而在体内进行的研究相对较少,一些生物碱的抗菌机理尚未完全阐明。在今后的研究中,应重点研究生物碱的抗菌活性与其结构之间的关系,并通过结构变化对生物碱进行优化。另外,由于天然生物碱含量较低及化合物的结构复杂,在较长的时期内合成天然生物碱药物是非常困难和昂贵的,新的生物碱类药物的开发也将受到影响。最后,新抗菌药物的研制应考虑细菌感染的多因素、多部位、多环节、多机制的特点,并对其进行优化,使其在可接受的毒性水平上达到适当的剂量。因此,充分了解结构复杂的药物与宿主之间的相互作用,并确定新的潜在靶点,是研究相关机制的关键。

综上所述,生物碱抑菌活性的研究对研发抑菌剂具有重要的现实意义,但目前仍需广泛开展基础和临床研究,以确定和验证新药疗效。深入分析生物碱的抗菌作用及机制,有望对高效、广谱、低毒性、低耐药的新型抗菌药物的研究和开发提供帮助。

6.1.3　其他活性

吲哚二酮哌嗪生物碱天然产物具有广泛的生物活性,如清除自由基抗氧化活性、杀虫、免疫调节、抑制植物生长等活性。具有这些活性的化合物 **118**～**140** 的结构,如图 6-7 所示。

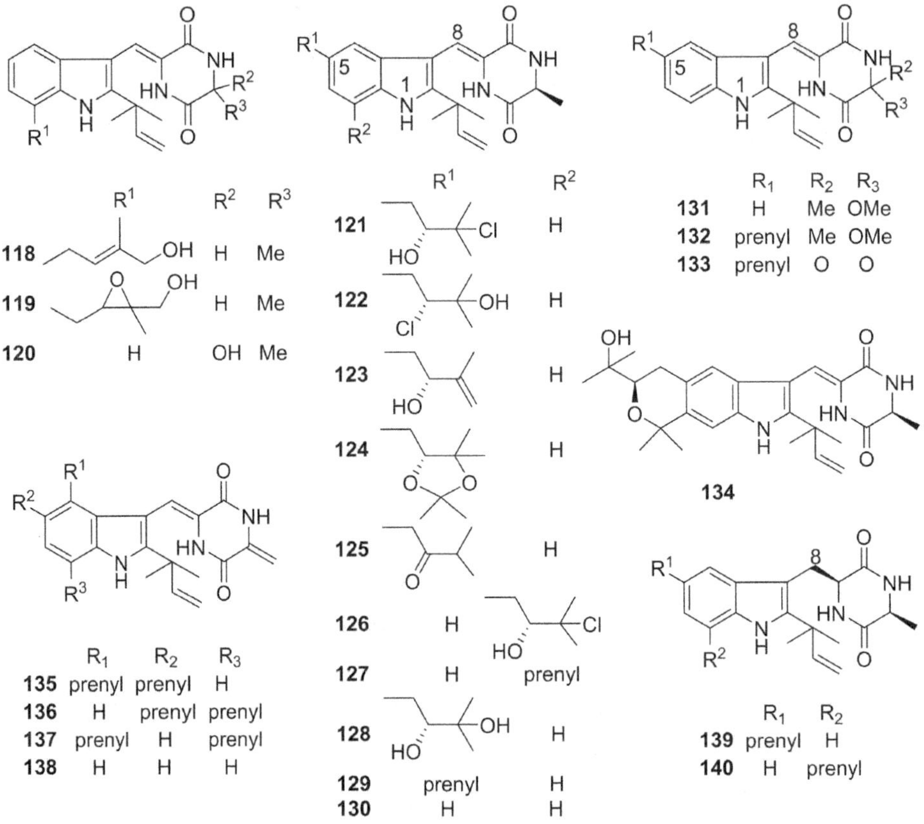

图 6-7 具有生物活性的吲哚二酮哌嗪化合物 118~140 结构

6.2 吲哚二酮哌嗪的生物活性测试及分析

天然产物抑菌活性化合物，毒性小，对环境压力小，也不易引起抗药性，因此可以作为新农药研究的重要领域。鉴于吲哚二酮哌嗪生物碱良好的抑菌生物活性，对第 3~5 章合成得到的总共 24 个吲哚二酮哌嗪衍生物及 5 个吲哚衍生物进行了抑菌生物活性测试，如图 6-8 所示。并将这 29 个化合物按照结构进行了分类，分为开环吲哚二酮哌嗪 A 组（包括化合物 **A1**~**A9**），闭环吲哚二酮哌嗪 B 组（包括化合物 **B1**~**B6**），螺环吲哚二酮哌嗪 C 组（包括化合物 **C1**~**C9**，其中 **C5**~**C9** 为本课题合成）和吲哚衍生物 D 组（包括化合物 **D1**~**D6**）。

实验选取 4 种常见细菌 G⁺ 菌 *Stapylococcus aureus*（金黄色葡萄球菌）、*Bacillus subtilis*（枯草芽孢杆菌）和 G⁻ 菌 *Pseudomonas aeruginosa*（绿脓杆菌）、*Escherichia coli* 和 4 种植物病原真菌 *Peony anthracnose*（芍药炭疽病菌）、*Valsa mali*（苹果腐烂病菌）、*Alternaria alternata*（烟草赤星病菌）、*Alternaria brassicae*（白菜黑斑病菌）进行抑菌活性测试，测试了化合物的最小抑菌浓度。

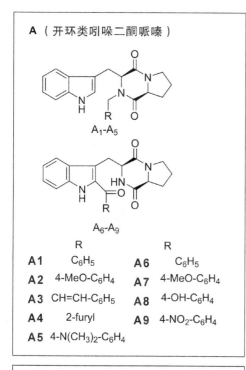

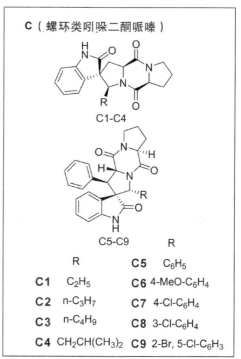

A（开环类吲哚二酮哌嗪）

A₁-A₅

A₆-A₉

	R			R
A1	C₆H₅		**A6**	C₆H₅
A2	4-MeO-C₆H₄		**A7**	4-MeO-C₆H₄
A3	CH=CH-C₆H₅		**A8**	4-OH-C₆H₄
A4	2-furyl		**A9**	4-NO₂-C₆H₄
A5	4-N(CH₃)₂-C₆H₄			

B（闭环类吲哚二酮哌嗪）

cis- or trans　B1-B6

	R
B1	C₆H₅
B2	(R)-4-MeO-C₆H₄
B3	(S)-3-MeO,4-OH-C₆H₃
B4	(S)-4-OH-C₆H₄
B5	(S)-4-NO₂-C₆H₄
B6	(R)-CH(CH₃)₂

C（螺环类吲哚二酮哌嗪）

C1-C4

C5-C9

	R			R
C1	C₂H₅		**C5**	C₆H₅
C2	n-C₃H₇		**C6**	4-MeO-C₆H₄
C3	n-C₄H₉		**C7**	4-Cl-C₆H₄
C4	CH₂CH(CH₃)₂		**C8**	3-Cl-C₆H₄
			C9	2-Br, 5-Cl-C₆H₃

D（吲哚衍生物）

D1-D5

	R
D1	C₆H₅
D2	4-MeO-C₆H₄
D3	4-Cl-C₆H₄
D4	3-Cl-C₆H₄
D5	2-Br, 5-Cl-C₆H₃

图 6-8　三组吲哚二酮哌嗪化合物(A、B、C)及一组吲哚衍生物(D)

6.2.1　抑菌活性实验试剂

制备培养基所用牛肉膏、蛋白胨规格为生化试剂,营养琼脂为分析纯规格,购买自北京奥博星生物技术有限责任公司。NaCl、葡萄糖、DMSO 均为分析纯试剂规格,购买自上海毕得医药科技有限公司。实验所用阳性对照青霉素钠(penicillin sodium)、硫酸链霉素(streptomycin sulfate)的试剂规格为医用肌注、酮康唑(ketoconazole)试剂规格为分析纯,均购买自齐鲁安替制药有限公司。

6.2.2　测试菌株

供试菌株细菌:金黄色葡萄球菌(*Staphylococcus aureus*)与枯草芽孢杆菌(*Bacillus subtilis*)革兰氏阳性菌、绿脓杆菌(*Pseudomonas aeruginosa*)与大肠杆菌(*Escherichia coli*)革兰氏阴性菌;芍药炭疽病菌(*Colletotrichum gloeosporioides*)、苹果树腐烂病菌(*Valsa mali*)、烟草赤星病菌(*Alternaria alternata*)与白菜黑斑病菌(*Alternaria brassicae*)植物病原真菌。供试菌株于 4℃保存,由陕西科技大学天然产物化学研究室提供。

6.2.3　培养基

细菌培养基:将 10 g 蛋白胨,5.0 g 牛肉膏,5 g NaCl 溶解于 1 000 mL 蒸馏水,校正 pH 至 7.0~7.2,加入琼脂 16 g,加热煮沸,121℃高压灭菌 20 min 备用。

植物病原真菌培养基:将 200 g 去皮的马铃薯切成小块,于沸水中蒸煮约 40 min,过滤除去滤渣,分别加入葡萄糖 20 g 和琼脂粉 16 g,待溶解后加蒸馏水到 1 L,调 pH=7.0,用锥形瓶分装,经 20 min,121℃灭菌后常温保存备用。

6.2.4　化合物最小抑菌浓度(Minimum Inhibitory Concentrations, MIC)测定方法

1. 菌悬液的配制

待测细菌于 37℃,待测植物病原真菌于 28℃,分别培养活化 24~28 h,取此培养液 1 mL,然后采用血球计数法将所供试菌株菌液稀释到 10^6 CFU/mL 的菌悬液浓度备用,其中 Colony - Forming Units(CFU)是指细菌群落总数在单位体积中的含量。

2. 最小抑菌浓度的测定

称取一定量的细菌或真菌的液体培养基,加入适量去离子水,将培养基溶解并定至 1 000 mL,之后在灭菌锅中 115℃高温灭菌 30 min,冷却至室温备用,现用现配,用于菌株的复壮。

待测化合物采用二倍稀释法对其测定最小抑菌浓度。首先,用分析天平称取计算量的待测化合物,并溶解于 DMSO 溶剂中,加入去离子水稀释,配制成质量浓度为 1 000 μg/mL 的样品溶液。将 96 孔板(12 列×2 行)经紫外灭菌,自左至右每列小孔分别编号为 1~12 号,其中第 11 孔和第 12 孔分别用作液体培养基和 DMSO 溶剂的阴性对照。以两倍稀释法依次对孔中培养基进行稀释,以第一行为例,用微量进样器在 1 号孔中精确加入配制好的浓度为 100 μg/mL 的化合物原液 0.2 mL,2 号到 9 号孔各加入 0.1 mL 液体培养基,然后从 1 号孔中移取 0.1 mL 化合物原液至 2 号孔,混合均匀后再从 2 号孔中吸取混合液 0.1 mL 至 3 号孔,如此连续倍比稀释,直至稀释到 9 号孔,从 9 号孔中吸取 0.1 mL 混合液并弃去,1 号孔补加 0.1 mL 液体培养基。10 号孔为不含化合物的空白对照孔,只加入 0.2 mL 液体培养基。使得 1~9 号孔中的化合物浓度分别为 100 μg/mL,50 μg/mL,25 μg/mL,12.5 μg/mL,6.25 μg/mL,3.13

$\mu g/mL$,1.56 $\mu g/mL$,0.78 $\mu g/mL$,0.39 $\mu g/mL$。然后将浓度为 10^6 CFU/mL 的受试菌菌悬液(用血球计数法配制),加入 100 μL 于 96 孔板每孔中。每行培养板只可供一种化合物对一株菌的 MIC 测试,每个待测化合物设置 3 组平行实验。

　　青霉素钠(penicillin sodium)和硫酸链霉素(streptomycin sulfate)分别为革兰氏阳性菌(G^+)和革兰氏阴性菌(G^-)的阳性对照,而植物病原真菌的阳性对照为酮康唑(ketoconazole)。将细菌测试组样品置于 37℃恒温摇床(200 r/min),经过 24 h 培养,植物病原真菌测试组样品置于 28℃恒温摇床(200 r/min),经过 48 h 培养后,将平板置于暗色,无反光物体表面上判断、观察并记录结果,以在小孔内完全抑制细菌生长的最低药物浓度作为 MIC。测试菌的生长情况可通过观察培养孔的澄清度来判断,若培养孔中液体透明澄清,则表明测试菌的生长受到抑制,若培养孔液体呈混浊状或底部有沉淀出现,则表明测试菌的生长未被抑制,以恰好出现混浊的上一澄清孔浓度为化合物的 MIC 浓度。为更加准确地评估抑菌效果,同时采用酶标仪在波长 $\lambda=450$ nm 下测试并记录结果。

6.2.5　化合物最小抑制浓度(MIC)测定结果

　　选取 4 株细菌,金黄色葡萄球菌(S. aureus)、枯草芽孢杆菌(B. subtilis)、大肠杆菌(E. coli)和绿脓杆菌(P.aeruginosa)。以及植物病原真菌:芍药炭疽病菌(P.anthracnose)、苹果树腐烂病菌(V.mali)、烟草赤星病菌(A.alternata)和白菜黑斑病菌(A.brassicae)测试吲哚二酮哌嗪衍生物及吲哚衍生物的最小抑制浓度(MIC),测定结果见表 6-1。

　　抑菌实验结果表明,大多数吲哚二酮哌嗪化合物具有良好的抑菌活性,大多数吲哚的 MIC 值在 0.39~12.5 之间,其中对供试菌株的抑菌效果最好的是开环类吲哚二酮哌嗪化合物 **A6~A9** 和螺环类吲哚二酮哌嗪化合物 **C1~C4**,嗪化合物的 MIC 值在 0.39~3.13 之间。但是开环类化合物 **A1~A5** 和闭环类化合物 **B1~B6** 对供试菌株的抑菌活性一般甚至部分化合物无抑菌活性。其余化合物,包括螺环吲哚二酮哌嗪化合物 **C5~C9** 和吲哚衍生物 **D1~D5**,对测试菌株活性较小或几乎没有生物活性。

　　因此,将所有被测化合物按其抑细菌活性分为高活性组(**A6~A9**,**C1~C4**)、中活性组(**A1~A5**,**B1~B6**)和低活性组(**C5~C9**,**D1~D5**)。值得注意的是,**A7**,**A8**,**A9**,**C3** 和 **C4** 对受试细菌菌株均具有很强的抑菌活性,其抑菌效果高于或接近阳性对照青霉素钠(penicillin sodium)和硫酸链霉素(streptomycin sulfate)。化合物 **A7**,**A8**,**B5** 和 **C2** 与 G^+ 阳性对照青霉素钠相比,对金黄色葡萄球菌(Staphylococcus aureus)的 MIC 值为 0.39 mg/mL,比阳性对照的抑菌活性更好。化合物 **C4** 比 G^+ 阳性对照青霉素钠对枯草芽孢杆菌(Bacillus subtilis)的抑菌活性更好,MIC 值为 0.78 mg/mL。总体看来,化合物对 G^+ 菌的活性普遍优于对 G^- 的活性。另一方面,大部分该类化合物对测试植物病原真菌抑制作用不明显,只有螺环吲哚二酮哌嗪类 **C1~C4** 对受试细菌和植物病源真菌具有广谱抗菌活性,植物病源真菌的 MIC 值为 0.39~25 mg/mL,其他化合物对真菌的抑制活性较弱,或根本没有抑菌活性。然而,文献中从无花果内生真菌溜曲霉 Aspergillus tamarii 分离得到的吲哚二酮哌嗪化合物 fumitremorgin B 和 fumitremorgin C 抑制真菌 Pyricularia oryzae(稻瘟病菌)、Fusarium graminearum(禾谷镰孢菌)、Botrytis cinerea(灰葡萄孢菌)、Phytophthora capsici(辣椒疫霉菌)的活性显著,MIC 接近阳性对照制霉菌素 nystatin 的 MIC。提取自黄芪的青霉属内生真菌 AR15 的次生代谢产物 fumitremorgin B,verruculogen 和 cyclotryprostatin A 对黄芪白粉病原真菌的 MIC 分别是 3.13 $\mu g/mL$,1.56 $\mu g/mL$,6.25 $\mu g/mL$,相当或高于阳性对照 nystatin(MIC 为 6.25 $\mu g/mL$)。因此,关于吲哚二酮哌嗪化合物的抑菌生物活性值得进一步研究。

表 6 - 1 化合物抑制细菌及真菌的最小抑菌浓度

组别	化合物	最小抑制浓度 MICs/$(\mu g \cdot mL^{-1})$							
		抑制细菌活性				抑制真菌活性			
		革兰氏阳性菌		革兰氏阴性菌					
		SA	BS	PA	EC	CG	VM	AA	AB
A	A1	3.13	NA[a]	1.56	1.56	NA	25	25	25
	A2	25	NA	6.25	0.78	25	25	50	NA
	A3	25	12.5	3.13	3.13	12.5	12.5	25	25
	A4	25	12.5	6.25	1.56	25	25	25	25
	A5	NA	NA	3.13	6.25	50	25	25	NA
	A6	0.78	3.13	3.13	3.13	NA	25	NA	25
	A7	0.39	3.13	1.56	0.78	25	12.5	25	25
	A8	0.39	1.56	1.56	0.78	25	12.5	25	25
	A9	0.78	1.56	1.56	0.78	NA	25	25	NA
B	B1	0.78	12.5	1.56	3.13	50	NA	NA	50
	B2	NA	25	1.56	3.13	NA	25	NA	NA
	B3	3.13	NA	1.56	6.25	25	NA	25	25
	B4	3.13	25	12.5	12.5	25	25	25	25
	B5	0.39	12.5	1.56	1.56	25	25	25	25
	B6	NA	NA	12.5	12.5	25	25	NA	25
C	C1	0.78	1.56	3.13	0.78	12.5	25	6.25	12.5
	C2	0.39	1.56	3.13	1.56	12.5	12.5	6.25	12.5
	C3	0.78	1.56	1.56	0.78	25	12.5	12.5	12.5
	C4	0.39	0.78	1.56	0.78	12.5	25	25	25
	C5	6.25	12.25	12.5	25	25	25	25	25
	C6	25	6.25	NA	NA	25	25	25	25
	C7	6.25	12.5	25	12.5	50	50	50	50
	C8	12.5	6.25	12.5	25	50	50	50	50
	C9	12.5	6.25	12.5	25	50	50	25	50
D	D1	25	12.5	25	25	NA	50	NA	50
	D2	12.5	25	NA	NA	50	50	50	25
	D3	25	25	12.5	25	25	25	25	25
	D4	NA	12.5	NA	NA	50	50	NA	50
	D5	NA	12.5	NA	NA	50	NA	25	50
硫酸链霉素		[b]		1.56	0.78				
青霉素钠		0.78	1.56						
酮康唑						12.5	12.5	6.25	12.5

革兰氏阳性菌：SA,金黄色葡萄球菌(*Staphylococcus aureus*)；BS,枯草芽孢杆菌(*Bacillus subtilis*)；革兰氏阴性菌：PA,绿脓杆菌(*Pseudomonas aeruginosa*)；EC,大肠杆菌(*Escherichia coli*)；真菌：CG,苹果炭疽菌(*Colletotrichum gloeosporioides*)；VM,苹果腐烂病菌(*Valsa mali*)；AA,烟草赤星病菌(*Alternaria alternate*)；AB,白苹果黑斑病菌(*Alternaria brassicae*)。

[a]：NA＝没有活性(not active in assay)(MIC＞50 μg/mL)。

[b]：未检测(Not determined)。

6.2.6　抑菌活性构效关系

化合物表现出来的生物活性与其结构特征有着密切关系,研究化合物的活性构效关系(Structure－Activity Relationship,SAR)可以了解结构与活性直接的联系,从而为化合物结构优化或者研究活性机理提供相应信息都具有重要意义。吲哚二酮哌嗪化合物的抑菌活性构效关系 SAR 可由表 6-1 所列的抑菌活性结果来分析。

从抑菌实验结果可以看出：

(1)组成吲哚二酮哌嗪骨架的吲哚母核与二酮哌嗪母核是该类化合物具有抑菌活性的重要因素。因为对比吲哚衍生物 **D1~D5** 在抑菌活性测试中表现出较弱的作用,而大多数吲哚二酮哌嗪化合物则表现出良好的抑菌活性。

(2)吲哚母核与二酮哌嗪母核的连接方式导致化合物骨架发生了较大的变化,从而极大地影响了抑菌活性。抑菌结果表明,活性显著性整体呈现出开环类吲哚二酮哌嗪＞闭环类吲哚二酮哌嗪＞螺环类吲哚二酮哌嗪的影响趋势。这具体表现在,对大多数受试细菌菌株而言,闭环类吲哚二酮哌嗪化合物 **B1~B6** 的活性高于螺环类化合物 **C5~C9**。但是由于闭环类 **B1~B6** 的抑制活性弱于开环类化合物 **A6~A9**,而螺环化合物 **C1~C4** 的活性又优于开环类化合物 **A1~A5** 以及闭环类化合物 **B1~B6**,同时,开环类 **A6~A9** 的抑菌活性高于同类型的**A1~A5**。

(3)取代基的种类和所处位置对其抑菌活性也有显著影响。对于螺环类吲哚二酮哌嗪化合物,烷基取代基提高了抑菌活性,芳香取代基则降低了抑菌活性。开环类吲哚二酮哌嗪化合物在吲哚核 C-2 位的取代基提高了抑菌活性,而二酮哌嗪母核的 N-取代则降低了抑菌活性。同时发现,芳基取代的该类化合物中其苯环上取代基的性质与抑菌作用有一定关系,当苯环上连有吸电基团时,其抑菌作用有所增加,如开环类的 **A9** 相比同类型的 **A6**,**A7**,**A8**,其活性有增加趋势,相比于苯取代的 **A6**,化合物 **A9** 对于四株受试细菌的活性均优于前者。同样,对于闭环类的 **B5** 相比于同类型的 **B1**,**B2**,**B3**,**B4**,**B5**,其对 4 株受试细菌均表现出了较优异的活性。螺环类的 **C7**,**C8**,**C9** 相比同类的 **C5**,**C6** 化合物,其对部分受试菌株的活性效果超过了后者。而当苯环上连有给电子取代基团时,其抑菌作用有所减弱,如开环类 **A2** 化合物对 3 株受试细菌的抑菌活性都小于苯环取代的 **A1** 化合物。闭环类的 **B2**,**B6** 的抑菌活性相比苯环取代的 **B1** 活性大大减弱,尤其是异丙基取代的 B6 其对 4 株受试细菌菌株的活性相比同类型的其他化合物均较弱。同样,螺环类的 C6 化合物相其对受试细菌菌株的抑菌活性全部或者部分低于化合物 **C5**,**C7**,**C8**,**C9**。

在脂肪烃基取代的该类化合物中,烃基链的长短对抑菌活性也有一定影响,这主要是对螺

环类的化合物 **C1**～**C4** 来说,链长增加,化合物的抑菌活性也有增加的趋势,如化合物 **C4** 相比同类型的其他化合物具有较好的抑菌活性。

6.2.7 抑菌活性机理分析

分子对接(molecular docking)是一种将科学计算法与物理化学原理相结合的,基于"锁钥模型"思想和"诱导契合"原理,研究蛋白质与配体分子之间的相互作用,以及配体分子与蛋白质活性位点结合方式的一种重要工具。蛋白质与配体分子之间不仅仅几何匹配,能量匹配在蛋白质-配体分子的复合物的形成中也至关重要,在配体分子与蛋白质相互适应的过程中,受到相互间静电、氢键、疏水作用等影响,受体和配体的构象也在发生着变化,从而达到"诱导契合"的效果,最终形成形状和能量都是最优匹配的结合模式。并通过相关的打分函数或者结合能等因素来评价对接的结果,因此,分子对接在理解分子生物功能,虚拟药物筛选等方面都具有广泛应用。

为了进一步探讨吲哚二酮哌嗪化合物的抑菌活性机理,采用分子对接的方法将活性测试实验中的三类吲哚二酮哌嗪化合物,共计 24 个,与脂肪酸合成酶 FabH 进行了分子对接。

1.分子对接实验方法

脂肪酸合成酶 FabH,其 PDB 序号是 1HNJ,结构数据来源于 RCSB protein Data Bank 蛋白质数据库(http://www.pdb.org/pdb/home/home.do.),采用 AutoDock 4.2 软件分析活性化合物与酶的相互作用。利用 PyMOL(version 0.99;DeLano Scientific,San Carlos,CA,USA)和 ligplus v1.4.5 查看和编辑图形。

对接操作如下:

(1)首先用 PyMOL 软件将受体和配体分子从数据库下载的 1HNJ.pdb 文件中提取出来,使蛋白质受体在对接前不含任何配体,保证将所有杂原子从 1HNJ.pdb 文件中移除,同时也要去除掉酶的水分子。

(2)在 AutoDock 的 PMV 中打开蛋白质大分子 pdb 文件,对其加氢、加电荷并保存为 pdbqt 文件。同样,在 PMV 中对配体小分子,即化合物分子进行加氢、加电荷,加 Root,保存为 pdbqt 文件。

(3)准备 AutoGrid 参数文件,确定对接 BOX 参数,格子的大小 x,y,z 设置为 48 Å,格子中心坐标设置为 $x=26.819,y=19.041,z=28.216$,格点间隔默认值为 0.375 Å。这样格子中共包含 117 649 个格点。运行完 Grid 之后,得到 glg 文件。

(4)采用拉马克遗传算法(LGA)进行 Docking 运算。打开蛋白质和配体分子的 pdbqt 文件,将运行次数设定为 100,将最大评估次数(Maximum Number of evals)设置为 long:25000000。运行完 Docking 程序,得到运行记录 dlg 文件。

(5)读取对接记录 dlg 文件,查看运行结果,利用结合能、氢键等信息筛选最优结果。

(6)利用 PyMOL 以及 ligplus v1.4.5 软件将对接结果转化为可视图形。

化合物与 *E. coli* FabH 的对接结果见表 6-2。

表 6-2　化合物与 *E. coli* FabH 的对接结果

组别	化合物	$\Delta G_b{}^a$/ (kcal·mol^{-1})	氢键^a	疏水作用^b	$\pi-\pi$ 作用
A	A1	−9.20	N$_I$-H···O/Gly209	Cys112，Asn247，Ile250，Ala216，Leu220，His244，Ala246，Phe304	c
	A2	−9.50	N$_I$-H···O/Gly209 O$_{II-1}$···H-N/Asn274	Cys112，Leu220，Ile250，Ala246，His244，Asn247，Ile156，Phe304	
	A3	−10.59	N$_I$-H···O/Gly209 O$_{II-1}$···H-N/Asn274	Cys112，Leu220，Ile250，Ala246，His244，Asn247，Ile156，Phe304	
	A4	−9.03	N$_I$-H···O/Gly209 O$_{II-1}$···H-N/Asn274	Cys112，Ala246，Ile250，Asn247，Ile156	
	A5	−8.54	N$_I$-H···O/Gly209	Cys112，Asn247，Val212，Ala216，Ile250，Ile156，His244，Leu220，Ala246，Phe304	
	A6	−9.79	O$_{II-2}$···H-N/Asn247 N$_{II-3}$-H···O/Ala246	Ile250，His244，Leu189 Leu220，Val212，Cys112，	
	A7	−10.79	O$_{II-2}$···H-N/Asn247 N$_I$-H···O/Phe304	Ile250，Ala246，Leu220，Met207，Cys112，Leu189	
	A8	−10.61	O$_{II-2}$···H-N/Asn247 N$_1$-H···O/Phe304 O$_{III-OH}$-H···O/His244	Ala246，His244，Leu220，Ile250，Cys112，Met207	
	A9	−9.99	O$_{II-2}$···H-N/Asn247 N$_I$-H···O/Phe304 O$_{III-NO2}$···H-N/His244	Ala246，Ile250，Leu220，Met207，Phe157，Cys112，Leu189	
B	B1	−7.87	O$_{II-2}$···H-N/Asn247	Ile156，Met207，Ile155，Phe213，Asn210	Ph$_I$···Ph/ Phe213
	B2	−7.65	O$_{III-MeO}$···H-N/Phe304	c	
	B3	−5.63	O$_{III-OH}$-H···O/Gly152	Met207，Ile156，Ala246，Gly209，Phe213，Asn210	Ph$_I$···Ph/ Phe213
	B4	−5.45	O$_{III-OH}$-H···O/Gly152	Met207，Ala246，Asn210，Phe213，Gly209	Ph$_I$···Ph/ Phe213
	B5	−5.61		Met207，Ala246，Asn210，Phe213，Gly209	Ph$_I$···Ph/ Phe213
	B6	−6.40	O$_{II-1}$···H-N/Asn274	Cys112，Phe213，Met207	

续　表

组　别	化合物	$\Delta G_b{}^a/$ (kcal·mol^{-1})	氢键^a	疏水作用^b	$\pi-\pi$作用
C	**C1**	-7.37	$O_{II-2}\cdots H-N/Asn247$	Ile156，Ala246，Val212	
	C2	-7.37	$O_{II-2}\cdots H-N/Asn247$	Ile156，Ala246，Val212	
	C3	-7.24	$O_{II-2}\cdots H-N/Asn247$	Phe213，Ile156，Ala246，Val212	
	C4	-7.78	$O_{II-2}\cdots H-N/Asn247$ $O_I\cdots H-N/Asn274$	Ile156，Ala246，Val212	

　　^{a}：ΔG_b及氢键数据来自 AutoDock 4.2。^{b}：疏水作用和 $\pi-\pi$ 作用来自 https://proteins.plus/。^{c}：在 AutoDock 4.2及 PoseView 作用模型中未发现 $\pi-\pi$ 相互作用。1 kcal＝4 185 J。

2. 吲哚二酮哌嗪化合物抑菌机理分析

　　FabH 蛋白的活性位点通常包含一个三元催化通道，由氨基酸 Cys112，His244 和 Asn274 组成。这些氨基酸的存在形式将会极大地影响、抑制甚至停止该酶的催化活性。而 FabH 蛋白酶的失活将直接导致脂肪酸的生物合成不能顺利进行，对生物体的能量供应不足，所以细胞膜的成分无法形成，细菌的生长被抑制，这就是抑菌药物发挥抑菌活性的重要原因。因此将吲哚二酮哌嗪化合物分子与 FabH 蛋白酶的 1HNJ 晶体结构进行了分子对接研究，以揭示该类化合物与酶的结合模式，分子对接研究可为该类化合物的抑菌活性机理提供重要的信息。对接结果见表 6－2 和图 6－9。

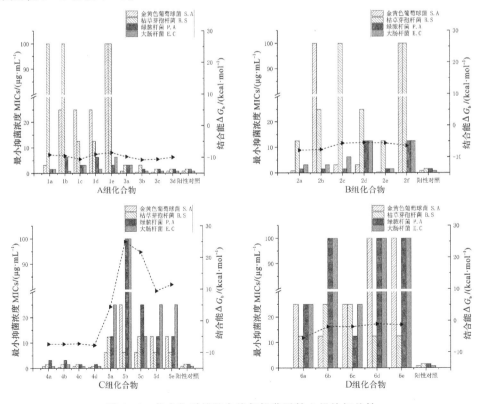

图 6－9　化合物对接结合能与抑菌活性之间的相关性

从化合物与 1HNJ 对接的结合能与化合物抑菌结果两个因素的对比图可以看出,分子对接得到了较好的结果,大多数合成的吲哚二酮哌嗪化合物对目标蛋白显示出良好的结合自由能(Δ_b,kcal/mol),结合能的范围从 −5.45 到 −10.79 kcal/mol(见表 6 − 2)。此外,Δ_b 的变化趋势与大多数化合物的最小抑菌浓度 MIC 值的变化趋势恰好呈现相一致的变化,如图 6 − 6 所示。具体来说,具有良好活性的高活性化合物组化合物 A6~A9 具有非常低的结合能值,Δ_b 范围从 −10.79 kcal/mol 到 −9.79 kcal/mol 之间。具有中等活性的化合物组 B1~B6 表现出的结合能值范围是 −7.87 kcal/mol 到 −5.45 kcal/mol 之间,相较前者具有较高的结合能值。此外,低活性组的化合物 C5~C9 的抑菌活性相较其他化合物较弱,相比于其他的吲哚二酮哌嗪化合物其与 1HNJ 的结合能值较高,Δ_b 分别为 4.43 kcal/mol,25.00 kcal/mol,21.73 kcal/mol,9.41 kcal/mol,11.43 kcal/mol。而吲哚衍生物 D1~D5 与 1HNJ 的结合能值也较高,分别为 −5.51 kcal/mol,−1.94 kcal/mol,−1.90 kcal/mol,−1.07 kcal/mol,−1.29 kcal/mol。在化合物 C5~C9 和 D1~D5 与 1HNJ 对接的最佳结合构象中,没有发现氢键且只有少量疏水性作用力,可能表明这些化合物的抑菌活性较弱的原因是它们与 FabH 酶之间的相互作用较弱。然而,体外活性与分子对接研究结果并不总是相关的,例如,尽管化合物 A1~A5 对 1HNJ 显示出良好的结合亲和力,其 Δ_b 值在 −10.59 kcal/mol 到 −8.54 kcal/mol 之间,但它们对金黄色葡萄球菌和枯草芽孢杆菌的抑菌活性较低,而对绿脓杆菌和大肠杆菌的抑菌活性良好,这可能是因为,这里除了靶蛋白酶 FabH 是引起活性变化的蛋白以外,可能还有另外一个关键靶点。

此外,化合物与蛋白酶 1HNJ 的结合亲和力还通过氢键、疏水相互作用和 π − π 相互作用等来评价。见表 6 − 2,氢键和疏水相互作用是吲哚二酮哌嗪化合物与 1HNJ 之间的重要相互作用。例如,化合物 A2~A4 是通过其 N_1H(也就是位于吲哚母核的氨基,见图 6 − 10)与氨基酸残基 Gly209 产生氢键作用,其位于二酮哌嗪骨架的羰基氧原子 O_{II-1}(见图 6 − 10)与催化酶 1HNJ 的氨基酸残基 Asn274 侧链上的 NH 产生了氢键。化合物 A6~A9 是通过其二酮哌嗪骨架的羰基氧原子 O_{II-2}(见图 6 − 10)与催化酶 1HNJ 的氨基酸残基 Asn247 的侧链上 NH 产生氢键作用,并且其吲哚氨基 N_1H(见图 6 − 10)与氨基酸残基 Phe304 的主链羰基氧也产生了氢键作用。它们的取代基和 His244 之间也有氢键。化合物 B1~B4,B6 分别与催化酶 1HNJ 的氨基酸残基 Asn247,Phe304,Gly152,Asn274 形成了氢键。此外,由于合成的吲哚二酮哌嗪化合物有芳基取代基,因此,也发现了化合物与催化酶 1HNJ 氨基酸残基的 π − π 相互作用(π − π interaction)。例如,化合物 B1 的取代基苯环和催化酶 1HNJ 氨基酸残基 Phe213 的苯环之间存在 π − π 相互作用,并且这种相互作用也在 B3、B4 和 B5 中也存在(见表 6 − 2),这种 π − π 相互作用进一步稳定了这些化合物与催化酶 1HNJ 的相互作用。化合物 C1~C4 主要是通过其二酮哌嗪母核的羰基氧 O_{II-2} 与催化酶 1HNJ 氨基酸残基 Asn247 的侧链 NH 产生氢键作用。其中化合物 C4 还通过其吲哚二位的羰基氧 O_i(见图 6 − 10)与氨基酸残基 Asn274 的侧链 NH 形成氢键。

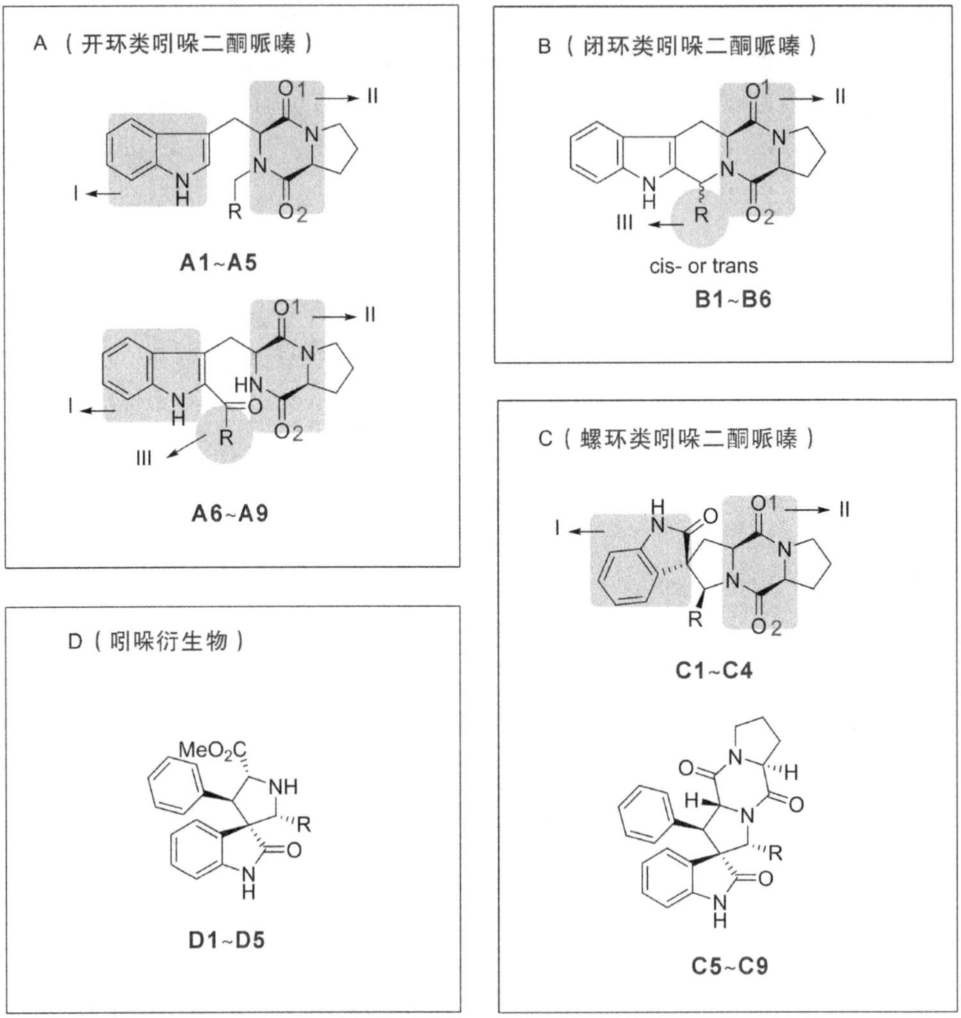

图 6 - 10 A,B,C,D 化合物结构分组图

通过上述分析,一般来说,吲哚二酮哌嗪的两个母核骨架(亚基Ⅰ和亚基Ⅱ,见图 6 - 10)和吲哚二酮哌嗪的取代基(亚基Ⅲ,见图 6 - 10)可以与催化酶 1HNJ 形成氢键作用。此外,在蛋白酶 1HNJ 的催化活性中心存在一系列氨基酸残基与吲哚二酮哌嗪化合物之间产生了较强的疏水相互作用(见表 6 - 2)。

为了进一步分析高活性组化合物 A6~A9 的活性机理,特别是具有显著抑菌活性的化合物 A8,正如分子对接实验计算所预期的那样,该化合物显示出与 FabH 的显著结合亲和力。化合物 A8 与催化酶 FabH 的关键氨基酸残基 His244,Asn247 和 Phe304 形成了 3 个氢键,并且以极低结合能值 Δ_b 与 FabH 相互作用。该化合物计算的最优构象恰好以一种最舒展的构象进入催化酶 FabH 的活性位点,如图 6 - 11(a)所示。此外,化合物 A8 在催化酶的活性口袋中表现出了一个有趣的结合构象,首先 FabH 的活性口袋将 A8 的吲哚母环骨架深埋于其空腔中,而使二酮哌嗪骨架漂浮于其疏水作用构建的囊中。A8 的主干骨架和取代基支链都被很好地嵌套在这个活性口袋中[见图 6 - 11(b)]。

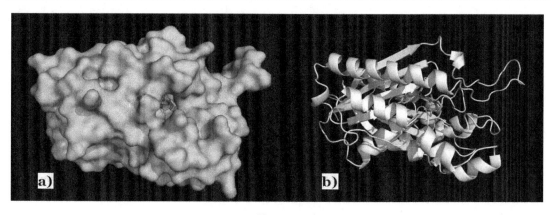

图 6 - 11

(a)化合物 A8 与 FabH 的对接图示 1；(b)化合物 A8 与 FabH 的对接图示 2

通过分析还发现,同类型的化合物 **A9** 也显示了与 **A8** 相类似的结合模式。图 6 - 12 展示了化合物 **A8** 与 FabH 之间相互作用的三维示意图。由图 6 - 12 可见,**A8** 填充了活性位点隧道顶部的疏水区域,并通过其羰基氧 O_{II-2} 与氨基酸残基 Asn247 的侧链 NH 产生氢键。首先,它的吲哚 NH 通过氢键连接到隧道一侧的 Phe304 的主链羰基氧,**A8** 还通过其芳基取代上的羟基与氨基酸残基 His244 的主链 NH 和 O 形成氢键,并填充在活性通道的底部。其次,**A8** 与 FabH 之间的疏水相互作用也是结合方式中的另一个重要因素,由氨基酸残基 Ala246,Leu220,Ile250,Cys112 和 Met207 组成的疏水空腔,增强了化合物的结合亲和力。所有这些结果都可以解释为什么化合物 **A8** 具有良好的抑菌活性。同时,分子对接结果进一步表明,化合物 **A8** 是一种潜在的 FabH 抑制剂,可以被研发为新型的 FabH 抑制剂。

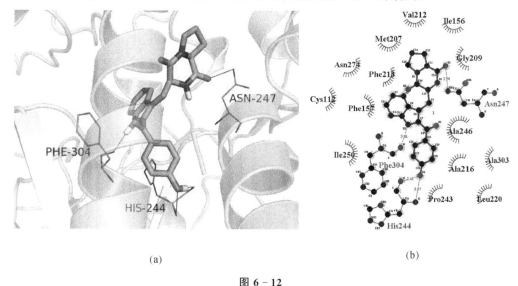

(a)   (b)

图 6 - 12

(a)化合物 A8 与 FabH 活性位点作用的三维视图；(b)化合物 A8 与 FabH 活性位点作用的二维视图

综上所述,大多数合成的吲哚二酮哌嗪化合物对 4 种受试细菌均表现出良好的抑菌活性,一些化合物的最小抑菌浓度 MIC 值甚至低于阳性对照,而对 4 种受试植物病源真菌表现出中等的抑菌活性。同时,对这些二酮哌嗪化合物的抑菌活性进行了首次活性构效关系 SAR 研究。SAR 结果表明,吲哚二酮哌嗪骨架及其取代基都对其活性有显著影响。以上这些结果表明,吲哚二酮哌嗪化合物是一种潜在的抑菌剂,可作为新型抑菌剂进一步优化和开发。此外,根据生物活性数据和分子对接计算分析,发现这些化合物的生物活性与对脂肪酸合成催化酶 FabH 抑制可能存在一定的相关性。分子对接结果进一步表明化合物 A8 是一种潜在的 FabH 抑制剂。然而,需要进一步的实验研究来证实这一结论。

3. Spirotryprostatin 类化合物 C5～C9 的抑菌机理分析

以抑菌活性较好的 Spirotryprostatin 类化合物 C5 与拓扑异构酶 *E. coli* topoisomerase Ⅱ DNA Gyrase B 做分子对接,探明生物功能分子的抑菌活性作用机理。其中 *E. coli* topoisomerase Ⅱ DNA Gyrase B 的三维结构从蛋白数据库下载,网址为 http://www.rcsb.org/,Protein Data Bank ID:1KZN。在软件 Chem－Bio－Office 2014 中对目标化合物的三维结构进行能量优化。准备 AutoGrid 参数文件,确定对接 BOX 参数,格子的大小 x,y,z 设置为 48 Å,格子中心坐标设置为 $x=17.507,y=32.5,z=38.164$,格点间隔默认值为 0.375 Å,在 AutoDock 4.2 软件中进行对接,计算标准选为拉马克基因遗传定律,选择 150 和 2 500 000 次分别作为运算规模和最大评估次数。

通过分子对接计算模拟发现,目标化合物与 topoisomerase Ⅱ DNA Gyrase B 的结合能为 -7.1 kcal/mol,抑制常数为 6.28 μmol/L,且目标化合物哌嗪环上的羰基氧与氨基酸残基 Asn46 通过氢键相连[见图 6-13 (a)],键长 2.1Å。通过 PoseView 在线分析(网址为 http://poseview.zbh.uni－hamburg.de/)得到蛋白质和小分子的相互作用二维结构图,发现氨基酸残基 Asp49,Ile78,Ile90,Pro79,Thr165 与目标化合物产生了疏水作用(见图 6-14),化合物 C5 能够较好地进入这些氨基酸形成的疏水口袋[见图 6-13(b)]。因此,推测拓扑异构酶可能是这类化合物产生抑菌活性的靶点酶。

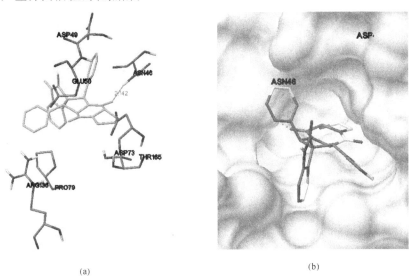

(a)　　　　　　　　　　(b)

图 6-13

(a)化合物 C5 与 topoisomerase Ⅱ DNA Gyrase B 形成氢键示意图;

(b)化合物 C5 与 topoisomerase Ⅱ DNA Gyrase B 活性口袋结合示意图

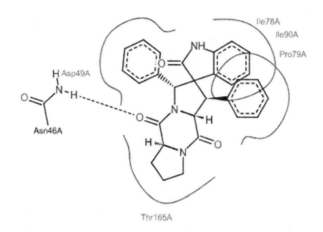

图 6 - 14　化合物 C5 与 topoisomerase Ⅱ DNA Gyrase B 的二维相互作用示意图

通过上述分析,可以推测出目标化合物的这种抑菌作用可能是通过结合拓扑异构酶 *E. coli* topoisomerase Ⅱ DNA Gyrase B 这个抑菌活性靶点而产生的。

6.3　吲哚二酮哌嗪抗肿瘤活性的测试

鉴于合成的螺环吲哚二酮哌嗪化合物在抑菌活性方面的生物活性较其他吲哚二酮哌嗪化合物的活性较弱,通过相关文献还发现,吲哚二酮哌嗪化合物具有良好的抗肿瘤活性,因此,进一步对第 5 章合成实验得到的 5 个螺环吲哚二酮哌嗪类化合物 **C5～C9** 进行了抗肿瘤活性初步研究,以期发现这类化合物的特殊生物活性。

6.3.1　测试方法

1. 待测化合物溶液配制

用分析天平称取计算量的待测化合物,溶解于 DMSO,配制为梯度浓度分别为 200 μmol/mL,67 μmol/mL,22 μmol/mL,7.4 μmol/mL 的溶液,备用。

2. 细胞系及细胞的继代培养

本实验所选细胞系为 A549(人肺癌细胞)、PC3(人前列腺癌细胞)、HepG2(人肝癌细胞)。实验所用肿瘤细胞保存于西安医学院基础医学研究所。继代培养条件为,取处于对数生长期的生长状态良好的 A549,PC3,HepG2 细胞,使用 DMEM 培养基在 37℃下培养。

3. 抗肿瘤活性测试方法

采用 MTT 法测试目标化合物的体外抗肿瘤活性。检测细胞存活和生长最常用的方法为 MTT 法,又称比色法。它是利用四甲基偶氮唑盐,即 3 -(4,5 -二甲基噻唑- 2)- 2,5 -二苯基四氮唑溴盐〔3 -(4,5 - dimethyl - 2 - thiazoyl)- 2,5 - diph - enyl - tetrazolium bromide,MTT〕,是一种黄色染料并能接受氢离子,可作用于活细胞线粒体中的呼吸链,在琥珀酸脱氢

— 167 —

酶和细胞色素 C 的作用下,外源性 MTT 可被还原,打开四氮唑环,得到不溶于水的蓝紫色的甲䐩(Formazan)结晶,并沉积在死细胞中,而死细胞无此功能。甲䐩结晶能够溶解于 DMSO 溶液且在 570 nm 处有最大吸收峰。在一定细胞数范围内,甲䐩的结晶形成量与活细胞的数量成正比,因此可以用甲䐩的结晶量来评价样品对细胞增殖的作用。

4. 实验操作

将培养至对数生长期且状态良好的肿瘤细胞的细胞密度使用 DMEM 培养基稀释调整为 $5×10^4$ 个/mL,接种到 96 孔细胞培养板中,将 100 μL 细胞悬液分别加入每小孔,置于 37℃, 5% CO_2,饱和湿度环境,培养 48 h。将 100 μL 无血清培养基溶液分别加入调零孔和对照组每孔,100 μL 含有目标化合物的溶液,加入实验组每孔。每组做 6 个平行样品,每孔加入 MTT 溶液(100 μL,0.5 mg/mL)之后放入孵箱培养 4 h,转速为 1 000 r/min 时离心 5 min,小心弃去上层清液,再将每孔加入 150 μL 的 DMSO,在微量振荡器上轻轻摇动平板 10 min,使甲䐩结晶完全溶解。用 BioTek Epoch Micro.分光光度计在 490 nm 波长处测光吸收值。按照如下公式计算细胞增殖抑制率:

$$细胞增殖抑制率(Inhibition Rate)\% = (ODC - ODT)/ ODc × 100\%$$

式中:ODc 是阴性对照的吸光度;ODT 是被测药物的吸光度。

肿瘤细胞半抑制浓度 IC_{50} 值采用 Spass 19 软件拟合计算。

6.3.2 测定结果

对 5 个螺环 spirotryprostatins 吲哚二酮哌嗪生物碱 **C5～C9**,采用上述 MTT 检测方法对 A549(人肺癌细胞)、PC3(人前列腺癌细胞)和 HepG2(人肝癌细胞),进行了体外抗肿瘤活性初步测试,阳性对照品为依托泊苷。得到了这 5 个化合物的半数抑制剂浓度(IC_{50}值,μmol/L),测定结果见表 6-3。

表 6-3 化合物对 3 种肿瘤细胞的抑制作用

化合物	$IC_{50}/(\mu mol \cdot L^{-1})$		
	A549	PC3	HepG2
C5	102.8	167.2	166.8
C6	230.2	205.4	225.3
C7	212.0	222.8	549.7
C8	81.9	302.4	92.5
C9	35.0	60.4	253.6
依托泊苷	75.2	58.6	65.7

6.3.3 结果讨论

抗菌活性测试结果(见表 6-3)显示这 5 个 spirotryprostatin 类化合物 **C5～C9** 对肿瘤细胞的增殖有一定抑制作用,其中化合物 **C9** 对 A549 和 PC3 系表现出良好的细胞毒活性,IC_{50}

分别是 35.0 μmol/L 和 60.4 μmol/L,化合物 **C8** 对 A549 和 HepG2 细胞系具有较好细胞毒活性,IC$_{50}$分别为 81.95 μmol/L 和 92.5 μmol/L。总体来看,化合物 **C5**～**C9** 对 A549 和 PC3 细胞系的抗肿瘤活性略好于 HepG2 系。活性测试结果表明该类化合物具有一定的抗肿瘤活性,也验证了 spirotryprostatin 类化合物具有抗肿瘤活性的特点,这类化合物具有进一步研究的价值。

综上所述,通过对合成的吲哚二酮哌嗪化合物进行了抑菌活性测试和抗肿瘤活性测试,发现以下几种现象:

(1)大多数合成的吲哚二酮哌嗪化合物对 4 种受试细菌均表现出良好的抑菌活性,一些化合物的最小抑菌浓度 MIC 值甚至低于阳性对照,而对 4 种受试植物病源真菌表现出中等的抑菌活性。

(2)吲哚二酮哌嗪抑菌活性与结构构效关系 SAR 结果表明,吲哚二酮哌嗪骨架及其取代基都对其活性有显著影响。

(3)根据生物活性数据和分子对接计算分析,对吲哚二酮哌嗪化合物的抑菌活性做了初步探究,发现这些化合物的生物活性与对脂肪酸合成催化酶 FabH 抑制可能存在一定的相关性。

(4)分子对接结果进一步表明化合物 A8 与催化酶 FabH 的关键氨基酸残基 His244,Asn247 和 Phe304 形成了 3 个氢键,结合能 Δ_b 为 -10.79 kcal/mol,是一种潜在的 FabH 抑制剂。

(5)5 个 spirotryprostatin 类化合物的抗肿瘤活性实验验证了这类化合物的抗肿瘤特性,且化合物 **C8** 和 **C9** 均表现出良好的细胞毒活性,值得进一步研究。

大多数天然的及人工合成的吲哚类结构的化合物均具有一定的抗肿瘤作用,不同结构的吲哚类药物及其衍生物病理及生理学机制类似但又各不相同,有的是抑制肿瘤细胞增殖并促进其凋亡,有的是影响肿瘤细胞因子的释放。分子构效关系等领域目前仍然是科学工作者需要研究的热门课题,应利用各方面技术(如化学热力学、能量学及分子动力学等知识)帮助我们更加深入了解该类生物活性化合物的药理作用及确定进一步的发展方向。

第7章　吲哚类生物碱的医药应用

生物碱是在自然界中广泛分布的天然产物,它们不但结构各异、数量众多,而且多数还具有显著的活性。其中又以吲哚生物碱最为复杂众多,仅吲哚生物碱就大约占已知生物碱总量的 1/4。以吲哚为结构骨架在药渡数据库中进行子结构搜索,得到 533 条药物记录,其中上市药物 112 个。现代研究表明,吲哚类生物碱具有多种重要的生理活性,如抗肿瘤活性、抗菌活性、抗氧化活性、抗 HIV、抗炎镇痛等。吲哚结构最为重要的治疗领域是抗肿瘤领域,吲哚类抗肿瘤药物约占全部吲哚药物的 23.4%。吲哚类生物碱主要存在于高等植物中,如夹竹桃科的长春花、马钱科的马钱子、茜草科的钩藤等。此外,一些海洋低等生物中也含有吲哚类生物碱。本章重点介绍几种天然吲哚类药物的临床应用及作用机制。

7.1　长春碱和长春新碱

长春碱类中的吲哚类化合物主要指长春碱(Vinblastin,VLB)和长春新碱(Vincristine,VCR),化学结构相似(见图 7-1),母核是 catharanthine 环和 vindoline 环以碳桥相连的二聚吲哚结构,二者是从夹竹桃长春花植物(*Catharanthus Foseus*)中提取的抗癌生物碱,科学家对它们的抗肿瘤活性已展开了广泛的应用。其药理作用研究表明,长春碱和长春新碱具有很好的抗肿瘤作用,两者对 P1534 小鼠白血病的疗效十分显著。目前,VLB 主要用于治疗何杰金氏病和绒毛上皮癌,对何杰金氏病治疗的有效率为 68%,完全缓解率为 30%。此外,VLB 对淋巴肉瘤、黑色素瘤、卵巢癌、白血病等也有一定疗效;VCR 主要用于治疗急性淋巴细胞白血病,同时也可用于治疗食道癌、睾丸内胚窦瘤、血小板减少性紫癜及难治性多发性骨髓瘤等。

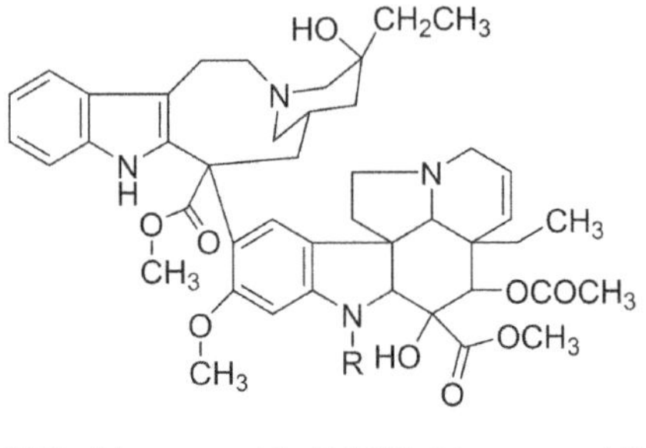

图 7-1　长春碱(R=CH₃)和长春新碱(R=CHO)的分子结构

研究表明,长春碱类药物可干扰细胞周期的有丝分裂阶段(M 期),从而抑制细胞的分裂和增殖。其细胞毒性是通过与微管蛋白的结合实现的,它们在微管蛋白二聚体上有共同的结合位点,可抑制微管聚合和纺锤体微管的形成,从而使分裂于中期停止,阻止癌细胞分裂增殖。

7.2　长春西丁

长春西丁的分子结构如图 7-2 所示。

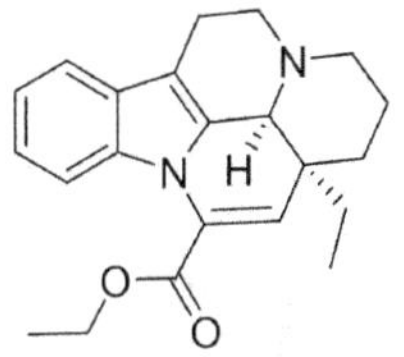

图 7-2　长春西丁的分子结构

当前,在临床上治疗缺血性脑血管疾病的方法包括病因治疗、常规内科治疗(亦涉及药物学科)、药物治疗和神经介入治疗及干细胞移植等,最常见的治疗方法仍是药物治疗。对于药物治疗,其作用机制主要有两种:一种是以改善脑循环为主,如扩张缺血区的脑血管,改善血液流变性及微循环;另一种是以改善脑代谢为主,如激活脑代谢,营养脑组织。20 世纪 80 年代开始发现一些兼有改善脑循环和脑代谢的药物,药物作用不同,其临床应用范围也不同。国内常用的药物有长春西丁(Vinpocetine,卡兰 Calan)、艾地苯醌(Idebenone,雅伴 Avan)、心脑舒通、藻酸双脂钠(Polysacharide sulfate,PSS)等。其中,长春西丁是作为一种扩张脑血管的药物,被广泛应用于治疗及预防缺血性脑血管疾病,具有较综合的治疗作用和广阔的应用前景,很受国内学者的重视。

长春西丁(Vinpocetine)是由夹竹桃科小蔓长春花(Vincominor)中提取的吲哚类生物碱长春胺(Vincamine)的半合成衍生物,又名阿朴长春胺酸乙酯,化学名为(3α,16α)-象牙烯宁-14-羧酸乙酯。该药由匈牙利的 Gedeon Richter 药物公司研发,并于 1978 年上市。该药具有良好的脂溶性,易透过血脑屏障进入脑组织,自上市以来,已成为治疗脑血管疾病的常规用药,在临床上用于治疗及预防缺血性脑血管病变引起的疾病,是一种脑血管扩张剂。在日本上市的商品名为卡兰(Calan),其他国外的商品名为开文通(Cavinton)。我国由东药集团东北制药总厂开发生产的长春西丁片商品名为长胺片,该药于 1993 年被纳入国家新药,并正式批准了东北制药总厂对长春西丁原料药和片剂的生产。该药不仅能改善病灶部位及周围血液供应,很好地对脑动脉硬化症、高血压、出血性的卒中后遗症、高黏血症和脑缺血进行治疗及预防,而且能够使脑中的血氧利用率提高,脑组织中缺氧部分的代谢得到改善。由于其副作用小,可以作为脑部保健药物,并已被许多国家用作膳食补充剂。

目前,该药的上市剂型主要为普通的片剂、注射剂,存在着体内代谢太快、消除半衰期短、生物利用度低等缺点。因此,研发长春西丁新剂型以提高生物利用度、增强缓释和靶向作用成为研究热点。

7.3 吲哚美辛

　　吲哚美辛(分子结构见图 7-3)是一种传统的非甾体抗炎药(Non-Steroidal Anti-Inflammatory Drugs,NSAIDs),具有解热、镇痛、抗炎等作用。吲哚美辛对某些原发性头痛,包括阵发性偏侧头痛、持续性偏侧头痛、Valsalva 动作诱导的头痛、原发刺痛样头痛以及睡眠头痛等治疗反应良好,具有高度敏感性和特异性,这类头痛常被称为吲哚美辛反应性头痛。相较于其他非甾体抗炎药,吲哚美辛更易穿透血脑屏障,并具有抑制一氧化氮合成、降低颅内压等作用,这可能是吲哚美辛治疗这类头痛效果良好的原因。此外,吲哚美辛还具有价格低廉、使用方便等特点。NSAIDs 作为解热、镇痛、抗炎作用的药物,一般认为其作用基础是抑制环氧化酶 COX(Cyclooxygenase)的活性和抑制前列腺素 PGs(Prostaglandins)的合成。除此之外,NSAIDs 一直广泛应用于治疗疼痛、关节炎和心血管疾病。

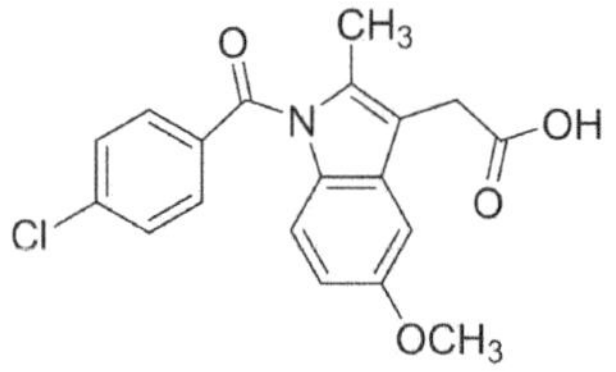

图 7-3　吲哚美辛分子结构

　　吲哚美辛作为目前应用前景更好、范围更广的药物,和阿司匹林等药物一样都能够通过阻断新生血管的形成,抑制 PGS(一种在肿瘤生长及组织血管渗透性等方面有着重要作用的因子)降低肿瘤血管的渗透性,从而抑制肿瘤的生长。经过研究发现,吲哚美辛通过三方面的机制作用于肿瘤细胞:

　　(1)促进机体正常细胞的自身免疫监测能力的提升,加强肿瘤杀伤能力。

　　(2)抑制肿瘤细胞中的基因表达及信息传递,从而阻断其增殖周期。

　　(3)诱导肿瘤细胞发生自身凋亡。

7.4 褪 黑 素

　　褪黑素(Melatonin,MLT)是松果体腺分泌的激素,化学名为 N-已酰-5-甲氧基色胺,其分子结构如图 7-4 所示。它是一种高效的内源性抗氧化剂,兼具亲水性和疏水性,被认为是迄今为止发现的最有效的自由基清除剂之一。它能直接中和羟自由基和过氧化自由基,还能通过激活过氧化物歧化酶,抑制一氧化氮合酶的活性,起到间接抗氧化的作用。许多抗氧化剂局限作用于细胞的某一部位,MLT 则由于脂溶性很高并有较好的水溶性,可自由通过任何器官组织细胞的形态生理屏障及各种体液,具有高度弥散穿透能力,可在细胞膜、胞浆和细胞核中都发挥抗氧化作用。MLT 这种抗氧化作用的广泛性和复合性,使其在保护机体免于自由基损伤中起着非常重要的作用。

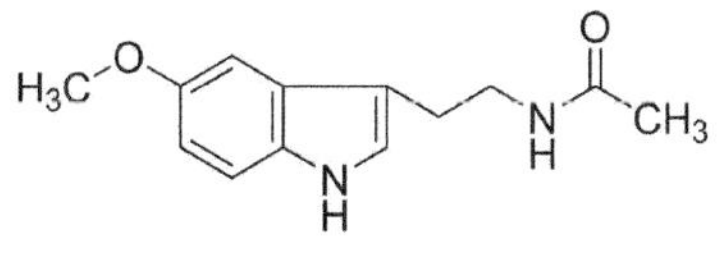

图 7 - 4　褪黑素分子结构

　　MLT 对机体一般无毒性,具有抑制性腺、甲状腺、肾上腺、镇痛、镇静等功能,调节着昼夜节律、睡眠、内分泌、免疫及抗衰老等多种重要生理功能,对脑、心、肝等重要脏器具有保护作用。

　　研究显示,MLT 能影响原发或继发肿瘤的生长,对于多种实体肿瘤细胞具有抑制作用,人体和动物不同组织的细胞膜上都有褪黑素受体的存在,且具有很高的敏感性、亲和性,可与褪黑素特异性结合,使其容易进入细胞,对肿瘤细胞产生直接效应,有助于机体的抗肿瘤作用,具体包括:调节雌激素,影响某些生长因子,直接影响癌细胞周期,与钙调节蛋白和微管蛋白结合,加强细胞间通信联系,抑制癌细胞的转移,等等。褪黑素在机体内可以激活氧化物酶,从而降低自由基对 DNA(脱氧核糖核酸)的氧化损伤,缓解肿瘤的发展。褪黑素也能降低氧化氮合成酶活性,降低氧化氮水平,间接抑制肿瘤的生长,对肿瘤的发展起着稳定的作用。

7.5　靛玉红及其衍生物

　　靛玉红,化学名 3 - (1 - 3 - dihydro - 3 - OXO - 2H - indol - ylidene) - 1,3 - dihydro - 2H - indol - 2 - one(分子结构见图 7 - 5),是中国医学科学家在 20 世纪 70 年代中期发现的具有新型结构的抗肿瘤新药。它是十字花科植物菘蓝(*Lsatis indigotica Fort*,叶称大青叶,根为板蓝根)的活性成分之一,对慢性粒细胞白血病(CML)有明显的抑制作用,且具有临床疗效可靠、毒副作用小、对骨髓无明显抑制等特点。多年来,人们对该化合物进行了化学合成、药理实验、临床应用等方面的研究。其抗肿瘤(慢粒)机理为,靛玉红对细胞的生长抑制作用具有一定的选择性,选择性地作用于慢性粒细胞白血病(慢粒)病人骨髓中的大量幼稚细胞,以"核溶"的方式使其变性、坏死,而对骨髓中的成熟中型粒细胞、红细胞、淋巴细胞及单核细胞无作用。靛玉红发挥疗效的基础可能通过抑制肿瘤细胞 DNA 的合成,从而抑制恶性细胞的增殖。目前,临床的抗癌药物多为化学合成,毒副作用大,对肿瘤和正常细胞的抑制作用无选择性。而靛玉红的抗肿瘤作用有一定的选择性,这将降低肿瘤的毒副作用。靛玉红有望成为一种具有较高临床水平的抗癌中药。靛玉红肟甲醚和甲异靛等靛玉红衍生物的研究应用更加有助于开拓其临床应用前景。

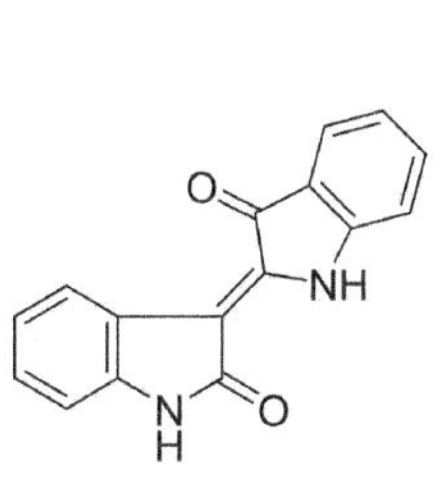

图 7 - 5　靛玉红分子结构

7.6　沙利度胺

沙利度胺(thalidomide,分子结构见图 7-6),别名反应停,化学名是 α-酞胺哌啶酮,最初在欧洲作为镇静剂用于临床,因其有止吐作用,被大量用于孕妇。1961 年,明确发现沙利度胺可引起婴儿海豹肢畸形及无肢畸形,导致该药迅速撤出市场。

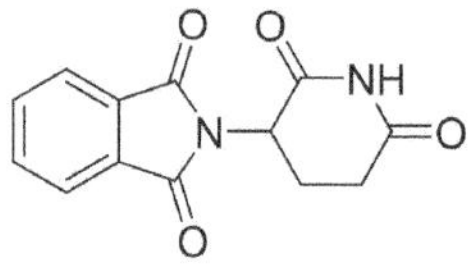

图 7-6　沙利度胺分子结构

随后的研究发现沙利度胺对许多免疫失调引起的疾病有治疗效果,如 HIV 诱导的疱疹性口腔炎、白塞氏综合征、移植物抗宿主病(GVHD)、难治性克隆病及肿瘤等,并被美国食品及药品管理局批准用于治疗麻风并发症麻风结节性红斑。

近年来,其抗血管生成的作用又成为研究热点。经过临床使用过程中的分析及实验研究,发现沙利度胺有明显的抗血管生成及调节免疫作用,可以作为抗肿瘤药物的潜能开发前体。进一步深入研究发现其结构类似的衍生物分子也表现出良好的抗肿瘤作用,甚至比其本身药效更好。人们不断研究沙利度胺及其衍生物的特有活性,通过官能团的替换及生物电子排体等方法和手段对药物分子结构进行优化,期望得到药效佳、毒性小的优选药物分子。2006 年 5月,美国食品及药品管理局批准其用于治疗多发性骨髓瘤,该药再次受到医学界的瞩目。

7.7　其他吲哚生物碱

中国医学科学院庾石山教授实验室从有毒的中草药中提取抗癌成分,萝摩科娃儿藤和三分丹中分离得到十多种抗癌成分,经初步筛选后发现该类化合物毒性更低,是临床上毒性较低、抗癌能力更强的新型药物前体。

天然的十字花科植物中,板蓝根、卷心菜、中药大青叶等所含活性成分的抗癌、抗自由基氧化等作用不断被报告,而这些活性成分大多数都具有吲哚分子结构,3-取代吲哚类化合物,包括 3,3'-二吲哚甲烷及吲哚-3-乙腈、吲哚-3-甲醇等,被认为是十字花科中以糖苷形式存在的主要抑癌成分。

一些经典药物经过长期的研究,已经出现不同程度的耐药性及结构改造瓶颈等,药物学家及医学工作者近年来一直致力于针对药物活性分子结构的有效改造以获得构效关系及药理作用机制。尽管吲哚类生物碱具有良好的生物活性骨架,可开发其药用价值,但是往往在天然产物中有效成分含量极少,提取成本高,因此有机化学家及药物学家以天然吲哚生物碱结构为基础合成了多种广泛应用于临床的吲哚类药物,如利血平、士的宁等。提取或设计合成吲哚类生物碱,对其进行构效关系分析及药理作用机制研究可为开发更高效且低毒活性的抗癌、抗肿瘤、抗菌等临床用药带来新的机遇。

参 考 文 献

[1] RODRIGUES T,REKER D,SCHNEIDER P,et al. Counting on natural products for drug design[J]. Nat Chem,2016,8(6):531－541.

[2] 高磊,于欣水,雷晓光. 天然产物生物合成:探索大自然合成次生代谢产物的奥秘[J]. 大学化学,2019,34(12):45－53.

[3] 李文利,夏娟. 二酮哌嗪类化合物生物合成研究进展[J]. 微生物学通报,2014,41(1):111－121.

[4] MA Y M,LIANG X A,KONG Y,et al. Structural diversity and biological activities of indole diketopiperazine alkaloids from fungi[J]. J Agric Food Chem,2016,64(35):6659－6671.

[5] STROBEL G,YANG X S,SEARS J. Taxol from Pestalotiopsis microspore,an endophytic fungus of Taxus wallachiana[J]. Microbiology,1996,142:435－440.

[6] 曹尚银,杨福兰,吴顺. 无花果抗癌作用研究新进展[J]. 林业科技开发,2004,18(2):13－15.

[7] 应优敏,冉坤,单伟光,等. 一种吲哚二酮哌嗪生物碱的制备方法:CN202210564262.5[P]. 2022－08－23.

[8] ZHAO S,GAN T,YU P,et al. Total synthesis of trypostatin A and B as well as their enantiomers[J]. Tetrahedron Lett,1998,39:7009－7012.

[9] GAN T,COOK J M. Enantiospecific total synthesis of tryprostatin A[J]. Tetrahedron Lett,1997,38:1301－1304.

[10] ABRAMOVITCH R A,SHAPIRO D. Tryptamines,carbolines and related compounds, part Ⅱ:a convenient synthesis of tryptamines and β-carbolines[J]. J Chem Soc,1956, 42(7):4589－4592.

[11] JAIN H D,ZHANG C,ZHOU S,et al. Synthesis and structure-activity relationship studies on tryprostatin A,an inhibitor of breast cancer resistance protein[J]. Bioorg Med Chem,2008,16(8):4626－4651.

[12] SANTAMARIA A,CANEZAS N,AVENDANO C. Synthesis of tryptophan-dehydrobutyrine diketopiperazines and analogues[J]. Tetrahedron,1999,55:1173－1186.

[13] SAMMES P G,WEEDON A C. Chemical studies on cyclic tautomers of cyclo-L-propyl- L-tryptophyl and its derivatives [J]. Chem Soc,1979,1:3048－3052.

[14] SANZ-CERVERA J F,STOCKING E M,USUI T,et al. Synthesis and evaluation of microtubule assembly inhibition and cytotoxicity of prenylated derivatives of cyclo-L-Trp-L-Pro[J]. Bioorg Med Chem,2000,8:2407－2415.

[15] WANG H,USUI T,OSADA H,et al. Synthesis and evaluation of tryprostatin B and

demethoxyfumitremorgin C analogues[J]. J Med Chem, 2000,43(8): 1577 - 1585.

[16] VAROGLU M, CORBETT T H, VALERIOTE F A, et al. Asperazine, a selective cytotoxic alkaloid from a sponge-derived culture of Aspergillus niger[J]. J Org Chem, 1997,62: 7078 - 7079.

[17] GOVEK S P, OVERMAN L E. Total synthesis of (+)-asperazine[J]. Tetrahedron, 2007,63:8499 - 8513.

[18] WAGGER J, GROSEL J U, MEDEN A, et al. Synthesis of (S,Z)-3-[(1H-indol-3-yl) methylidene] hexahydropyrrolo[1,2-a]pyrazin-4(1H)-one: an alternative, enaminone based, route to unsaturated cyclodipeptides[J]. Tetrahedron, 2008,64: 2801 - 2815.

[19] DUBEY R, OLENYUK B. Direct organocatalytic coupling of carboxylated piperazine-2, 5 -diones with indoles through conjugate addition of carbon nucleophiles to indolenine intermediates[J]. Tetrahedron Lett, 2010,51: 609 - 612.

[20] KODATO S I, NAKAGAWA M, HONGU M, et al. Total synthesis of (+)-fumitremorgin B, its epimeric isomers, and demethoxy derivatives[J]. Tetrahedron, 1988,44: 359 - 377.

[21] WANG H, GANESAN A. Concise synthesis of the cell cycle inhibitor demethoxyfumitremorgin C[J]. Tetrahedron Lett, 1997,38: 4327 - 4328.

[22] BAILEY P D, PHILIP J C, KATRIN L. A concise, efficient route to fumitremorgins [J]. Tetrahedron Lett, 2001,42: 113 - 117.

[23] HARRISON D M, SHARMA R B. Model studies related to the total synthesis of the fumitremorgins; the Pictet-Spengler cyclisation and the formation and intramolecular acylation of a 1, 2-dihydro-β-carboline derivative[J]. Tetrahedron, 1993,49: 3165 - 3184.

[24] SIWICKA A, WOJTASIEWICZ K, ROSIEK B, et al. The structure of some trans-diketopiperazine derivatives of isoquinoline and β-carboline[J]. Tetrahedron, 2005, 16: 975 - 993.

[25] WU G F, LIU J W, BI L, et al. Toward breast cancer resistance protein inhibitors: design, synthesis of A series of new simplified fumitremorgin C analogues [J]. Tetrahedron, 2007,63: 5510 - 5528.

[26] LOEVEZIJN A V, ALLEN J D. Inhibition of BCRP-mediated drug efflux by fumitremorgin-type indolyl diketopiperazines[J]. Bioorg Med Chem Lett, 2001,11: 29 - 32.

[27] LOEVEZIJN A V, MAARSEVEEN J H V, STEGMAN K, et al. Solid phase synthesis of fumitremorgin, verruculogen and tryprostatin analogs based on a cyclization/cleavage strategy[J]. Tetrahedron Lett, 1998,39: 4737 - 4740.

[28] CUI C B, KAKEYA H, OSADA H, et al. Novel mammalian cell cycle inhibitors, cyclotryprostatins A-D, produced by Aspergillus fumigatus, which inhibit mammalian cell cycle at G2/M phase[J]. Tetrahedron, 1997,53(1): 59 - 72.

[29] TULLBERG M, GRTLI M, LUTHMAN K. Efficient synthesis of 2, 5-

diketopiperazines using microwave assisted heating[J]. Tetrahedron, 2006, 62: 7484 – 7491.

[30] DEVEAU A M, COSTA N E. Synthesis of diketopiperazine-based carboline homodimers and in vitro growth inhibition of human carcinomas[J]. Bioorg Med Chem Lett, 2008, 18: 3522 – 3525.

[31] LI Y X, HAYMAN E. Synthesis of potent BCRP inhibitor: Ko143[J]. Tetrahedron, 2008, 49: 1480 – 1481.

[32] DANISHEFSKY S J. The total synthesis of spirotryprostatin A[J]. Angew Chem, 1998, 37(8): 1138 – 1140.

[33] MA Y M, WU H, ZHANG J, et al. Enantioselective synthesis and antimicrobial activities of tetrahydro-beta-carboline diketopiperazines[J]. Chirality, 2013, 25(10): 656 – 662.

[34] XI Y K, ZHANG H, LI R X, et al. Total synthesis of spirotryprostatins through organomediated intramolecular umpolung cyclization[J]. Chemistry, 2019, 25(12): 3005 – 3009.

[35] MIYAKE F Y, YAKUSHIJIN K, HORNE D A. Preparation and synthetic applications of 2- Halotryptophan methyl esters: synthesis of spirotryprostatin B[J]. Angew Chem Int Ed, 2004, 43(40): 5357 – 5360.

[36] VON NUSSBAUM F, DANISHEFSKY S J. A rapid total synthesis of spirotryprostatin B: proof of its relative and absolute stereochemistry[J]. Angew Chem Int Ed, 2000, 39(12): 2175 – 2178.

[37] SEBAHAR P R, OSADA H, USUI T, et al. Asymmetric, stereocontrolled total synthesis of (＋) and (－)-spirotryprostatin B via a diastereoselective azomethine ylide [1, 3]- dipolar cycloaddition reaction [J]. Tetrahedron, 2002, 58 (32): 6311 – 6322.

[38] ONISHI T, SEBAHAR P R, WILLIAMS R M. Concise, asymmetric total synthesis of spirotryprostatin A[J]. Org Lett, 2003, 5(17): 3135 – 3137.

[39] ANTONCHICK A P, SCHUSTER H, BRUSS H, et al. Enantioselective synthesis of the spirotryprostatin A scaffold[J]. Tetrahedron, 2011, 67(52): 10195 – 10202.

[40] CHENG M N, WANG H, GONG L Z. Asymmetic organocatalytic 1, 3-dipolar cycloaddition of azomethine ylide to methyl 2-(2-Nitrophenyl) acrylate for the synthesis of diastereoisomers of spirotryprostatin A[J]. Org Lett, 2011, 13(9): 2418 – 2421.

[41] MILLINGTON E L, DONDAS H A, FISHWICK C W G, et al. Catalytic bimetalic [Pd(0)/Ag(I)] Heck-1,3-dipolar cycloaddition cascade reactions accessing spiro-oxindoles. Concomitant in situ generation of azomethine ylides and dipolarophiles[J]. Tetrahedron, 2018, 74(27): 3564 – 3577.

[42] OVERMAN L E, ROSEN M D. Total synthesis of (－)-spirotryprostatin B and three stereoisomers[J]. Angew Chem Int Ed, 2000, 39(24): 4596 – 4599.

[43] TROST B M, STILES D T. Total synthesis of spirotryprostatin B via diastereoselective prenylation[J]. Org Lett,2007,9(15): 2763 – 2766.

[44] KITAHARA K, SHIMOKAWA J, FUKUYAMA T. Stereoselective synthesis of spirotryprostatin A[J]. Chem Sci,2014,5(3): 904 – 907.

[45] BAGUL T D, LAKSHMAIAH G, KAWABATA T, et al. Total synthesis of spirotryprostatin B via asymmetric nitroolefination[J]. Org Lett,2002,4(2): 249 – 251.

[46] MEYERS C, CARREIRA E M. Total synthesis of (－)-spirotryprostatin B[J]. Angew Chem,2003,115(6): 718 – 720.

[47] COOTE S C, QUENUM S, PROCTER D J. Exploiting Sm(Ⅱ) and Sm(Ⅲ) in SmI2-initiated reaction cascades: application in a tag removal-cyclisation approach to spirooxindole scaffolds[J]. Org Biomol Chem,2011,9(14): 5104 – 5108.

[48] ANTONCHICK A P, SCHUSTER H, BRUSS H, et al. Enantioselective synthesis of the spirotryprostatin A scaffold[J]. Tetrahedron,2011,67(52): 10195 – 10202.

[49] WANG C J, LIANG G, XUE Z Y, et al. Highly Enantioselective 1, 3-dipolar cycloaddition of azomethine ylides catalyzed by copper (Ⅰ)/TF-BiphamPhos complexes[J]. J Am Chem Soc,2008,130(51): 17250 – 17251.

[50] AWATA A, ARAI T. Catalytic asymmetric exo′-selective [3＋2] cycloaddition for constructing stereochemically diversified spiro [pyrrolidin-3, 3′-oxindole] s [J]. Chemistry,2012,18(27): 8278 – 8782.

[51] ARAI T, OGAWA H, AWATA A, et al. PyBidine-Cu(OTf)$_2$-catalyzed asymmetric [3＋2] cycloaddition with imino esters: harmony of Cu-Lewis acid and imidazolidine-NH hydrogen bonding in concerto catalysis[J]. Angew Chem Int Ed Engl,2015,54(5): 1595 – 1599.

[52] ZHANG J X, WANG H Y, JIN Q W, et al. Thiourea-quaternary ammonium salt catalyzed asymmetric 1, 3-dipolar cycloaddition of imino esters to construct spiro [pyrrolidin-3,3′- oxindoles] [J]. Org Lett,2016,18(19): 4774 – 4777.

[53] 马养民,贾斌,陈镝,等. 天然产物吲哚二酮哌嗪生物碱的结构及生物活性[J]. 化学进展,2018,30(8): 1067 – 1081.

[54] ZHOU X J, RANMANI R. Preclinical pharmacology of vinca alkaloids[J]. Drugs, 1992,44(4):1 – 16.

[55] 曹静. 吲哚类化合物抗肿瘤作用研究进展[J]. 齐鲁药事,2006,25(9): 546 – 547.

[56] 梁岚. 褪黑素作用机制的研究进展[J]. 中华实用中医杂志,2007,20(17):1551 – 1554.

[57] 唐俐. 靛玉红及其衍生物的研究[J]. 重庆医科大学学报,2000,25(2): 219 – 221.